教育部高等学校化工类专业教学指导委员会推荐教材

化工环境保护概论

王留成　主编

U0244135

化学工业出版社

·北京·

《化工环境保护概论》根据化工生产过程的特点，结合典型实例，系统、完整地介绍了化工环境保护的基本概念、基础理论和"三废"处理的基本方法。全书共分7章，重点阐述了化工废水、废气、废渣的污染控制及资源化，并介绍了其他物理性污染（噪声、电磁辐射、放射性、热）及防治、化工清洁生产工艺、环境保护措施与管理等内容。本书特别强调化工生产中"清洁生产，以防为主"的理念，使读者在今后的化工生产及管理中能自觉地把化工污染排放最小化放到首要位置。

《化工环境保护概论》可作为高等院校化工类、制药类、材料类、冶金类及其他相关专业的教材或教学参考书，也可供从事化工及有关专业的工程技术人员参考。

图书在版编目（CIP）数据

化工环境保护概论/王留成主编. —北京：化学工业
出版社，2016.2（2022.4重印）
教育部高等学校化工类专业教学指导委员会推荐教材
ISBN 978-7-122-25821-2

Ⅰ.①化…　Ⅱ.①王…　Ⅲ.①化学工业-环境保护-
高等学校-教材　Ⅳ.①X78

中国版本图书馆 CIP 数据核字（2015）第 294878 号

责任编辑：徐雅妮　杜进祥　　　　　　　　　文字编辑：陈　雨
责任校对：宋　玮　　　　　　　　　　　　　装帧设计：关　飞

出版发行：化学工业出版社（北京市东城区青年湖南街 13 号　邮政编码 100011）
印　　装：北京捷迅佳彩印刷有限公司
787mm×1092mm　1/16　印张 13¾　字数 293 千字　2022 年 4 月北京第 1 版第 4 次印刷

购书咨询：010-64518888　　　　　　　　　售后服务：010-64518899
网　　址：http://www.cip.com.cn
凡购买本书，如有缺损质量问题，本社销售中心负责调换。

定　　价：36.00 元

序

化学工业是国民经济的基础和支柱性产业，主要包括无机化工、有机化工、精细化工、生物化工、能源化工、化工新材料等，遍及国民经济建设与发展的重要领域。化学工业在世界各国国民经济中占据重要位置，自 2010 年起，我国化学工业经济总量居全球第一。

高等教育是推动社会经济发展的重要力量。当前我国正处在加快转变经济发展方式、推动产业转型升级的关键时期。化学工业要以加快转变发展方式为主线，加快产业转型升级，增强科技创新能力，进一步加大节能减排、联合重组、技术改造、安全生产、两化融合力度，提高资源能源综合利用效率，大力发展循环经济，实现化学工业集约发展、清洁发展、低碳发展、安全发展和可持续发展。化学工业转型迫切需要大批高素质创新人才，培养适应经济社会发展需要的高层次人才正是大学最重要的历史使命和战略任务。

教育部高等学校化工类专业教学指导委员会（简称"化工教指委"）是教育部聘请并领导的专家组织，其主要职责是以人才培养为本，开展高等学校本科化工类专业教学的研究、咨询、指导、评估、服务等工作。高等学校本科化工类专业包括化学工程与工艺、资源循环科学与工程、能源化学工程、化学工程与工业生物工程等，培养化工、能源、信息、材料、环保、生物工程、轻工、制药、食品、冶金和军工等领域从事工程设计、技术开发、生产技术管理和科学研究等方面工作的工程技术人才，对国民经济的发展具有重要的支撑作用。

为了适应新形势下教育观念和教育模式的变革，2008 年"化工教指委"与化学工业出版社组织编写和出版了 10 种适合应用型本科教育、突出工程特色的"教育部高等学校化学工程与工艺专业教学指导分委员会推荐教材"（简称"教指委推荐教材"），部分品种为国家级精品课程、省级精品课程的配套教材。本套"教指委推荐教材"出版后被 100 多所高校选用，并获得中国石油和化学工业优秀教材等奖项，其中《化工工艺学》还被评选为"十二五"普通高等教育本科国家级规划教材。

党的十八大报告明确提出要着力提高教育质量，培养学生社会责任感、创新精神和实践能力。高等教育的改革要以更加适应经济社会发展需要为着力点，以培养多规格、多样化的应用型、复合型人才为重点，积极稳步推进卓越工程师教育培养计划实施。为提高化工类专业本科生的创新能力和工程实践能力，满足化工学科知识与技术不断更新以及人才培养多样化的需求，2014 年 6 月"化工教指委"和化学工业出版社共同在太原召开了"教育部高等学校化工类专业教学指导委员会推荐教材编审会"，在组织修订第一批 10 种推荐教材的同时，增补专业必修课、专业选修课与实验实践课配套教材品种，以期为我国化工类专业人才培养提供更丰富的教学支持。

本套"教指委推荐教材"反映了化工类学科的新理论、新技术、新应用，强化安全环保意识；以"实例—原理—模型—应用"的方式进行教材内容的组织，便于学生学以致用；加强教育界与产业界的联系，联合行业专家参与教材内容的设计，增加培养学生实践能力的内容；讲述方式更多地采用实景式、案例式、讨论式，激发学生的学习兴趣，培养学生的创新能力；强调现代信息技术在化工中的应用，增加计算机辅助化工计算、模拟、设计与优化等内容；提供配套的数字化教学资源，如电子课件、课程知识要点、习题解答等，方便师生使用。

希望"教育部高等学校化工类专业教学指导委员会推荐教材"的出版能够为培养理论基础扎实、工程意识完备、综合素质高、创新能力强的化工类人才提供系统的、优质的、新颖的教学内容。

教育部高等学校化工类专业教学指导委员会
2015 年 1 月

前言

环境是人类生存的基础，近年来随着经济的迅猛发展，环境污染问题日益严重，保护环境、防止和治理环境污染、维持生态平衡已成为社会经济可持续发展、构建和谐社会的重要保障。

化工生产具有原料线路多样化、生产方法多样化、产品种类多样化和工艺过程复杂的特点，产品生产过程中不可避免地会伴随产生各种不同形态的"三废"污染物质，对人类生存环境和生态环境造成了极大的破坏作用。许多严重的污染事件都是由化工生产事故所造成的。目前，环境保护及污染治理工作已受到国家和企业的普遍重视。

本书根据化工生产过程的特点，结合典型实例，系统、完整地介绍了化工环境保护的基本概念、基础理论和"三废"处理的基本方法。全书共分 7 章，重点阐述了化工废水、废气、废渣的污染控制及资源化，并介绍了化工清洁生产工艺、环境质量评价、可持续发展和环境保护法律法规等内容。

本书着眼于高素质化工及与化工污染相关的环保类高级专门人才的培养，兼顾理论性、先进性、实用性和前瞻性，特别强调化工生产中"清洁生产，以防为主"的理念。通过本书的学习，不仅使读者树立环境保护意识，掌握化工生产污染现状及治理方法，了解国内相关环境保护的法律法规，而且在以后的化工生产及管理中能自觉地把化工污染排放最小化放到首要位置。

本书可作为高等院校化工类、制药类、材料类、冶金类及其他相关专业的教材或教学参考书，也可供从事化工及有关专业的工程技术人员参考。

参加本书编写的有郑州大学王留成（第 6 章、第 7 章），张从良（第 1 章、第 4 章），张翔（第 2 章、第 3 章），程相林（第 5 章），全书由王留成教授统稿。在编写过程中参考了较多国内外有关文献，在此谨向作者表示由衷的感谢。

因编写人员学术水平和时间所限，书中疏漏与不足在所难免，敬请读者批评指正。

编者
2016 年 1 月

目录

第6章　化工清洁生产 / 144

第1章

总 论

本章你将学到:

1. 环境的基本概念,包括环境、环境质量及标准、环境容量、环境问题、环境污染;

2. 环境问题的产生根源、全球性十大环境问题、中国环境状况、环境污染源、环境污染物、优先控制污染物及环境污染防治工程;

3. 化工环境污染概况、化工污染物的来源、化工废水、废气和废渣污染,化工污染防治的途径及发展趋势;

4. 化工生产的特点及化工环境保护要求。

1.1 环境基本概念

1.1.1 环境

环境是以人类社会为主体的外部世界总体,主要指人类已经认识到的直接或间接影响人类生存和社会发展的周围世界。《中华人民共和国环境保护法》对环境的内涵规定如下:"本法所称环境,是指影响人类生存和发展的各种天然的和经过人工改造的自然因素的总体,包括大气、水、海洋、土地、矿藏、森林、草原、野生生物、自然遗迹、人文遗迹、自然保护区、风景名胜区、城市和乡村等。"

自然环境:直接或间接影响人类的一切自然形成的物质、能量和自然现象的总体。它是人类出现前就存在,人类目前赖以生存、生活和生产所需自然条件和资源的总称,即阳光、温度、气候、地磁、空气、水、岩石、土壤、动植物、微生物及地壳等自然因素的总和。

人工环境:由于人类活动而形成的环境要素,包括人工形成的物质、能量和精神产品以及人类活动中所形成的人与人之间的关系或称上层建筑。人工环境由综合生产力、技术进步、人工构筑物、人工产品和能量、政治体制、社会行为、宗教信仰、文化与地方因素等组成。

自然环境对人的影响是根本性的。人类要改善环境，必须以自然环境为其大前提，谁要超越它，必然遭到大自然的报复。人工环境的好坏对人的工作与生活、对社会的进步更是影响极大。

1.1.2 环境问题

环境问题是由于人类活动作用于周围环境所产生的环境质量变化以及该变化反过来对人类的生产、生活和健康产生影响的问题。环境问题可分为两类：一是不合理开发利用自然资源，超出环境承载力，使生态环境质量恶化和自然资源枯竭的现象；二是人口激增、城市化和工农业高速发展引起的环境污染与破坏。总之，环境问题是人类经济社会发展与环境的关系不协调所引起的问题。

1.1.2.1 环境问题的发展

人类在改造自然环境的过程中，因认识能力和科学水平的限制，往往会产生意料不到的后果而导致环境的污染与破坏。

(1) 工业革命以前阶段

在远古时期，由于人类的生活活动如制取火种、滥用资源等造成生活资料缺乏。随着刀耕火种、砍伐森林、盲目开荒、破坏草原、农牧业的发展，引起一系列水土流失、水旱灾害和沙漠化等环境问题。

(2) 环境的恶化阶段

工业革命至 20 世纪 50 年代前，为环境问题发展恶化阶段。该阶段生产力的迅速发展、机器的广泛使用，大幅度提高了劳动生产率，增强了人类利用和改造环境的能力，大规模改变了环境的组成和结构，也改变了生态物质循环系统，扩大了人类活动领域。同时也带来了新的环境问题，大量废弃物污染环境，如 1873 年至 1892 年间，伦敦多次发生有毒烟雾事件，另外，大量矿物资源的开采利用，加大了"三废"排放，导致环境问题的逐步恶化。

(3) 环境问题的第一次高潮

第二次世界大战以后，科学技术、工业生产、交通运输均迅猛发展，尤其是石油工业的崛起，工业分布过分集中，城市人口过分密集，环境污染由局部逐步扩大到区域，由单一的大气污染扩大到气体、水体、土壤和食品等各方面污染，震惊世界的八大公害事件见表 1-1。

由于这些环境污染直接威胁人们的生命与安全，成为重大的社会问题，激起广大人民的强烈不满，也影响了经济的顺利发展。如美国 1970 年 4 月爆发了 2000 万人大游行，提出不能再走"先污染后治理"的路子，必须实行预防为主的综合防治办法。这次游行也是 1972 年斯德哥尔摩人类环境会议召开的背景，会议通过的《人类环境

表1-1 世界八大公害事件

序号	公害名称	国家	时间	事件及其危害
1	马斯河谷烟雾事件	比利时	1930年12月	马斯河谷地带分布着三个钢铁厂、四个玻璃厂、三个炼锌厂和炼焦、硫酸、化肥等许多工厂。1930年12月初,在两岸耸立90m高山的峡谷地区,出现了大气逆温层,浓雾覆盖河谷,工厂排到大气中的污染物被封闭在逆温层下不易扩散,浓度急剧增加,造成大气污染事件。一周内几千人受害发病,60人死亡,为平时同期死亡人数的10.5倍,也有大量家畜死亡。发病症状为流泪、喉痛、胸痛、咳嗽、呼吸困难等。推断当时大气二氧化硫浓度为25～100mg/m³
2	多诺拉烟雾事件	美国	1948年10月	多诺拉镇是一个两岸耸立着100m高山的马蹄形河谷,盆地中有大型炼钢厂、硫酸厂和炼锌厂。1948年10月,该镇发生轰动一时的空气污染事件,这个小镇当时只有14000人,4天内就有5900人因空气污染而患病,20人死亡
3	伦敦烟雾	英国	1952年12月	伦敦位于泰晤士河开阔河谷中,1952年12月5～9日,几乎在英国全境有大雾和逆温层。伦敦上空因受冷高压影响,出现无风状态和60～150m低空逆温层,使从家庭和工厂排出的燃煤烟尘被封盖滞留在低空逆温层下,导致4000人死亡
4	洛杉矶光化学烟雾事件	美国	1955年5～10月	洛杉矶市有350多万辆汽车,每天有超过1000t烃类、30t氮氧化合物和4200t一氧化碳排入大气中,经太阳光能作用,发生光化学反应,生成一种浅蓝色光化学烟雾,1955年一次事件中仅65岁以上老人就死亡400人
5	水俣事件	日本	1953～1979年	1953年熊本县水俣湾地区病人开始面部呆痴、全身麻木、口齿不清、步态不稳,进而耳聋失聪,最后精神失常、全身弯曲、高叫而死,还出现"自杀猫"、"自杀狗"等怪象。截至1979年1月受害人数达1004人,死亡206人。到1959年才揭开谜底,因某工厂排放的含汞废水污染了水俣海域,鱼贝类集了水中甲基汞,人或动物食用鱼、贝即导致中毒或死亡
6	富山事件	日本	1955～1965年	1955年日本富山通川两岸出现一种怪病,发病者开始手、脚、腰等全身关节疼痛。几年后骨骼变形易折,周身骨骼疼痛,最后病人饮食不进,在疼痛中死去或自杀。到1965年底,近100人因"骨痛病"死亡。到1961年才查明是因当地锌铅冶炼厂排放的含镉废水,人吃了受镉污染的大米或饮用水而发病
7	四日市事件	日本	1955～1972年	1955年以来,四日市石油企业每年排入大气中的粉尘和SO₂总量达13万吨,使该市终年烟雾弥漫。居民支气管炎、支气管哮喘、肺气肿及肺癌等呼吸道疾病患者猛增,截至1972年患者高达6376人
8	米糠油事件	日本	1968年3月	九州发现一种怪病,病人开始眼皮肿、手掌出汗、全身起红疙瘩,严重时恶心呕吐、肝功能降低。全身肌肉疼痛,咳嗽不止,有的引起急性肝炎或医治无效而死。1968年7～8月患者高达5000人,死亡16人。这是因某家工厂在生产米糠油过程中使载热体多氯联苯混入油而导致食油者中毒或死亡

宣言》唤起了全世界对环境问题的注意。工业发达国家把环境问题摆上了国家议事日程，通过制定相关法律，建立相关机构，加强管理，采用新技术，使环境污染得到了有效控制。

（4）环境问题的第二次高潮

20世纪80年代以后，环境污染日趋严重和大范围生态破坏是社会环境问题的第二次高潮。人们共同关心的影响范围大和危害严重的环境问题有三类：一是全球性的大气污染，如温室效应、臭氧层破坏和酸雨；二是大面积生态破坏，如大面积森林毁坏、草场退化、土壤侵蚀和沙漠化；三是突发性严重污染事件频发，参见表1-2。

表1-2　20世纪典型公害事件

序号	事件名称	国家	时间	事件危害情况
1	塞维索化学污染事件	意大利	1976年7月10日	该地区某农药厂爆炸，剧毒化学品二噁英（多氯甲苯、多氯乙苯等有毒化学品的俗称）污染，致许多人中毒，方圆1.5km范围内植物被深埋掉，几年内当地畸形儿出生率大增
2	三里岛核电站泄漏事件	美国	1979年3月28日	三里岛核电站严重失火事故使周围50mi（1mi=1.609km）以内约200万人处于不安中，停工、停课，纷纷撤离，直接损失10多亿美元
3	博帕尔农药泄漏事件	印度	1984年12月3日	博帕尔市美国联合碳化公司农药厂发生异氰酸甲酯罐爆裂外泄，进入大气约45万吨，受害面积达40km²，受害人10万～20万，死亡6000多人
4	切尔诺贝利核电站泄漏事件	苏联	1986年4月26日	切尔诺贝利核电站4号反应堆爆炸，引起大火，放射性物质大量扩散，周围13万居民被疏散，300多人受严重辐射，死亡31人，经济损失35亿美元
5	上海甲肝事件	中国	1988年1月	上海市部分居民食用被污染的毛蚶而中毒，后迅速传染蔓延，甲肝患者高达29万人
6	洛东江水源污染事件	韩国	1991年3月	洛东江畔的大丘、釜山等城镇斗山电子公司擅自将325t含酚废料倾倒到江中。自1980年起已倾倒含酚废料4000多吨，洛东江已有13支支流变成了"死川"，1000多万居民受到危害
7	海湾石油污染事件	海湾地区	1991年1～2月	历时6周的海湾战争使科威特境内900多口油井被焚或损坏，伊拉克、科威特沿海两处输油设施被破坏，约15亿升原油漂流，伊拉克境内大批炼油和储油设备、军火弹药库、制造化学武器和核武器的工厂起火爆炸，有毒有害气体排入大气中，随风飘移，危害其他国家，如伊朗已连降几次"黑雨"。海湾战争是有史以来使环境污染和生态破坏最严重的一次战争

显然，目前环境问题的影响范围逐步扩大，不仅对某个国家、某个地区，而且对人类赖以生存的整个地球环境造成严重危害。环境污染不但明显损害人类健康，而且全球性的环境污染和生态破坏，阻碍着经济的持续发展。突发性事件的污染范围大，危害严重，经济损失巨大。

1.1.2.2 当前的主要环境问题

当前全球范围面临的环境问题主要是人口、资源、生态破坏和环境污染。其间相互关联、相互影响，是当今世界环境学科关注的主要问题。

(1) 人口问题

人口急剧增长是当今影响环境最主要、最根本的因素。据统计，1830年全球为10亿人口，到1975年达40亿，1995年即达56.8亿，2010年已超过62.5亿，近百年来世界人口的增长速度达到了人类历史最高峰。联合国人口司2012年公布的一项研究报告显示，到2050年时，世界人口总数将增至96亿，绝大部分新增人口来自发展中国家。

人类为了供养如此大量人口，需要大量自然资源支持，如耕地、能源、矿产等资源需求不断加大，同时在生产过程中废物排放量也加大，加重了环境污染。另外，人口的急剧增加，也加大了水资源、土地资源的污染，超过了地球环境的合理承载能力，必然造成生态破坏与环境污染。

中国是个人口大国，农村人口比重大且分布不平衡，阻碍着我国的经济发展，进一步加重了环境污染。

(2) 资源问题

随着全球人口的增长和经济的发展，对资源的要求与日俱增，人类正遭受着某些资源短缺和耗竭的严重挑战。全球资源危机主要表现在：

① 土地资源不断减少和退化　目前人类开发利用的耕地和牧草不断减少或退化，沙漠化、盐碱化问题比较严重。据联合国环境规划署的资料，全球已经受到和预计会受到荒漠化影响的地区占全球土地面积的35%，全世界约20亿公顷土地不同程度受到沙漠化影响，约有8.5亿人口生活在不毛之地和贫瘠土地上，导致许多国家粮食不能自给，粮食供应紧张。南亚20%的人口严重发育不良，北非2000万人、撒哈拉地区15000万人营养不良。世界各国通过开垦荒地扩大耕地面积提高粮食产量会带来水土流失、生态破坏的危险，同时化肥、农药的使用又会加大对水体和土壤的污染。

② 森林资源及生物多样性危机　据估计，1990~2000年间全世界每年损失森林平均达1600万公顷。我国西双版纳天然森林自1950年以来每年以25万亩的速度消失。目前我国荒漠化面积占国土面积的1/3，华北、西北、东北西部等地区总面积达300多万平方公里。森林资源的减少和其他环境因素恶化，使生物多样性产生了危机。目前全球濒临灭绝的动物有1000多种，植物25000种。据估计，一片森林面积减少10%即可使继续存在的生物品种下降50%。因此物种的消亡，破坏了生态平衡，对人类发展是难以挽回和无法估计的损失，因为生物多样性包括数以万计的动物、植物、微生物和其拥有的基因是人类赖以生存和发展的各种生命资源的总汇，是宝贵的自然财富。

③ 水资源严重短缺　世界上有43个国家和地区严重缺水，占全球陆地面积的60%，80多个国家处于水危机状态，约有20亿人用水紧张，10亿人得不到良好的饮

用水。全世界每年约有超过 4200 亿立方米的污水排入江河湖海，污染 5500 亿立方米的淡水，约占全球径流量 14% 以上，因此水体污染是造成水资源危机的重要原因之一。人口急增、工农业生产将导致用水量持续增长而水资源严重短缺，这将成为许多国家经济发展的障碍。资料表明，作为人类生命之源的水将成为人类未来争夺的焦点。谁拥有控制、储存并开发水资源的技术，就如现在掌握世界石油资源一样，在人类未来发展过程中将发挥举足轻重的作用。

我国水资源也十分短缺，全国 18 个省（市、自治区）有 6620 座县级以上政府所在的城镇缺水，与此同时我国水体水质总体上呈恶化趋势。总之，以水资源紧张、水污染严重和洪涝灾害为主要特征的水危机已成为我国经济可持续发展的重要制约因素。

④ 能源危机　以煤炭、石油为代表的能源危机出现端倪。《中国化工报》2008 年 8 月 27 日以《资源支撑不足，环境容量有限》为题，报道了山西煤化工繁荣背后的隐忧：尽管山西是全国最大的煤炭生产基地，发展煤化工具有得天独厚的优势，该省煤炭储量占全国的 1/3，但经过几十年高强度开采，已有 17 个重点矿关闭，国有重点煤炭生产企业 32 处矿井和一半乡镇煤矿将面临资源枯竭。据相关部门统计，按照现有焦炭企业的煤炭用量计算，肥煤、焦煤资源只够开采 60～70 年，加上供应全国和出口，这些焦炭资源只够使用 40 年左右；同时指出，煤化工的急剧发展使山西的水资源严重缺乏。

(3) 大气环境污染

人口的增长加剧了以矿物燃料为主的能源消耗，加快了大气污染，形成全球环境问题。

① 酸雨严重　SO_2 和 NO_x 是形成酸雨的主要物质。酸雨的危害主要是破坏森林生态系统、改变土壤性质和结构、破坏水体生态系统、腐蚀建筑物和损害人体的呼吸系统和皮肤。如欧洲 15 个国家有 700 万公顷森林受到酸雨的影响；我国酸雨面积已达国土面积的 29%，广东、广西、四川、贵州等地十雨九酸，已成为世界第三大酸雨区，每年直接经济损失 140 亿元以上。

② 臭氧层破坏　臭氧可以减少太阳紫外线对地表的辐射，减少人类白内障和皮肤癌等疾病的发生，提高人体免疫力。由于 NO_x、CFC 等物质的大量使用，破坏了臭氧层。据新华社报道，美国宇航局利用地球观测卫星上的"全臭氧测图分光计"测定，2012 年 9 月 22 日在南极上空臭氧层空洞面积达 2120 万平方公里，相当于美国领土面积的三倍。科学家预言：2050 年即使不考虑在南北极上空的特殊云层化学，在高纬度地区臭氧的消耗量将高达 4%～12%。这说明停止使用氟氯烃和其他危害臭氧层的物质已刻不容缓。

③ 温室效应和气候变化　由于人类大量使用矿物燃料，热带森林滥伐毁坏等，使大气中 CO_2 浓度持续上升，由 19 世纪中叶的 260～280cm^3/m^3 增加到 2015 年的 400cm^3/m^3。据预测，至 21 世纪中叶，还可能达到 600cm^3/m^3。CO_2 可让太阳光射入，大量吸收大气表层和地表能生热的红外辐射，从而使低层大气温度升高。当 CO_2 含量过大时，就会形成一座"玻璃温室"，即大气温室效应，导致地球温度升高从而

造成很多影响：改变降雨和蒸发体系，影响农业和粮食资源，改变大气环流，进而影响海洋水流，冰川融化，海平面上升，富营养区的迁移、海洋生物的再分布。

（4）海洋污染

随着工业化进程和海洋运输业及海洋采矿的发展，大量生活污水、工业废水、养殖污水经各种途径进入海洋，造成有毒化学品与日俱增，超过了海洋自净能力，富营养化加强，使海洋中某些浮游生物爆发性增殖，消耗大量溶解氧，导致水生生物死亡。这就是我国近年来多次发生"赤潮"的原因。

2012年海水环境质量公报显示，全国海洋环境质量状况总体维持在较好水平，但近岸海域水体污染、生态受损等问题突出。经河流排海的氮、磷入海量较上年明显增大，陆源入海排污口达标排放率较低。严重污染区域主要分布于大中型河口、海湾和部分大中城市近岸海域，主要超标物质是无机氮、活性磷酸盐和石油类。

近岸海域劣于第四类海水水质标准的海域面积较2011年明显加大，约1.9万平方公里海域呈重度富营养化状态。81%实时监测的河口、海湾等典型海洋生态系统处于亚健康和不健康状态。栖息地生境丧失、富营养化严重、生物群落结构异常是造成典型生态系统健康状况不佳的主要原因。南海中沙群岛及南沙群岛海域水质状况良好，水中无机氮、活性磷酸盐、石油类等检测要素符合第一类海水水质标准。

2012年72条主要江河携带入海的污染物总量约1705万吨。辽河口、黄河口、长江口和珠江口等主要河口区环境状况受到明显影响。

监测的435个入海排污口达标排放次数占监测总数的51%。入海排污口邻近海域环境质量状况总体依然较差，排污口邻近海域75%水质、30%沉积物质量不能满足海洋功能区的环境质量要求。监测区域内的海滩垃圾主要为塑料袋、聚苯乙烯塑料碎片和玻璃碎片等。94%的海滩垃圾来源于陆地，6%来源于海上活动。

（5）垃圾成灾

目前全世界排放废渣超过30亿吨，可谓垃圾如山。垃圾种类繁多，成分复杂。发达国家因废物越来越多、污染越来越严重，纷纷向发展中国家转嫁。世界绿色和平组织的一份调查表明，发达国家每年以5000万吨规模向发展中国家转嫁危险废物，有害物的转移，导致全球环境的更广泛污染。中国城市垃圾的影响已日渐突出，固体废物的资源化处理是摆在环保工作者面前的一个重要课题。

1.1.2.3 中国解决环境问题的根本途径

当前，中国的环境污染依然处于较高水平，生活污染的比重不断增加，农业污染问题日渐突出，生态恶化的趋势还没有得到有效控制，某些地区的环境污染和生态破坏非常严重，环境形势依然严峻。环境保护与经济发展是对立统一体，两者密不可分，既要发展经济满足人类日益增长的基本需要，又不要超出环境的容许极限，使经济能够持续发展，提高人类的生活质量。对我国而言要协调好这二者的关系，必须有效控制人口增长，加强教育，提高人口素质，增强环境保护意识，强化环境管理，依靠强大的经济实力和科技进步，这是我国解决环境问题实现可持续发展的根本途径和关键所在。

人口增加就需要增加消耗，增加活动和居住场所，从而对环境特别是生态环境造成巨大压力，甚至引起破坏。控制人口增长就是从源头上抑制资源消耗的猛烈上升、各种废物的大量增加。与此同时，要加强教育，普遍提高群众的环境意识，树立节约和合理利用自然资源的意识，促使人们在进行任何一种社会活动或生产活动或科技活动与发明创造时，要摆正人类在自然界中的位置，考虑到是否会对环境造成危害；能否采取相应措施，使对环境的危害降到最低限度。总之要自觉维护生态平衡，使经济建设与资源、环境相协调，实现良好循环。解决环境问题必须要有相当的经济实力，即需要付出巨大的财力、物力，并且需要经过长期努力。有限的环保投资，对于环境污染和生态破坏欠账十分巨大的中国来说，远不能达到有效控制污染和生态环境破坏的目的。因此更有必要借助科技的进步解决环境问题。科技进步与发展，虽然会产生各种环境问题，但也必须靠科技进步来解决这些环境问题。如燃煤带来一系列环境污染，需要科技进步来改善和提高燃煤设备的性能和效率，寻找洁净能源或氟氯烃的替代物，从根本上清除污染源或降低污染源的危害程度。要以较低或有限的环保投资获得较佳的环保效益，借助科技进步是解决环境问题的必由之路。

1.2　化工与环境问题

化学工业是对环境中各种资源进行化学处理和转化加工的生产行业，特点是产品多样化、原料路线多样化和生产方法多样化，其生产特点决定了化学工业是环境污染较为严重的行业。2008 年 6 月我国有关部门公布了新版《国家危险废物名录》，明确了危险废物的行业来源。在 49 大类 400 个品种中，石油和化工行业达到156 种，占全部危险废物的 39%。化工生产的废物从化学组成上讲是多样化的，且数量相当大。这些废物大多有害，有的甚至剧毒，进入环境就会造成污染。有些化工产品在使用过程中又会引起一些污染，甚至比生产本身所造成的污染更为严重、更为广泛。

1.2.1　化工污染的来源

化工污染物按其性质可分为无机化工污染和有机化工污染；按污染物的形态可分为废气、废水和废渣。其产生的原因和进入环境的途径多种多样，污染物的来源分为以下两个方面。

1.2.1.1　化工生产的原料、半成品及产品

因转化率的限制，化工生产中的原料不可能全部转化为半成品或成品。未反应

的原料，虽有部分可回收利用，但最终有一部分回收不完全或不可能回收而排掉。如化学农药的主要原料利用率只有 30%～40%，约 60%～70% 以"三废"形式排入环境。

化工原料有时本身纯度不够，有的杂质不参加化学反应，最后要排放掉；有的杂质参与化学反应，故生成物也含杂质，对环境而言可能是有害污染物。如氯碱工业电解食盐水只利用食盐中氯化钠生产氯气、氢气和烧碱，其余原料中 10% 左右杂质则排掉成为污染源。

由于生产设备、管道不严密，或操作、管理水平跟不上，物料在生产过程以及储存、运输中，会造成原料、产品的泄漏。

1.2.1.2　化工生产过程的排放

(1) 燃烧过程

燃料燃烧可为化工生产过程提供能量，以保证化工生产在一定温度和压力下进行，但燃烧产生大量烟气和烟尘，对环境产生极大危害。

(2) 冷却水

无论采用直接冷却还是间接冷却，均会有污染物排出。另外升温后的废水对水中溶解氧产生极大影响，破坏水生生物和藻类种群的生存结构，导致水质下降。

(3) 副反应

化工生产主反应往往伴随着一系列副反应和副产物。有的副产物虽经回收，但因数量不大、成分复杂，也作为废料排弃，从而引起环境污染。

(4) 生产事故

经常发生的事故是设备事故。由于化工生产的原料、成品、半成品很多具有腐蚀性，容器、管道等易损，如检修不及时，就易出现"跑、冒、滴、漏"等现象。偶然发生的事故是工艺过程事故。由于化工生产条件的特殊性，如反应条件控制不好，或催化剂没及时更换，或大量排气、排液等，这些过程事故所排放的废物数量大、浓度高，会造成严重污染，甚至人身伤亡。

1.2.2　化工污染的特点

化工生产排出的废物对水和大气均会造成污染，尤其对水的污染更为突出。

1.2.2.1　废水污染的特点

(1) 有毒性和刺激性

化工废水中有些含有如氰、酚、砷、汞、镉或铅等有毒或剧毒物质，在一定浓度下对生物和微生物产生毒性影响。另外也含有无机酸、碱类等刺激性、腐蚀性物质。

(2) 有机物浓度高

石油化工废水中各种有机酸、醇、醛、酮、醚和环氧化物等有机物浓度较高，在水中会进一步氧化分解而消耗大量溶解氧，直接影响水生生物的生存。

（3）pH 不稳定

化工排放的废水时而强酸性、时而强碱性，对生物、构筑物及农作物均有极大危害。

（4）营养化物质较多

含磷、氮量过高的废水会造成水体富营养化，使水中藻类和微生物大量繁殖，严重时会造成赤潮，影响鱼类生长。

（5）恢复比较困难

受到有害物质污染的水域要恢复到原始状态相当困难，尤其是被生物所浓集的重金属物质，停止排放仍难以消除。

1.2.2.2　废气污染的特点

（1）易燃、易爆气体较多

如低沸点的酮、醛，易聚合的不饱和烃等，大量易燃、易爆气体如不采取适当措施，容易引起火灾、爆炸事故，危害很大。

（2）排放物大多具有刺激性或腐蚀性

如二氧化硫、氮氧化物、氯气、氟化氢等气体均有刺激性或腐蚀性，尤以二氧化硫排放量最大。二氧化硫气体直接损害人体健康，腐蚀金属、建筑物和器物表面，还易氧化成硫酸盐降落地面，污染土壤、森林、河流和湖泊。

（3）废气中浮游粒子种类多、危害大

化工生产排出的浮游粒子包括粉尘、烟气和酸雾等，种类繁多，对环境危害较大。尤其当浮游粒子与有害气体同时存在时，能产生协同作用，对人的危害更为严重。

1.2.2.3　废渣污染的特点

化工生产排出的废渣主要有硫铁矿烧渣、电石渣、碱渣、塑料废渣等，对环境的污染表现在以下方面：

（1）直接污染土壤

存放废渣占用场地，在风化作用下到处流散，既使土壤受到污染，又会导致农作物受到影响。土壤受到污染很难得到恢复，甚至变为不毛之地。

（2）间接污染水域

废渣通过人为投入、被风吹入、雨水带入等途径进入地面水或渗入地下而对水域产生污染，破坏水质。

（3）间接污染大气

在一定温度下，由于水分的作用，会使废渣中某些有机物发生分解，产生有害气体扩散到大气中，造成大气污染。如重油渣及沥青块，在自然条件下产生的多环芳烃气体是致癌物质。

1.2.3 化工污染防治途径

要有效控制污染源，应从两方面考虑：一是减少排放；二是加强治理。

1.2.3.1 建立清洁生产理念，采用少废无废工艺，加强企业管理

化工生产一种产品往往有多种原料路线和生产方法，不同的原料路线和生产方法产生的污染物种类和数量差异较大。采用和开发无废少废工艺可将污染物最大限度地消除于工艺过程。如制造乙醛时，用乙炔为原料，硫酸汞作为催化剂，利用水合法，化学反应式为：

$$CH \equiv CH + H_2O \longrightarrow CH_3-CHO$$

由于催化剂硫酸汞溶液易造成汞污染。改用乙烯为原料，利用直接氧化法，化学反应式为：

$$CH_2 \Longrightarrow CH_2 + O_2 \longrightarrow CH_3-CHO$$

此反应未用汞催化剂，从而可避免汞污染。

在改变原料路线、生产方法的同时，改进生产设备也是实现清洁生产、控制污染源的重要途径。如化学物质的直接冷却改为间接冷却，可减少污染物的排放量。另外，提高设备、管道的严密性，加强企业的管理，提高操作人员的素质，减少原料产品漏损，可降低污染程度。

生产过程采用密闭循环系统是防治化工污染的发展方向。在生产过程中废物通过一定治理技术，重新回到生产系统中加以使用，避免污染物排入周围环境，同时提高原料利用率、产品产率。如日本发展了联合制碱工艺代替氨碱法工艺生产纯碱，基本不排放废液。这种密闭循环系统又称为"零排放"系统，既可降低原料的消耗定额，又可减小污染物危害。

1.2.3.2 加强废物综合利用的资源化

要实现化工的可持续发展，必须走由末端治污向清洁生产转变的道路，加强废物的资源化利用。近年来在化肥、氯乙烯、炭黑等行业的污染治理中，开发推广了不少资源合理利用项目，说明化工行业"三废"综合利用潜力巨大。

本章你应掌握的重点：

1. 环境保护相关的基本概念、全球性十大环境问题和国内环境状况；
2. 环境污染源、环境污染物、优先控制污染物及环境污染防治工程；
3. 化工行业环境污染物概况、化工污染物的来源、化工废水、废气和废渣污染；
4. 化工污染防治的途径及其发展趋势。

● 参考文献

[1] 杨永杰. 化工环境保护概论 [M]. 北京：化学工业出版社，2012.

[2] 黄岳元，保宇. 化工环境保护与安全技术概论 [M]. 北京：高等教育出版社，2006.

[3] 严进，何晓春. 化工环境保护及安全技术 [M]. 北京：化学工业出版社，2011.

第2章

化工废水处理与综合利用

本章你将学到：

1. 化工废水来源、特性、分类及处理原则；
2. 化工废水的物理处理法、化学处理法、物理化学处理法、生物处理法及组合处理法等常规处理方法；
3. 典型化工废水处理工艺；
4. 化工废水综合利用领域及相关水质标准。

2.1 化工废水及其处理原则

2.1.1 化工废水来源、特点及分类

(1) 化工废水的来源

化工废水主要源于化工生产过程，其成分取决于生产过程采用的原料及所用工艺。

① 化工生产过程中，化工原料和化工产品的包装、运输、堆放过程中，因部分物料流失经冲刷而产生的废水。

② 由于工艺条件的限制，生产过程中化学反应不完全而产生的废料，常以废水形式排出。

③ 化工生产过程中副反应产生的废水。

④ 特定工艺产生的废水，如酸洗或碱洗废水、高沸残液等。

⑤ 地面和设备冲洗水及初期雨水。

⑥ 工艺循环冷却水。一般循环冷却水不含污染物，可直接排放，但如果冷却方式为冷却水与反应物料直接接触，则形成含有污染物的废水。

（2）化工废水的特点

① 水质成分复杂，污染物种类多。由于化工产品种类繁多，生产工艺复杂，所产生的废水往往含有多种污染物。

② 有毒性和刺激性。化工废水中许多污染物对微生物是有毒有害的，如重金属离子、硝基化合物等；还有一些污染物具有刺激性和腐蚀性，如无机酸、碱等。

③ 生物难降解物质多，BOD/COD 比低，可生化性差。

④ pH 变化较大。化工生产废水常含有酸或碱性物质，pH 变化较大。

⑤ 营养化物质含量高。化工废水中磷、氮含量往往比较高，造成水域富营养化。

⑥ 废水温度较高。化学反应常在高温下进行，排出的废水水温较高。

⑦ 油污染较为普遍。

⑧ 废水色度高。

（3）化工废水的分类

化工废水分类方法主要有以下两种：

① 按废水中所含主要污染物的化学性质分类，可分为含无机污染物为主的无机废水、含有机污染物为主的有机废水和既含有机物又含无机物的废水。

② 按废水中所含污染物的主要成分分类，可分为酸性废水、碱性废水、含氰废水、含铬废水、含镉废水、含汞废水、含酚废水、含油废水等。

第一种分类法不涉及废水中所含污染物的主要成分，也不能表明废水的危害性。第二种分类法明确地指出了废水中主要污染物的成分，能表明废水的危害性。

2.1.2 化工废水的污染指标及处理原则

（1）化工废水水污染指标

化工废水污染程度主要由以下指标进行衡量：①固体污染物；②需氧污染物；③营养性污染物；④酸碱污染物；⑤有毒物质；⑥油类污染物；⑦生物污染物；⑧感官性污染物；⑨热污染。

（2）化工废水处理原则

化工废水的处理应从源头控制和末端治理相结合着手，尽量减少化工废水的排放量，使化工废水处理后能达标排放或能够综合利用，在处理过程中应遵循以下原则：

① 成分和性质类似于城市废水的有机废水，可以排入城市废水系统；

② 流量较大而污染较轻的废水，应经适当处理后循环使用；

③ 含难以生物降解的有毒物质废水，如重金属、氰废水应与其他废水分流，以便于处理和回收有用物质；

④ 可以生物降解的有毒废水，经厂内处理后，可按容许排放标准排入城市废水系统，由废水处理厂进行生物氧化降解处理。

2.2 化工废水处理方法

按照对污染物的去除原理分类，化工废水处理方法可分为物理法、化学法、物理化学法和生物化学法等。

2.2.1 物理处理法

废水物理处理主要是去除废水中的大部分悬浮物、油类等，同时还可进行水量、水质的调节。物理处理法主要包括：筛滤截留法、重力法和离心分离法。

2.2.1.1 筛滤截留法

(1) 格栅和筛网过滤

① 格栅　为防止废水中较大漂浮物损坏水泵和堵塞管道、阀门等，在污水提升泵站和处理构筑物前一般都要设置格栅。它是由平行的钢制栅条组成，格栅按形状可分为平面格栅和曲面格栅两种；按结构形式及除渣方式可分为人工格栅和机械格栅两大类，机械格栅又可分为回转式、旋转式、齿耙式等多种形式。目前工业废水处理中应用较多的为机械格栅，其安装示意见图 2-1。

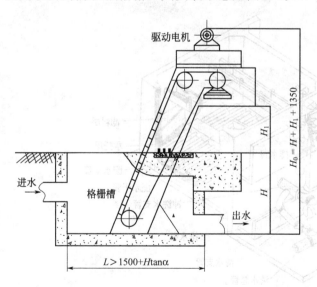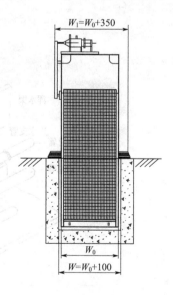

图 2-1　机械格栅安装示意

② 筛网　化工废水中如含有较细小或纤维类悬浮物，常用筛网进行去除。选择不同尺寸的筛网，能去除和回收不同类型及大小的悬浮物，如纤维、纸浆等。筛网过滤装置很多，常见的有振动筛网、水力筛网、转鼓式筛网、转盘式筛网。图 2-2 为水

力回转筛网示意。它由转动筛网和固定筛网构成。转动筛网水平放置，为一截顶圆锥。进水从锥形小端向大端流动过程中，纤维等杂质被转动筛网截留，沿斜面卸到固定筛网进一步脱水。

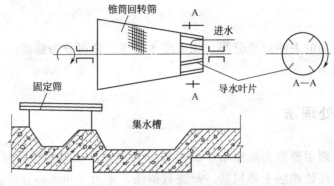

图 2-2 水力回转筛网结构示意

（2）颗粒介质过滤

颗粒介质过滤适用于去除废水中的细微颗粒物质和胶状物质。常用的介质过滤设备有普通快滤池、V 形滤池、压力过滤器、无阀过滤器、微滤机等。

① 普通快滤池 普通快滤池滤料一般为单层细砂级配滤料（级配是在同一种滤料中，不同粒径的滤料颗粒在滤料中所占的质量分数）或煤、砂双层滤料。图 2-3 为普通快滤池示意，一般用钢筋混凝土建造，池内有排水槽、滤料层、垫料层和配水系统；池外有集水管廊，配有进水管、出水管、冲洗水管、冲洗水排出管等。

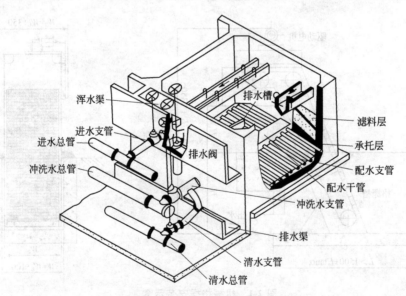

图 2-3 普通快滤池结构示意

普通快滤池工作过程包括过滤和反洗。过滤即截留污染物；反洗即把被截留的污染物从滤料层中洗去，使之恢复过滤能力。

过滤开始时，原水自进水管（浑水管）经集水渠、洗砂排水槽分配进入滤池，在池内水从上而下穿过滤料层、垫料层（承托层），由配水系统收集，并经清水管排出。过滤一段时间后，滤料发生阻塞，水头损失增大，产水量锐减，又由于水流冲刷使一些截留的悬浮物从滤料表面剥落随出水流出，影响出水水质，这时应进行反洗。

反洗时，关闭进水阀和清水阀，开启排水阀及反冲洗进水阀，反冲洗水从下而上通过配水系统、垫料层、滤料层，由洗砂排水槽收集，经集水渠内的排水管排走。反洗过程中，反洗水使滤料层膨胀流化，滤料颗粒相互摩擦、碰撞，使附着在滤料表面的悬浮物被冲刷下来，由反洗水带走。

滤池反洗后，重新进入过滤状态，开始过滤的出水水质较差应排出。

② V 形滤池　V 形滤池进水槽呈 V 字形，也叫均粒滤料滤池（滤料采用均质滤料，即均粒径滤料）、六阀滤池（管路上有六个主要阀门），一般采用气水反冲洗。主要特点是滤料粒径较大、滤层较厚，截污能力强，过滤周期长。工作过程包括过滤、反冲洗和气冲洗过程。

过滤时，待处理水经进水阀、溢过堰口再经侧孔进入被待滤水淹没的 V 形槽，分别经槽底均匀的配水孔和 V 形槽堰进入滤池。滤后水经滤头流入池底部，由方孔汇入气-水分配管渠，再经出水堰、清水渠进入清水池。

反冲洗时，关闭进水阀，但有一部分进水仍从两侧常开的方孔流入滤池，由 V

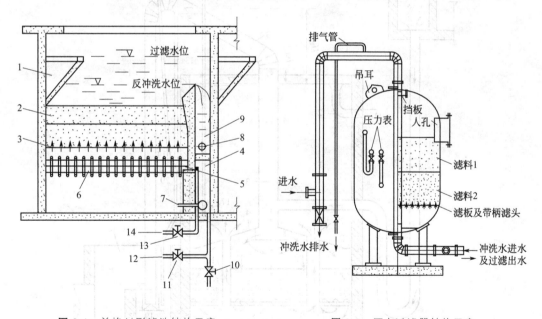

图 2-4　单格 V 形滤池结构示意　　　图 2-5　压力过滤器结构示意

1—原水进水或扫洗 V 形槽；2—滤床；3—滤板及带柄滤头；
4—反冲洗水进入及滤后水收集槽；5—反冲洗空气分配孔；
6—空气层；7—反冲洗水分配孔；8—冲洗水排水阀；
9—冲洗废水集水槽；10—滤后水出水阀；11—反冲
洗进水阀；12—反冲洗水管；13—反冲洗进气阀；
14—压缩空气管

形槽一侧流向排水渠一侧，形成表面扫洗。而后打开排水阀，将池面水从排水槽中排出，直至滤池水面与V形槽顶相平。反冲洗过程常采用"气冲→气-水同时反冲→水冲"三步。

气冲时，开启进气阀，打开供气设备，空气经气水分配渠的上小孔均匀进入滤池底部，由滤头喷出，将滤料表面杂质擦洗下来并悬浮于水中，被表面扫洗水冲入排水槽。

气-水同时反冲洗是在气冲洗的同时，启动冲洗水泵，开启冲洗水阀，反冲洗水也进入气-水分配渠，气、水分别经小孔和方孔流入滤池底部配水区，经滤头均匀进入滤池，使滤料得到进一步冲洗，表面扫洗仍继续进行。

水冲进行时，应停止气冲洗，单独水冲，表面扫洗仍继续，最后将水中杂质全部冲入排水槽。V形滤池结构示意如图2-4所示。

③ 压力过滤器　压力过滤器是在密闭的容器中进行加压过滤。常采用密闭的钢罐，里面装有与快滤池相似的配水系统和滤料等，分为竖式和卧式。竖式压力过滤器见图2-5。

④ 无阀过滤器　无阀过滤器不设阀门，不需要真空设备，运行完全由水力自动

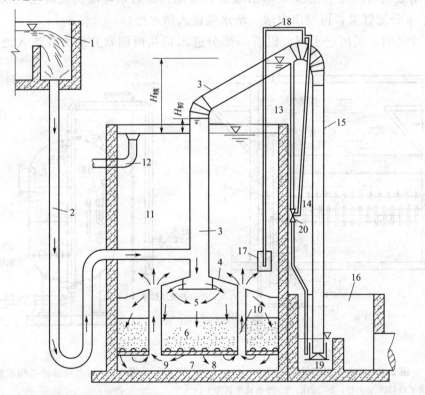

图 2-6　无阀过滤器结构示意

1—进水配水槽；2—进水管；3—虹吸上升管；4—顶盖；5—配水挡板；6—滤层；
7—滤头；8—垫板；9—集水空间；10—联络管；11—虹吸水箱；12—出水管；
13—虹吸辅助管；14—抽吸管；15—虹吸下降管；16—排水井；
17—虹吸破坏斗；18—虹吸破坏管；19—锥形挡板；20—水射器

控制。由顶部的冲洗水箱、中部的过滤室、底部的集水室以及进水装置和冲洗虹吸装置五部分组成,其结构见图2-6。运行时,进水由进水管送入滤池,自上而下穿过滤层,滤后水从排水系统,通过联络管进入过滤水箱,水箱充满后,由出水管溢流排走。随着过滤的运行,滤层阻力增大,虹吸上升管内水位不断上升,当水位达到虹吸辅助管的管口时,水自该管急剧下落,通过水射器,由抽气管抽吸虹吸管顶部的空气,虹吸管内产生负压,使虹吸上升管和下降管中水位很快上升,汇合连通形成虹吸。此时过滤室中的水和进水经上升管和下降管进入排水井,水箱中的水倒流经过滤层,形成滤池的反冲洗。直至过滤水箱内水位下降至虹吸破坏管管口以下时,虹吸管吸进空气破坏虹吸,反冲洗过程结束,滤池进入新周期的循环运行。

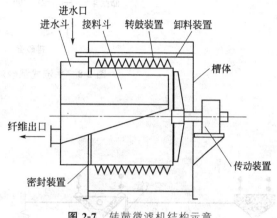

图 2-7　转鼓微滤机结构示意

⑤ 微滤机　微滤机是采用80~200目/in² (1in＝2.54cm) 的微孔筛网,固定在转鼓形过滤设备上,通过截留水体中固体颗粒,实现固液分离的净化装置。在过滤的同时,通过转鼓的转动和反冲水的作用力,使微孔筛网得到及时的清洗,转鼓微滤机结构见图2-7。

2.2.1.2 重力法

重力法是利用水中悬浮物颗粒和水的密度差,在重力作用下达到固液分离的过程。

(1) 沉砂池

沉砂池的工作原理是以重力分离或离心分离为基础,控制进入沉砂池的废水流速或旋流速度,使密度较大的无机固体颗粒下沉,而有机悬浮物随水流带走。沉砂池的结构形式主要有平流式沉砂池、曝气沉砂池和旋流沉砂池等。

① 平流式沉砂池　平流式沉砂池是一加宽的明渠 (图2-8),明渠两端加设有闸板,池底设倒棱台形储砂斗,斗底有带阀门的排砂管。工作时为保证沉砂池较好的沉砂效果,又使密度较小的有机悬浮物不被截留,需严格控制水流速度,水平流速一般控制在0.15~0.3m/s为宜,停留时间不少于30s。

② 曝气沉砂池　曝气沉砂池 (图2-9) 呈矩形,沿渠道壁一侧距池底约0.6~0.9m处设置穿孔曝气管进行曝气,曝气装置下面设集砂槽,池底以0.1~0.5的坡度倾向集砂槽,使砂粒滑入集砂槽;集砂槽侧壁倾角不应小于60°,曝气装置的一侧可以设置挡板,使池内水流具有较好的旋流运动。

由于包覆有机物的无机颗粒密度小,在曝气作用下处于悬浮状态,砂粒之间互相碰撞、摩擦,附着在砂粒表面的有机物能被洗脱下来。解决了平流式沉砂池中部分有机悬浮物沉积在池内的弊端。与平流式沉砂池相比,曝气沉砂池沉砂中有机物含量

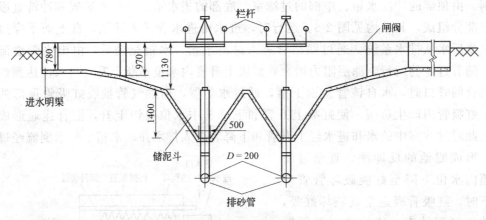

图 2-8　平流式沉砂池结构示意

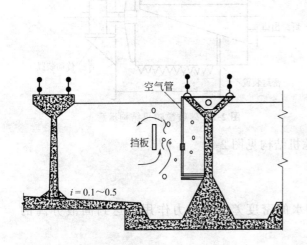

图 2-9　曝气沉砂池结构示意

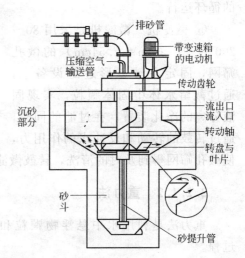

图 2-10　旋流沉砂池结构示意

低，还具有预曝气、脱臭、防止污水厌氧分解、除泡以及加速污水中油类的分离作用。

③ 旋流沉砂池　旋流沉砂池是利用机械力控制废水流态与流速、加速砂粒的下沉并使有机物被水流带走的沉砂装置。

旋流沉砂池由流入口、流出口、沉砂区、砂斗、涡轮驱动装置以及排砂系统等组成（图 2-10）。污水由流入口切线方向进入沉砂区，进水渠道设有跌水堰，使沉积在渠底部的砂滑入池体；也可以在进水口设一挡板，加强附壁效应。沉砂池中间设可调速的桨板，使池内的水流保持环流，由于悬浮物所受离心力不同，相对密度较大的砂粒被甩向池壁，在重力作用下沉入砂斗，而较轻的悬浮物，则在沉砂池中间部分与砂分离，有机物随出水旋流流走。沉砂可以采用空气提升、排砂泵排砂等方式排出，再经砂水分离达到清洁排砂的标准。

(2) 沉淀池

沉淀池按结构不同可分为平流式、竖流式、辐流式和斜板（管）沉淀池。

① 平流式沉淀池　在平流式沉淀池内，水按水平方向流过沉降区并完成沉降过程。图 2-11 是设有链带式刮泥机的平流沉淀池示意。废水由进水槽经淹没孔口进入，进水孔口后设有挡板或穿孔整流墙对进水进行消能稳流，使进水沿过流断面均匀分布；沉淀池末端设有溢流堰（或淹没孔口）和集水槽，澄清水溢过堰口（或淹没孔口），经集水槽排出；溢流堰前设有挡板以阻隔浮渣，防止浮渣随出水流出，浮渣通过可转动的排渣管收集和排出；池体下部靠近进水端设有污泥斗，斗壁倾角约为 50°～60°，池底以 0.01～0.02 的坡度倾向泥斗；刮泥刮渣板在池的底部把沉泥刮入泥斗，在水面则将浮渣推向池尾的排渣管；泥斗内设有排泥管，开启排泥阀时，沉淀污泥在静水压力作用下由排泥管排出池外。

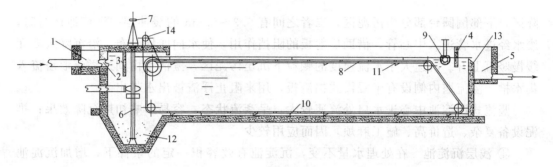

图 2-11　平流式沉淀池结构示意

1—进水槽；2—进水孔；3—进水挡板；4—出水挡板；5—出水槽；6—排泥管；7—排泥闸阀；8—链带；9—排渣管槽；10—刮板；11—链带支撑；12—储泥斗；13—溢流堰；14—电机驱动

② 辐流式沉淀池　辐流式沉淀池如图 2-12 所示。进水管设在池中心，中心进水管周围设有穿孔导流板，使废水沿圆周方向向四周均匀分布，导流板外围设有旋转挡板；由于池直径比深度大很多，水向四周流动呈辐射状，流动过程中水流速度逐渐减小，悬浮物下沉进入池底，出水由四周溢流堰溢流进入集水槽。辐流式沉淀池多采用机械刮泥机刮泥，刮入泥斗中的污泥，借静水压力或污泥泵排出。

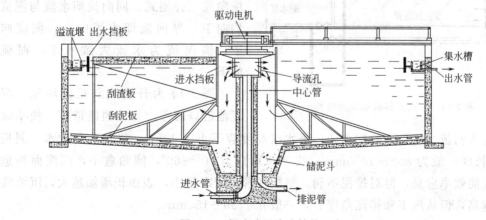

图 2-12　辐流式沉淀池结构示意

③ 竖流式沉淀池　竖流式沉淀池多用于小流量废水中絮凝性悬浮固体的分离，呈圆形或正多边形。图 2-13 为圆形竖流式沉淀池的结构示意，上部圆筒形部分为沉

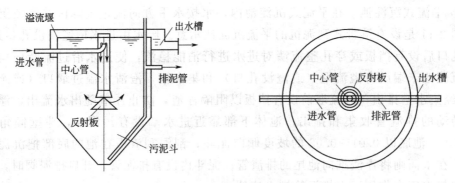

图 2-13 竖流式沉淀池结构示意

降区，下部倒圆台部分为污泥区，二者之间有 0.3～0.5m 的缓冲层。沉淀池运行时，废水经进水管进入中心管，借助反射板的阻挡作用，使水向四周分布，沿沉降区断面缓慢竖直上升。沉速大于水流速度的颗粒下沉至污泥区，澄清水由周边溢流堰溢流入集水槽。溢流堰内侧设有半浸没式挡渣板，用来阻止浮渣被出水带出。

竖流式沉淀池中心进水口处流速较大，呈紊流状态，容易影响初期沉降效果；排泥设备复杂、造价高、施工麻烦，因而应用较少。

④ 浅层沉淀池 在处理水量不变，沉淀池有效容积一定的条件下，增加沉淀池表面积或过流率，单位面积上水力负荷就会减小，悬浮物去除率增加。据此在普通沉淀池中加设斜板或斜管形成斜板（管）沉淀池，也称浅层沉淀池，斜板或斜管可以增大沉淀池的沉降面积，缩短悬浮物沉降距离，使沉淀效率大大提高。但浅层沉降是建立于自由沉淀理论基础之上，二沉池中活性污泥或生物膜不适用斜板或斜管沉淀池。

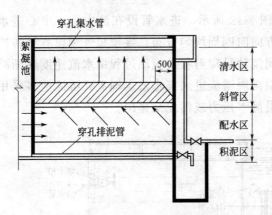

图 2-14 升流式斜板沉淀池结构示意

斜板（管）沉淀池按水流和污泥流的流动方式，可分为同向流、异向流和横向流三种型式。同向流即水流与泥流均向下；异向流即水流向上，泥流向下；横向流为水流大致水平，泥流向下。

图 2-14 为升流式斜板沉淀池。沉淀池进口需考虑整流消能措施，使水流均匀进入斜板（管）下的配水区，进水区高度应不小于 1.5m，以便均匀配水。斜板（管）长度一般为 800～1000mm，放置倾角宜为 50°～60°，倾角愈小，沉淀面积愈大，沉淀效率愈高，但对排泥不利。斜板（管）间距越小，表面积增加越大，沉淀效率也越高，但从施工和排泥角度看，一般介于 50～150mm。

(3) 离心分离

离心分离是借助离心力，使密度不同的物质进行分离的方法。对于固-液两相密度差较小，采用重力法分离困难，可采用离心分离法，利用水的旋流产生较大的离心力，可在短时间内获得理想的分离效果。

按离心力产生方式不同，离心分离设备可分为水力旋流器和高速离心机两种。

水力旋流器包括压力式和重力式两种，常采用圆柱体构筑物或金属管制作。水靠加压水泵或重力沿构筑物（或金属管）上部切线方向高速进入设备，造成旋转运动产生离心力，悬浮颗粒在离心力作用下抛向器壁并旋转向下，最后经排出口排出。图2-15为压力式水力旋流器结构示意。

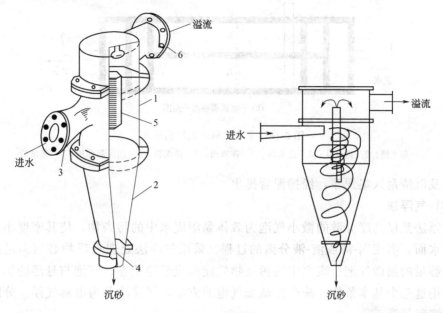

图 2-15 压力式水力旋流器结构示意

1—圆柱壳体；2—圆锥壳体；3—进水口；4—砂排出嘴；5—溢流管；6—溢流排出口

高速离心机是利用高速旋转的转子或转鼓产生离心力，使需要分离的不同物料加速分离的装置，又分为过滤式离心机和沉降式离心机。过滤式离心机是通过高速旋转的转鼓产生的离心力，将固液混合液中的液相甩出转鼓，而固相留在转鼓内，达到固液分离目的。沉降式离心机则是通过转子的高速旋转，产生离心力，加快混合液中不同密度物质的沉降速度，从而把水中不同沉降性能的物质分离开。

（4）隔油池

石油化工等行业的生产过程排出大量含油废水，油品相对密度一般都小于1，如果油珠粒径较大，呈悬浮状态，可利用隔油池进行分离。常见的隔油池分为普通平流式隔油池和斜板隔油池。

平流式隔油池结构见图2-16。废水从池的一端经穿孔墙整流后流入，保持池内一定的水平流速（2～5mm/s），流动过程中，密度小于水的油珠浮出水面，密度大于水的颗粒杂质及重油沉于池底，处理水从池子的另一端经溢流堰进入集水槽，溢流堰前端设置挡板，阻止浮油及浮渣进入集水槽，挡板前端设置集油管收集浮油。集油管可绕轴转动，当浮油积至一定厚度时，将集油管的开槽方向转向水面以下，收集浮油并导出池外。大型隔油池设有刮油刮泥机，刮板运行时，将浮油刮入出水端，将底部

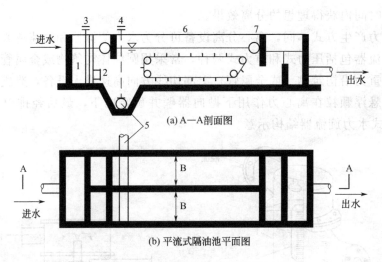

(a) A—A剖面图

(b) 平流式隔油池平面图

图 2-16 平流式隔油池结构示意

1—布水槽；2—进水孔；3—进水阀；4—排渣阀；5—排泥管；6—刮油刮泥机；7—集油管

的重油及沉渣刮入集泥斗，经排泥管排出。

（5）气浮法

气浮法是以高度分散的微小气泡为载体黏附废水中的污染物，使其密度小于水而上浮到水面，实现固-液或液-液分离的过程。采用气浮法处理悬浮物必须满足向水中提供足够量的细微气泡、废水中的污染物质能形成悬浮状态、气泡与悬浮的物质产生黏附作用这三个基本条件。按产生微细气泡的方法，气浮法分为电解气浮、分散空气气浮、溶气气浮。

① 电解气浮　电解气浮是将正负相间的多组电极浸没在水中，废水电解时产生氢气和氧气形成微细气泡黏附于悬浮物上并进行气浮，达到分离目的。

② 分散空气气浮　分散空气气浮包括曝气气浮和剪切气泡气浮两种型式。

曝气气浮是利用靠近池底处微孔板上的微孔，将压缩空气分散成细小气泡进行气浮，达到固-液分离目的，见图 2-17(a)。剪切气泡气浮是利用高速旋转混合器或叶轮机的高速剪切作用，将引入的空气剪切成细小气泡进行气浮，见图 2-17(b)。

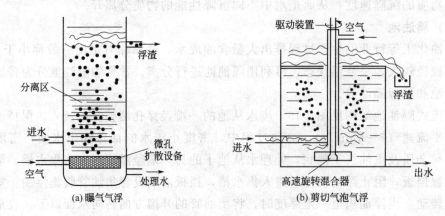

(a) 曝气气浮　　　　(b) 剪切气泡气浮

图 2-17 分散空气气浮示意

③ 溶气气浮　溶气气浮是先使空气在一定压力下溶于水中，然后骤然降低水压，溶解的空气以微小气泡从水中析出进行气浮，又分为真空气浮和加压溶气气浮。

真空气浮是指在常压或加压下将空气溶于水，在负压下使气泡析出。加压溶气气浮是指在加压下将空气溶于水，在常压下使气泡析出。

加压溶气方式包括空压机溶气和水泵-射流器溶气，见图 2-18。

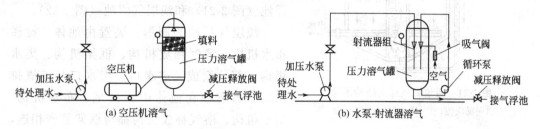

图 2-18　溶气方式示意

根据加压溶气水的来源不同，加压溶气流程又可分为全加压溶气流程、部分加压溶气流程和部分回流加压溶气流程，其主要设备都是加压泵、溶气罐和气浮池。

全溶气流程见图 2-19，全部待处理水用加压泵压入溶气罐，利用空压机或射流器向溶气罐压入空气，溶气水通过减压阀或释放器进入气浮池进口处，析出气泡，然后在气浮室进行气浮，在分离区进行分离。

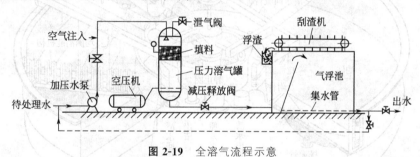

图 2-19　全溶气流程示意

与全溶气流程不同的是，部分溶气流程和部分处理水回流溶气流程中，用于加压溶气的水量分别占待处理水量的 30%～35% 和 10%～20%。

常用的气浮池为敞开式水池，分平流式和圆形两种型式。

平流式气浮池：平流式气浮池结构见图 2-20。待处理水与载气水充分混合后，在

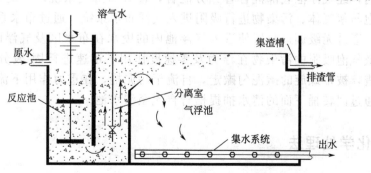

图 2-20　平流式气浮池结构示意

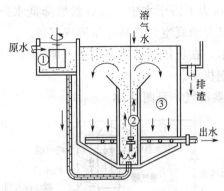

图 2-21 竖流式气浮池结构示意
1—反应池；2—接触室；3—气浮池

接触室与悬浮物接触、黏附，在分离室完成附着气泡的颗粒与水分离并上浮至水面。水面的浮渣一般采用机械方法刮渣，如果收集的浮渣泡沫较多，可进行消泡处理。

圆形气浮池：圆形气浮池包括竖流式气浮池（图 2-21）和浅层气浮池（图 2-22）。

浅层气浮池为圆形，装置由池体、旋转布水机构、溶气释放机构、框架机构、集水机构五部分组成。进水口、出水口与浮渣排出口全部集中在池体中央区域，布水机构、集水机构、溶气释放机构都与框架紧密相连，围绕池体中心转动。通过集中控制与分散控制相结合的方式运行。该装置集凝聚、气浮、撇渣、沉淀及刮泥功能为一体。

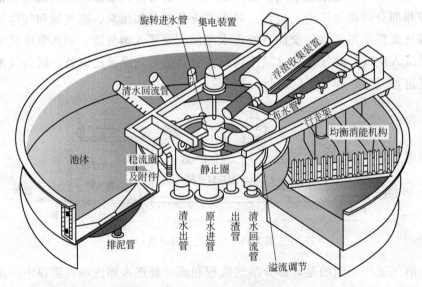

图 2-22 圆形气浮池结构示意

浅层气浮池工作时，待处理水采用废水提升泵送至气浮进水管，在气浮进入管口加入絮凝剂，经气浮池底部混合管充分混合，接着与溶气系统产生的微小气泡混合，使微小气泡与絮凝体、污染物进行吸附进入气浮布水系统，通过布水系统使废水进入气浮池体，通过无级调速装置使进入气浮池内的废水在布水区及气浮区达到零速度；絮体及被微气泡吸附的污染物在浮力及零速度作用下迅速进行固-液分离；在清水区上浮的浮渣，被带螺旋的撇泥勺撇走，自流至污泥桶，在重力作用下流至浮渣池；下层的清水通过回转桶下面的清水抽提槽管自流至清水池。

2.2.2 化学处理法

废水的化学处理法是利用化学反应来处理废水中的溶解物质或胶体物质，包括中和法、混凝法、氧化还原法等。

2.2.2.1　中和法

中和法是用碱或碱性物质中和酸性废水，用酸或酸性物质中和碱性废水，把废水的 pH 值调到 7 左右，酸碱反应中酸碱用量关系服从当量定律。

(1) 酸性废水的中和处理法

① 酸性废水与碱性废水混合　如有酸性与碱性两种废水同时均匀排出时，且两者各自所含的酸、碱量又能相互平衡，两者可以直接在管道内混合，不需中和池；如排水经常波动变化时，须设置中和池，在中和池内进行中和反应。中和池一般应平行设计两套，交替使用。

② 投药中和法　投药中和就是将碱性中和药剂如石灰（乳）、石灰石、电石渣、苏打、烧碱等碱性化合物投入酸性废水中，经充分反应，使废水中和。

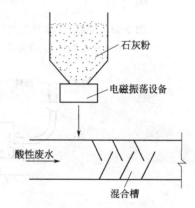

图 2-23　石灰干投法示意

投药中和法投药方式分为干投法和湿投法两种。

干投法：将固体药剂按理论计算投加量的 1.4～1.5 倍，均匀连续投加到酸性废水中。可采用电磁振荡设备投加，见图 2-23。该法劳动强度大、反应慢且反应不完全，消耗试剂量大。

湿投法：将碱性药剂配成一定浓度的溶液，采用计量设备进行投加的方法，见图 2-24。石灰先消化成 40%～50% 的石灰乳，送至乳液槽，加水配制成 5%～10% 的石灰水，送至投配器，然后计量投入反应槽。

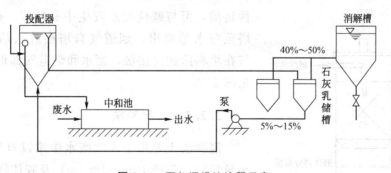

图 2-24　石灰湿投法流程示意

③ 过滤中和法　过滤中和法是以块状难溶物中和剂为滤料（如以石灰石或白云石），废水流经这些滤池时得以中和。中和滤池主要有普通中和滤池（图 2-25）、膨胀中和滤池（图 2-26）和滚筒中和滤池（图 2-27）。过滤中和法需考虑滤料与酸反应时是否会生成难溶物，从而阻碍中和反应进行的情况。

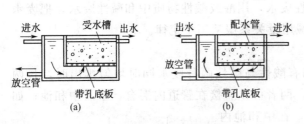

图 2-25 普通中和滤池结构示意
(a) 升流式；(b) 降流式

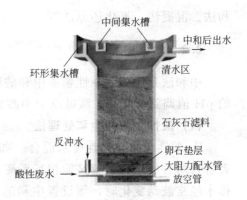

图 2-26 升流式膨胀中和滤池结构示意

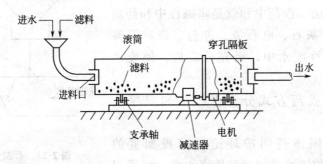

图 2-27 滚筒中和滤池结构示意

(2) 碱性废水中和方法

废水呈碱性时，首先考虑采用酸性废水进行中和处理。若附近没有酸性废水，可采用投加酸（硫酸或盐酸）进行中和。根据具体情况也可采用向废水中鼓入烟道气或二氧化碳气进行中和。

用烟道气中和时，常用喷淋塔。烟道气中含有二氧化碳和二氧化硫、硫化氢等酸性物质，可与碱性废水发生中和反应。碱性废水从塔顶布水器喷出，烟道气自塔底进入填料床。水、气在填料床逆向接触，废水和烟道气都得到了净化，见图 2-28。

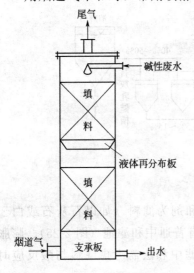

图 2-28 喷淋塔中和碱性废水示意

2.2.2.2 混凝法

混凝法主要用于去除废水中难以自然沉降的细小悬浮物（粒径 $1nm \sim 100\mu m$）及胶体物质。

(1) 混凝原理

胶体能在水中稳定存在，一方面是因为胶体质点很小，水分子的布朗运动不足以使其很快沉降；另一方面，胶体结构（图 2-29 为氢氧化铁胶体结构示意）决定了胶体具有一定的稳定性。胶体由胶核、吸附层、扩散层组成，胶核和吸附层组成胶粒，胶粒带有一定的电荷，使胶粒间具有静电斥力；胶粒与扩散层之间有一个电位差，称为胶体电动电位（ζ电位），胶体的电动电位越大，胶粒越稳定。因而，胶体及细小悬浮物的去除，有赖于破坏其细分散性或胶体的稳定性。

图 2-29　胶体结构示意

加入混凝剂，可使细微颗粒相互聚结、胶体物质脱稳，形成容易去除的大絮凝体，目前认为混凝剂的混凝作用主要通过压缩双电层、吸附架桥和网捕三种作用来完成。

① 压缩双电层作用　加入带有异性电荷的混凝剂则可以使胶粒电动电位降低或消除，从而使胶粒脱稳，而相互凝结形成大的絮凝体得以去除。这种作用主要适用于无机盐混凝剂的混凝作用。

② 吸附架桥作用　三价铝盐或铁盐经水解和缩聚反应，控制水解 pH 值，能够形成具有线型结构的无机高分子聚合物；而有机高分子絮凝剂本身具有长链或网状结构。这些高分子物质可被胶体微粒吸附。由于其线型长度较大，两端都可吸附胶粒，在相距较远的两胶粒之间吸附架桥，颗粒逐渐结大，形成大絮凝体而去除。

③ 网捕作用　三价铝盐或铁盐等无机絮凝剂水解生成沉淀下沉或其他高分子絮凝剂在下沉过程中可以卷集、网捕水中的胶体微粒及细小悬浮物，使胶体黏结而形成大颗粒去除。

上述三种作用在混凝过程中往往同时存在，只是所起作用大小不同，共同来完成细微颗粒及胶体的去除。

(2) 絮凝剂的分类

絮凝剂按照其化学成分总体可分为无机絮凝剂和有机絮凝剂两大类。

① 无机絮凝剂　无机絮凝剂包括铁、铝的盐类，如硫酸铝、氯化铝、硫酸铁、氯化铁等，也包括其丛生的高聚物系列，如聚合氯化铝（PAC）、聚合硫酸铝（PAS）、聚合氯化铁（PFC）以及聚合硫酸铁（PFS）、聚合硫酸铝铁（PAFC）等。

无机聚合物絮凝剂能提供大量的络合离子，中和胶体微粒及悬浮物表面的电荷，降低胶体电动电位，破坏胶体稳定性，使胶体微粒相互碰撞时形成絮状沉淀；无机絮凝剂还能够强烈吸附胶体微粒，通过吸附、桥架、交联作用，使胶体凝聚；无机絮凝剂在溶液中还会发生物理化学变化，生成表面积较大的沉淀物，具有极强的吸附能力。

② 有机絮凝剂　有机絮凝剂包括合成有机高分子絮凝剂、天然有机高分子絮凝剂和微生物絮凝剂。

国内使用最广泛的有机絮凝剂是合成的聚丙烯酰胺（PAM）系列产品，分为阴离子型、阳离子型、非离子型和两性离子型。主要用于各种难处理的废水处理以及污泥脱水处理，污泥脱水一般采用阳离子型聚丙烯酰胺。

微生物絮凝剂是一种能降解的新型水处理剂，它是由微生物产生的具有絮凝功能的高分子有机物（含有糖蛋白、黏多糖、纤维素和核酸等），属于天然有机高分子絮凝剂。

由于微生物絮凝剂可以克服无机高分子和合成有机高分子絮凝剂本身固有的缺陷，最终实现无污染排放，因此微生物絮凝剂的研究已成为絮凝剂方面研究的重要课题。

(3) 影响混凝效果的因素

① 废水水质　不同的废水，污染物成分及含量不同，同一种混凝剂混凝效果可能相差很大，需根据水质确定絮凝剂种类。

② 混凝剂用量　不同的混凝剂处理不同废水时，都有其最佳投加量，混凝剂不足，污染物不能充分脱稳去除；投加过多，可能出现再稳现象，增加处理成本。

③ 废水温度　无机混凝剂多是通过水解作用来完成混凝，水解是吸热反应，水温低时，水解减慢。而且水温低时水的黏度大，不利于胶粒脱稳，絮凝体形成缓慢，结构松散，颗粒细小，影响后续沉淀效果。要达到较好的混凝效果，水温应不宜太低。

④ 废水 pH 值　无机絮凝剂水解程度受 pH 影响较大，不同种类混凝剂都有自己最佳 pH 使用范围。对高分子混凝剂，pH 主要影响其活性基团的性质，一般认为 pH 对有机絮凝剂影响较小。

⑤ 水力条件　对无机混凝剂而言，混合过程要求混凝剂能迅速均匀地扩散到水中，因而混合阶段要求快速、剧烈搅拌，为混凝剂的水解、胶体脱稳和絮凝创造条件。而高分子混凝剂在水中的形态不受时间的影响，混合作用主要是使药剂在水中均匀分散，混合可以在短时间内完成，不宜进行剧烈搅拌。反应阶段是使混合阶段形成的小絮体逐渐絮凝成沉降性能好的大絮体，搅拌强度或水流速度应随絮凝体的增大而逐渐降低，防止破坏已经形成的大絮凝体。

(4) 混凝处理过程及设备

混凝法处理废水过程包括混凝剂投加阶段、混合阶段、反应阶段和澄清阶段。

① 混凝剂投加阶段　混凝剂投加方法分干投法和湿投法两种。干投法即把药剂颗粒直接投放到被处理的水中。湿投法是先把药剂根据水质水量配制成一定浓度的溶液，稀释后计量投入被处理水中。

② 混合阶段　常用混合方式有水泵混合、机械搅拌混合、管道混合器混合、隔板混合等。

水泵混合：利用提升水泵进行混合，药剂在水泵的吸水管上或吸水喇叭口处投入，利用叶轮的高速转动达到快速而剧烈的混合目的。水泵混合效果好，不需另建混合设备。

机械搅拌混合：用电机带动桨板或螺旋桨进行强烈搅拌，搅拌速度可调节，比较灵活，但增加了机械设备，增加了维修保养和动力消耗。机械搅拌混合设备见图 2-30。

隔板混合：在混合池内设数块隔板，水流通过隔板孔道时产生急剧的扩张和收缩，形成涡流，使药剂与原水充分混合。处理水量稳定时，隔板混合效果较好，但流

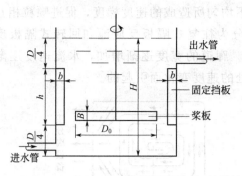

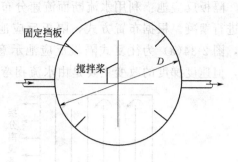

图 2-30　机械搅拌混合设备结构示意

量变化较大时，混合效果不稳定。图 2-31 为隔板混合池示意。

　　管道混合器混合：在泵后管路上连接管道混合器进行药剂混合，药剂在管道混合器前端投加，管道混合器距离反应池不宜太远。图 2-32 为管道混合器结构示意。

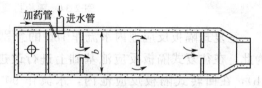

　　③ 反应阶段　混凝反应常在隔板折流反应池、机械搅拌反应池或涡流式反应池内进行。

　　机械搅拌反应池：靠旋转的叶轮带动水流旋转，使水流产生速度梯度，保证絮凝反应进行。立式反应器中，搅拌

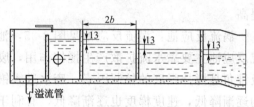

图 2-31　隔板混合池结构示意

轴垂直安放；水平反应器中，搅拌轴水平安放。机械搅拌反应池示意见图 2-33。

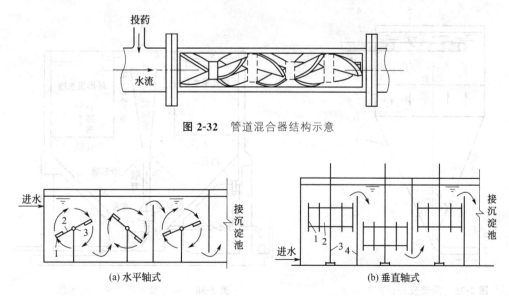

图 2-32　管道混合器结构示意

图 2-33　机械搅拌反应池结构示意

1—桨板；2—叶轮；3—旋转轴；4—隔墙

隔板反应池:利用水流断面流速分布不均匀所造成的速度梯度,促进颗粒相互碰撞进行絮凝。根据布置方式,隔板反应池分为往复式隔板反应池和回转式隔板反应池,图 2-34(a) 为往复式隔板反应池示意。廊道的宽度逐渐增加,水流速度逐渐减小,但速度梯度的改变主要是由水流拐弯处的速度变化而引起的。

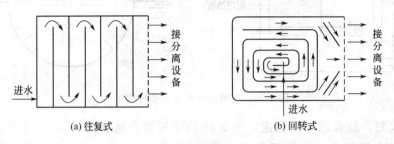

(a) 往复式　　　　　　　　(b) 回转式

图 2-34　隔板折流反应池结构示意

往复式隔板反应池内水流作 180°的急剧转弯,局部水头损失大,易使絮体破碎。为此,在往复式隔板反应池基础上进行改进,形成了回转式隔板反应池,见图 2-34(b),在回转式隔板反应池内,水流作 90°的转弯,局部水头损失较小,絮凝效果提高。

涡流反应池:涡流反应池见图 2-35,池主体部分呈锥形,上端周边设集水槽。涡流反应池主要靠水流扩散产生搅拌作用,废水入口处流速、圆柱部分中废水上升速度及锥角是搅拌强度的控制因素。废水进入锥体后,旋流上升,旋转线速度和上升速度均逐渐降低,速度梯度也逐渐降低,有利于絮体的逐渐长大;另一方面,在池子上部圆柱体部分,虽然水流的搅拌作用已经不变,但絮凝体可以继续增长,特别是从反应池下面升上来的细小颗粒通过这些较大粒度的絮体时,由于接触絮凝作用而更容易被

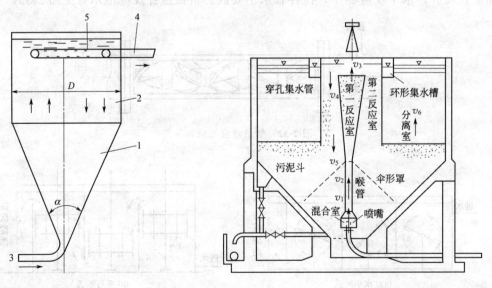

图 2-35　涡流反应池结构示意

1—圆锥体部分;2—圆柱体部分;3—进水管;

4—出水管;5—出水多孔管

图 2-36　水力循环澄清池结构示意

吸附。涡流反应池常设于浅层沉淀池前端或混凝气浮池前端。

④ 澄清阶段　废水经过混凝处理形成大絮凝体后，常采用沉淀池、气浮池和澄清池进行分离。其中澄清池是能够同时实现混凝剂与原水的混合、反应和沉淀过程的一体设备。它利用接触凝聚原理，在池中让已经生成的絮凝体悬浮在水中成为悬浮泥渣层（接触凝聚区），当投加混凝剂的水通过悬浮泥渣层时，废水中新生成的微絮粒迅速吸附在悬浮泥渣上，形成较大的絮凝体，达到良好的去除效果。

根据混合、反应方式澄清池可分为机械搅拌澄清池和水力循环澄清池。图 2-36 为水力循环澄清池的一种，它是利用进水本身的动能在水射器中形成高速射流，在喉管下部的喇叭口造成负压，将数倍于原水的活性污泥渣吸入喉管，并在其中使之与加药原水进行剧烈而均匀的瞬间混合。由于污泥渣中的絮凝体有较大的吸附悬浮物能力，因而在第一反应室和第二反应室中迅速结成良好的絮凝体。从第二反应室流出的泥水混合液进入分离室后，絮体因密度差而分离。沉下的泥渣部分通过污泥浓缩室排出，大部分泥渣则被水射器再度吸入进行循环。

2.2.2.3　化学沉淀法

化学沉淀法是采用易溶的化学药剂（沉淀剂），使溶液中某种离子形成它的难溶盐或氢氧化物而从溶液中析出，从而达到去除目的，常用于去除废水中溶解性的有害离子，如阳离子 Hg^{2+}、Cd^{2+}、Pb^{2+}、Cu^{2+}、Zn^{2+}、Cr^{3+}，阴离子如 SO_4^{2-}、PO_4^{3-} 等。

2.2.2.4　氧化还原法

(1) 氧化法

① 空气氧化法　把空气鼓入废水中，利用空气中的氧气氧化废水中的污染物。如水中 Fe^{2+}、Mn^{2+} 的去除，可将它们氧化为 $Fe(OH)_3$、MnO_2 沉淀物进行去除；工业废水中的硫化物如 Na_2S、$NaHS$、$(NH_4)_2S$、NH_4HS，酸性废水中也以 H_2S 的形式存在，空气氧化法可将这些污染物氧化为 S、SO_4^{2-} 等进行脱除。

② 湿式氧化法　在较高的温度（125～320℃）和压力（0.5～20MPa）下，用空气中的氧氧化废水中有机物和还原性无机物的一种方法。氧化过程在液相中进行，故称湿式氧化。

湿式氧化工艺流程见图 2-37。废水和空气分别由高压泵和压缩机送入热交换器，与已氧化液体换热，使温度上升至接近反应温度。进入反应器后，废水中有机物及还原性无机物与空气中的氧发生反应。反应后，液相和气相经分离器分离。

③ 臭氧氧化　臭氧氧化指利用臭氧的强氧化性氧化废水中的多种有机和无机污染物，最终把废水中的污染物氧化为二氧化碳、小分子有机物及其他矿物质。工艺流程见图 2-38。

臭氧氧化工艺主要由臭氧发生器和接触反应器两部分组成。

标准臭氧发生器由气源处理系统、冷却系统、电源系统、臭氧合成系统组成。

常用接触反应装置主要有鼓泡塔、静态混合器、涡轮注入器、射流器、填料塔

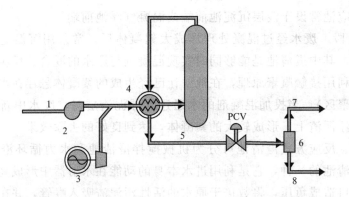

图 2-37 湿式氧化工艺流程示意
1—待处理废水；2—增压泵；3—空压机；4—热交换器；5—湿式氧化反应器；
6—气液分离器；7—反应后气体；8—出水

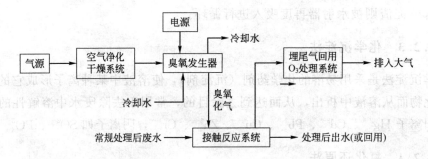

图 2-38 臭氧氧化处理废水工艺流程

等。图 2-39 为常见的填料塔接触反应器。

④ **氯氧化法**　氯氧化既可用于给水消毒，也用于废水氧化处理。常用的含氯药剂有液氯、漂白粉、次氯酸钠、二氧化氯等。利用氯的强氧化性氧化废水中难降解的污染物，使其分解为低毒或无毒物质。

⑤ **其他氧化法**

Fenton 氧化法：Fenton 氧化法是一种深度氧化技术，它是利用 Fe^{2+} 和 H_2O_2 之间的链反应，催化生成 ·OH 自由基，而 ·OH 自由基具有强氧化性，能氧化各种有毒和难降解的有机化合物，以达到去除污染物的目的。

电化学氧化法：电化学氧化法是指通过电极反应，氧化去除废水中污染物的过程。其机理是通过电极的作用，产生超氧自由基（$\cdot O_2$）、羟基自由基（·OH）等活性基团来氧化废水中的有机物。该氧化过程不需另加催化剂，避免了二次污染。

微电解法：微电解技术是目前处理高浓度有机废水的一种理想工艺，又称内电解法。其工作原理是基于电化学、

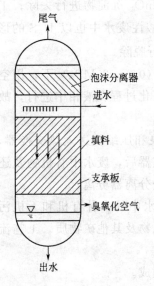

图 2-39 臭氧氧化填料
塔结构示意

氧化还原、物理吸附以及絮凝沉淀的共同作用对废水进行处理。

它是在不通电的情况下，利用填充在废水中的微电解材料自身产生约 1.2V 电位差，对废水进行电解处理，达到降解有机污染物的目的。当系统通水后，反应器内形成无数微电池系统，在其作用空间构成电场。微电解过程中产生的〔H〕、Fe^{2+} 等能与废水中的许多组分发生氧化还原反应，比如破坏颜料废水中的有色物质的发色基团或助色基团，甚至断链，达到降解脱色的作用；生成的 Fe^{2+} 可进一步氧化成 Fe^{3+}，具有较强的吸附-絮凝活性，特别是在加碱调 pH 值后，生成氢氧化亚铁和氢氧化铁胶体絮凝剂，它们的吸附能力远远高于一般药剂水解得到的氢氧化铁胶体，能大量吸附水中分散的微小颗粒、金属离子及有机大分子。

微电解工艺所用电解材料一般为铁屑和木炭，但使用前需用酸碱进行处理，以防止使用过程中钝化、板结。

（2）化学还原法

废水中的某些金属离子在高氧化值时毒性很大，可用化学还原法将其还原为低氧化值化合物分离除去。比如废水中的 Cr(Ⅵ) 毒性很大，可采用铁屑或硫酸亚铁作为还原剂将其还原为 Cr^{3+}，再使其生成 $Cr(OH)_3$ 沉淀而去除。一些难生物降解的有机物（如硝基苯等芳香族化合物），有较大的毒性并对微生物有抑制作用，且难以被氧化，也可在适宜条件下采用还原剂将其还原，改善可生物降解性。

2.2.3　物理化学处理法

物理化学法是指废水中的污染物通过相转移作用而被去除的处理方法。污染物在物理化学过程中可以不参与化学反应，直接从一相转移到另一相，也可以经过化学反应后再转移。常见的物理化学法主要有吸附法、离子交换法、膜分离法等。

2.2.3.1　吸附法

（1）吸附原理

吸附是指流体与多孔固体接触时，流体中某一组分或多个组分在固体表面产生积蓄的现象，分为物理吸附和化学吸附两类。

物理吸附是指吸附质与吸附剂之间靠分子间力产生的吸附，没有选择性，由于分子间力较小，吸附一般不牢固，容易解吸，吸附剂再生容易。

化学吸附是指吸附质与吸附剂之间发生化学反应，形成化学键和表面络合物，具有选择性，由于吸附剂与吸附质之间作用力较大，解吸困难。

实际吸附过程中，两类吸附往往同时存在，而以某种吸附方式为主。废水处理中多是两种吸附共同作用的综合结果。

（2）吸附工艺及设备

吸附法处理废水的过程主要包括吸附质被吸附过程和吸附剂的再生过程。按照吸附和再生操作方式不同，吸附工艺可分为间歇吸附和连续吸附。

① 间歇吸附　间歇吸附是将吸附剂投入废水中，连续搅拌一段时间达到吸附平

衡后，进行固液分离。间歇吸附操作工艺分为多级平流吸附和多级逆流吸附。多级平流吸附如图 2-40 所示，原水经多级搅拌反应池进行吸附处理，各池均补充新鲜吸附剂。多级逆流吸附见图 2-41，新鲜吸附剂与吸附出水接触，接近饱和的吸附剂与高浓度进水接触。

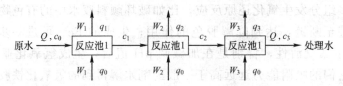

图 2-40　多级平流吸附示意

图 2-41　多级逆流吸附示意

② 连续吸附　连续吸附是废水连续流过吸附床与吸附剂充分接触，出水浓度达到排水所限浓度时，吸附剂排出吸附柱进行再生。连续吸附装置分为固定床、移动床和流化床。

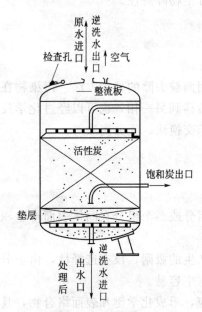

图 2-42　固定床结构示意

固定床是吸附剂填充在吸附柱内，吸附时吸附剂固定不动，废水穿过吸附剂层，图 2-42 为固定床结构示意。根据水量、水质及处理要求，固定床可分为单床和多床系统。单床吸附适用于水量较小或处理量虽大但污染物含量较小的场合。

移动床吸附是新鲜或再生后的吸附剂由塔顶进入，添加速度的大小以保持液、固相有一定的接触高度为原则；塔底有连续排出吸附饱和的吸附剂装置，送到再生器，再生后回到塔顶。废水从塔底进入，通过吸附床流向塔顶，由塔顶流出。吸附过程中由于吸附剂由上而下移动，所以称移动床。移动床处理量大，吸附剂可循环使用。移动床吸附处理废水装置见图 2-43。

流化床也叫流动床，原水由床底部升流式通过床层，吸附剂由上部向下移动，且保持流化状态。根据操作过程和吸附器结构不同，流化床分为单室和多室两种。图2-44为多室流化床吸附塔结构示意。流化床吸附器中吸附剂与水的接触面积大，因而设备小而生产能力大，基建费用低。

2.2.3.2　离子交换法

离子交换过程是一种特殊的吸附过程，它是利用离子交换剂上的离子和废水中的

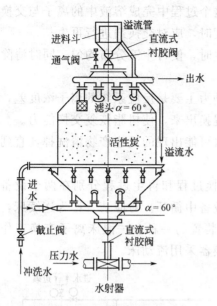

图 2-43 移动床吸附器结构示意

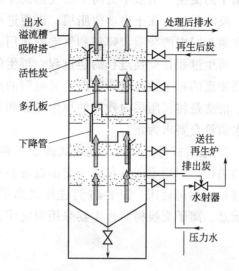

图 2-44 流化床吸附器结构示意

离子进行交换而除去水中有害离子的方法。可用于水的软化及除盐，在工业水处理中用于去除金属离子，浓缩回收有用物质。

(1) 离子交换剂的分类

离子交换剂按母体材质不同，分为无机和有机离子交换剂两大类。

无机离子交换剂包括天然沸石和合成沸石，它们均属于硅质离子交换剂，不适合在酸性条件下使用。有机离子交换剂包括磺化煤、离子交换树脂、离子交换纤维素等。

离子交换树脂是工业中最常用的吸附剂。它由树脂母体（惰性不溶的高分子固定骨架）、功能团（以共价键与母体连接的不能移动的活性基团）和反离子（与功能团以离子键结合的可移动的活性离子）三部分构成。如聚苯乙烯磺酸钠树脂，其母体为聚苯乙烯高分子塑料，活性基团是磺酸基，反离子是钠离子。

(2) 离子交换工艺和设备

离子交换过程包括交换和再生，交换工艺根据操作状态可分为间歇式和连续式。

① 间歇式离子交换　间歇式离子交换过程是交换和再生在同一设备中交替进行，所对应装置为固定床，包括单层床、双层床和混合床。在废水处理中，单层固定床离子交换装置是最常用、最基本的一种操作形式。整个操作过程中，树脂本身都固定在容器内而不往外输送。

图 2-45 为单层固定床离子交换装置示意。进水装置的作用是分配进水和收集反洗排水，常用的有漏斗式、喷头型、十字穿孔管型和多孔板水帽型。排水装置用来收集出水和分配反洗水，排水装置应保证水流分布均匀和不漏树脂，常用的有多孔板排水帽式和石英砂垫层式两种。

固定床整个运行操作过程包括交换、反洗、再生和清洗四个步骤。

交换过程是离子交换剂正常工作过程，在这个过程中完成溶液中的离子与交换剂上离子的交换。出水中的离子浓度达到穿透浓度时，应对交换剂进行再生。

反洗的目的在于松动树脂层，以便进行再生时，使再生液分布均匀，同时清除积存在树脂层内的杂质、碎粒和气泡的作用。

再生过程是交换过程的逆过程，再生的推动力主要是反应系统的离子浓度差，借助高浓度的再生液流过树脂层，将吸附的离子置换出来，使树脂恢复交换能力。

清洗是将树脂层内残留的再生废液和再生时可能出现的反应产物清洗掉，直到出水水质符合要求为止。

② 连续式离子交换　连续式离子交换是交换过程和再生过程分别在两个设备中连续进行，树脂不断地在离子交换设备和再生设备中循环。对应装置称为连续床，包括移动床和流动床。图 2-46 为连续式离子交换装置的一种——混床离子交换工作过程示意。离子交换树脂再生器采用固定床，交换器采用流动床。

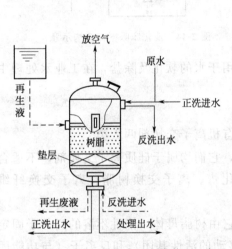

图 2-45　单层固定床离子交换装置示意

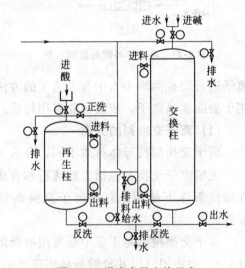

图 2-46　混床离子交换示意

不论何种交换工艺，影响其交换效果的主要因素有离子性质、树脂特性、流速等。

2.2.3.3　膜分离技术

(1) 膜分离技术概念及膜组件

膜分离技术是指用天然或人工合成的高分子薄膜、无机膜，以化学位差为推动力，对双组分或多组分的溶质和溶剂进行分级、分离、提纯、富集的技术。与传统过滤不同，膜可以在分子范围内进行分离，属物理过程，不需要发生相的变化和添加助剂。微滤、超滤和反渗透技术已在水处理中得到广泛应用。

把膜、固定膜的支撑材料、间隔物等以某种形式组装在一个基本单元设备内，以便使用、安装、维修，这种基本单元设备叫膜组件。目前膜组件主要有四种基本形式：平板式膜组件、管式膜组件、中空纤维式膜组件和卷式膜组件。

平板式反渗透装置（图 2-47）由多块承压板组成，承压板两侧覆盖微孔支撑板及反渗透膜，将贴有膜的承压板分层间隔叠合，长螺栓固定后，成为密封的耐压容器。板框式反渗透装置结构牢固，耐高压，占地小；但液流状态差，易发生浓差极化，设备费用较高。

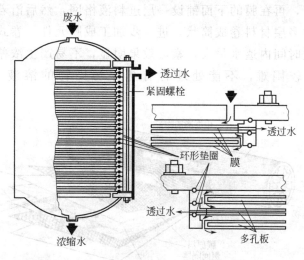

图 2-47 平板式膜组件示意

管式膜组件（图 2-48）是把膜装在耐压微孔承压管内侧（内压式）或外侧（外压式），而制成管状膜元件。内压式膜组件，加压的料液从管内流过，透过膜的渗透溶液在管外侧被收集。外压式膜组件，加压的料液从管外侧流过，渗透溶液由管外侧渗透通过膜进入多孔支撑管内。管式膜组件水力条件好，适当调节水流状态就能减少膜污染和堵塞，可以处理含悬浮物的溶液，安装、清洗、维修方便，但单位体积装置中膜面积小，装置体积大，制造费用高。

中空纤维式膜组件见图 2-49。将数根很细的中空纤维管，装入耐压容器，纤维一端用环氧树脂黏合，被处理物进入壳侧，在压力作用下通过中空纤维膜进入纤维中空

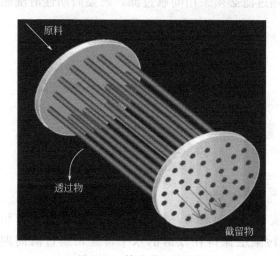

图 2-48 管式膜组件示意

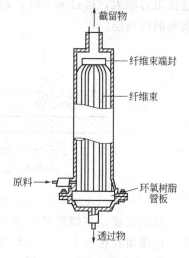

图 2-49 中空纤维式膜组件

部分，由开口处导出。中空纤维膜组件膜表面积很大，安装、制造简单，可在较低压力下运行，浓差极化几乎可以忽略，单元回收率高；但制作工艺复杂，膜孔易堵塞，不能处理含悬浮污染物的溶液。

卷式膜组件是在两层膜中间夹入一层透过水导流网布，用胶黏剂密封膜边缘，使浓水与淡水分开，再在膜的下面铺设一层进料液格网，然后沿着钻有孔眼的中心管绕着依次叠加的多层材料卷成筒状，进一步加工成膜元件。卷式膜组件单位体积膜表面积大，单位时间内透水量大，紊流效果明显，不易产生浓差极化。但膜被污染后消除污染比较困难，不能处理含有悬浮污染物的溶液。卷式膜组件见图 2-50。

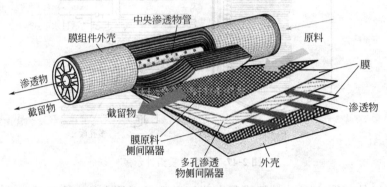

图 2-50　卷式膜组件示意

(2) 微滤

微滤膜是指过滤孔径在 $0.1 \sim 1\mu m$ 的过滤膜，允许大分子和溶解性物质（无机盐）等通过，但会截留悬浮物、细菌及大分子胶体物质等。根据水及截留物质透过膜的方式，微滤操作方式包括死端过滤和错流过滤。

死端过滤又叫全量过滤［图 2-51(a)］。在压力驱动下，溶剂及小于膜孔的物质透过膜，而大于膜孔的物质被截留，堆积在膜的表面上。随着膜面上截留物质的增厚，过滤阻力增大，透过率下降。因此，死端过滤必须采用间歇过滤，需要周期性清洗膜表面的污染层。

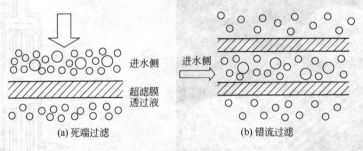

图 2-51　膜过滤方式示意

错流过滤是在加压泵推动下，使料液平行膜面流动，料液流经膜面时产生的剪切力，把滞留在膜面上的污染物带走，使污染层保持在较薄的水平，延长膜过滤周期［图 2-51(b)］。错流过滤为连续分离操作，随着错流过滤操作技术的发展，已取代了死端过滤。

(3) 超滤

超滤膜为多孔性不对称结构膜，膜孔径在 $0.05\mu m \sim 1nm$。溶液在一定压力推动下流经膜表面，小于膜孔的溶剂（水）及小分子溶质透过膜，成为净化液（超滤产水），比膜孔大的溶质被截留，随水流排出，成为浓缩液。超滤膜分离范围为相对分子质量 $500 \sim 500000$ 的大分子、胶体及微粒。

随着超滤运行时间延长，膜通量及截留率等性能会发生改变，膜使用寿命缩短，阻碍了膜分离技术的实际应用。超滤膜过滤过程中，引起膜通量减小及截留率增大的主要原因是膜表面吸附溶质形成的膜污染和膜表面的浓差极化。

膜污染是指在膜过滤过程中，水中的微粒、胶体粒子或大分子溶质与膜存在物理、化学作用或机械作用，引起的在膜表面或膜孔内吸附、沉积造成膜孔径变小或堵塞，使膜通量及分离性能降低的不可逆的变化现象。膜表面吸附溶质形成的膜污染增加了膜过滤的阻力，这种阻力可能远大于膜本身的阻力；常见的超滤膜污染主要包括沉淀污染、吸附污染、生物污染等。

浓差极化则是指过滤过程中膜表面局部污染物浓度增加，从而引起边界层流体阻力增加，导致传质推动力下降的现象；浓差极化对膜性能的影响具有可逆性，可采用降低料液浓度或改善膜面附近料液的流体力学条件（如提高流速、采用湍流促进器、设计合理的流道结构等）来减小浓差极化的影响。

由于膜污染现象的存在，要保证超滤过程正常进行、延长超滤膜使用寿命，必须采用一定的清洗方法，来清洗膜面或膜孔内的污染物。超滤膜清洗方法主要包括物理法清洗和化学法清洗。

物理清洗包括正洗、反洗、气洗（包括气擦洗、气水洗）、热水及纯水冲洗等。膜过滤过程中周期性物理清洗是指设定系统运行时间后，进行短暂的正洗、反洗及气洗，或将这三种方式结合起来的清洗方式。

化学清洗是利用化学试剂与膜面污染物发生化学反应或溶解作用来完成清洗目的。所选用化学清洗剂首先要求不与膜及其组件材质发生化学反应或溶解作用，其次是不允许引起二次污染。化学清洗按照所加药剂的种类分为酸洗、碱洗、氧化剂清洗、加酶洗涤剂清洗。

(4) 反渗透

反渗透是利用人工半透膜，以压力差为推动力，从溶液中分离出溶剂的膜分离操作，由于它和自然渗透的方向相反，故称反渗透。对膜一侧的料液施加一定压力，压力超过溶液的渗透压时，溶剂逆着自然渗透的方向进行反渗透，在膜的低压侧得到渗透液（溶剂），膜的高压侧得到浓缩液。

与超滤膜污染类似，造成反渗透膜通量及截留率等性能发生改变的主要原因，主要是膜污染和膜表面发生的浓差极化。

常见的反渗透膜污染主要有离子结垢、微生物污泥污染、胶体物污染、"水锤"现象、悬浮颗粒物的污染、其他因素造成的污染等。

作为一般的原则，当反渗透操作出现下列情形之一时，应进行清洗：①淡水产量下降了 10%～15%；②脱盐率下降了 10%～15%；③为维持正常产水量，进水压力增加了 10%～15%；④已证实装置内部有严重污染物或结垢物；⑤反渗透各段间的压差增加明显。

根据膜的污染情况，反渗透清洗需采用不同的清洗方式，清洗方式包括在线清洗和离线清洗两种。在线清洗不需拆移膜元件，利用系统配套清洗设备进行现场清洗；离线清洗需要从机组拆离膜元件，使用专用清洗平台清洗，离线清洗一般由厂商操作完成。

一般的膜污染正常情况下均采用在线清洗，它包括物理清洗和化学清洗。

物理清洗是利用机械冲刷作用清除膜元件上的污染物，恢复膜元件的性能。它包括机械清洗、气液脉冲清洗和超声波清洗。

当反渗透膜污染比较严重，采用物理方法清洗不能恢复通量时，需要用化学清洗剂进行清洗。与超滤膜化学洗类似，也是采用一定配比的化学药剂水溶液作为清洗剂，通过化学反应清除膜面污染物、杀死或分解膜上微生物的清洗方法。

化学清洗与物理清洗可以相互配合。膜污染较轻时，物理清洗时添加一些化学试剂可以使清洗效果倍增，在膜污染严重时，化学清洗同时也可使用一些物理清洗来加强化学清洗的效果。

2.2.3.4 电渗析法

(1) 电渗析原理

电渗析法是利用电渗析进行提纯和分离物质的技术。实际上电渗析过程是电化学过程和渗析扩散过程的结合，使用的半渗透膜为离子交换膜；电渗析系统运行时，溶液在外加直流电场作用下，利用离子交换膜的选择透过性，阳、阴离子分别移向电场的阴极和阳极。离子迁移过程中，如果膜的固定电荷与离子电荷相反，则该离子可以通过；否则，则离子被排斥，从而达到溶液淡化、浓缩、精制或纯化等目的。

在电渗析过程中，离子交换膜与离子交换树脂不同，在水溶液中不与溶液中的离子发生交换，只是对带有不同电荷的离子起到选择性透过作用。

(2) 电渗析装置

电渗析工艺的电极和离子交换膜组成的隔室称为极室，极室内的电化学反应与普通电极反应一样。阳极室内发生氧化反应，阳极水有时会呈酸性，导致阳极本身易发生腐蚀；阴极室内发生还原反应，阴极水有时会呈碱性，因而阴极容易结垢。

在实际应用中，一台电渗析器并非由一对阴、阳离子交换膜所组成，而是采用很多对，组成多个阳极室和阴极室来提高电渗析效率，见图 2-52。

电渗析法已用于化工行业的给水及废水处理中。电渗析还可以用于废水、废液的处理与贵重金属的回收，如从电镀废液中回收镍。

除吸附法、离子交换法、膜分离技术和电渗析外，物理化学处理法还包括萃取法和超临界技术等方法。

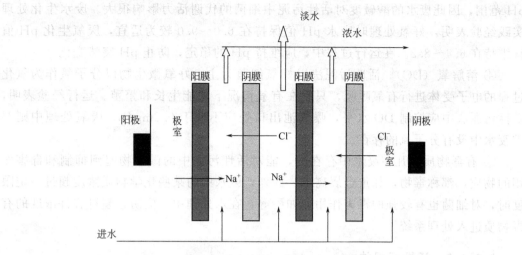

图 2-52 电渗析工作原理示意

2.2.4 生物处理法

2.2.4.1 生物处理概念及微生物生长对水质的要求

（1）生物处理概念

废水生物处理是借助微生物的新陈代谢作用，把废水中污染物转变为无害物质，使废水得到净化的过程。

按照微生物对氧的需求情况，生物处理法可分为好氧生物处理、缺氧生物处理和厌氧生物处理。好氧生物处理是指在水中有充足溶解氧情况下，利用好氧微生物降解有机物，使其稳定、无害化的处理过程，主要包括活性污泥法和生物膜法；缺氧生物处理是在水中无分子氧存在，但存在无机盐如硝酸盐等化合态氧的情况下，利用兼性微生物对废水处理的过程；厌氧生物处理系利用厌氧微生物在既无分子氧又无化合态氧存在的情况下，使有机污染物转化为小分子有机物及无机物的处理过程。

（2）微生物生长对水质的要求

① 营养物质　微生物生长繁殖所需的营养物质是指能为微生物所氧化、分解、利用的物质，亦即废水中的各类有机及无机污染物质。其中主要包括碳源、氮源、磷源和其他矿物质。根据运行经验，活性污泥法处理废水，碳、氮、磷比例一般应满足 $BOD_5 : N : P = 100 : 5 : 1$，厌氧生物处理法，碳、氮、磷比例应满足 $BOD_5 : N : P = 500 : 5 : 1$。

② 温度　任何一种微生物都有一个最适生长温度，温度过高，微生物会死亡，温度过低，新陈代谢作用变缓，活性受抑制。且在一定的温度范围内，随着温度的上升，细菌生长加速。一般微生物生长适宜温度为 $5 \sim 40℃$，而对高温厌氧菌适宜温度可达 $52 \sim 55℃$。

③ pH 值　微生物进行生化反应一般都在酶的参与下完成，酶反应需要合适的

pH 范围，因此废水的酸碱度对活性污泥中细菌的代谢活力影响很大。废水生化处理实践经验表明，好氧处理时废水 pH 值保持在 6.0~9.0 较为适宜，厌氧生化 pH 值宜维持在 6.4~8.2。在运行过程中，应维持 pH 的稳定，防止 pH 突然变化。

④ 溶解氧（DO） 活性污泥法以好氧细菌为主，好氧微生物以分子氧作为氧化过程的电子受体进行有氧呼吸，只有在有氧情况下才能生长和繁殖。运行经验表明，活性污泥法中应控制 DO 水平，曝气池出口处应不低于 0.2mg/L。厌氧处理中则要求废水中没有分子氧的存在。

⑤ 有毒物质 凡在废水中存在的，能对活性污泥中的微生物起到抑制和毒害作用的物质，都称毒物，如重金属离子。此外，废水中的某些化学物质浓度超过一定限度时，对细菌也有较强的毒害作用，如酚等。在水处理中，应防止超过容许浓度的有毒物质进入处理系统。

2.2.4.2 活性污泥法

(1) 基本原理

活性污泥法是在曝气情况下，利用悬浮生长的微生物絮体处理废水中的污染物，这种悬浮的絮体叫做活性污泥，它由好氧微生物（包括细菌、真菌、原生动物和后生动物等）及其代谢和吸附的有机物、无机物组成，具有降解废水中有机物（也可部分利用无机物）的能力。

活性污泥在曝气过程中对有机物的去除过程可分为吸附和稳定两个阶段。废水中的污染物在吸附阶段转移到活性污泥表面，吸附阶段用时很短，一般 15~45min 左右就可完成。微生物在稳定阶段完成被吸附的污染物的分解、稳定作用，有机物被降解为 CO_2、H_2O、NH_3 等无机小分子物质，用时较长。

(2) 活性污泥评价指标

① 活性污泥中的生物相 微生物的种类、数量、优势度及其代谢活动等状况，可以在一定程度上反映系统运行状况。活性污泥中的生物相可以采用光学显微镜或电子显微镜进行观察。

② 污泥浓度

a. 混合液悬浮固体浓度（MLSS） 是指 1L 曝气池混合液中所含悬浮固体的干重，单位为 mg/L，它是衡量反应器中活性污泥数量多少的指标。它包括微生物菌体、微生物自身氧化产物、吸附在污泥絮体上不能被微生物所降解的有机物和无机物。

b. 挥发性悬浮固体浓度（MLVSS） 是指 1L 曝气池混合液中所含挥发性悬浮固体含量，单位为 mg/L。与 MLSS 相比，它不包括吸附在污泥絮体上不能被微生物所降解的无机物，所以 MLVSS 能较确切地反映微生物的数量。

由于 MLSS 在测定上比较方便，工程上往往把它作为衡量活性污泥中微生物数量的指标。一般曝气池中 MLSS 控制在 2000~6000mg/L。

③ 污泥沉降比（SV） 是指曝气池混合液在量筒中静止 30min 后，污泥所占体积与原混合液体积的比值。正常的活性污泥沉降 30min 后，可接近其最大的密度，故 SV 可大致反映曝气池中的污泥量。一般曝气池中 SV 正常值为 20%~30%。

④ 污泥体积指数（SVI） 是指曝气池混合液经 30min 静止沉降后，1g 干污泥形成湿污泥时所占的体积，单位为 mL/g。

$$SVI = \frac{混合液\ 30min\ 沉降后污泥体积}{污泥干重} = \frac{100SV}{MLSS}$$

SVI 反映了污泥的松散程度和凝聚性能，SVI 过低，无机物多，微生物数量少，污泥缺乏活性和吸附能力。SVI 过高则说明污泥结构松散，难以沉淀分离。一般地，SVI 应在 50～150。

(3) 活性污泥法基本流程及系统组成

活性污泥法基本流程包括曝气池、沉淀池、污泥回流和剩余污泥排放系统，如图 2-53 所示。

运行时，废水和回流污泥一并送入曝气池形成混合液，通过曝气设备向曝气池鼓入空气提供氧，同时使活性污泥呈悬浮状态，废水中的有机物、氧气与微生物充分接触进行传质和反应。降解后的废水自流入二沉池，在二沉池

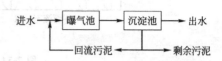

图 2-53　活性污泥法基本流程示意

中进行固液分离。二沉池中大部分污泥回流至曝气池，称为回流污泥。曝气池中增殖的微生物从曝气池或沉淀池底泥中排出，以维持活性污泥系统的稳定运行，排除的污泥称剩余污泥。剩余污泥中含有大量微生物，需进行处理和处置。

① 曝气池　曝气池为活性污泥净化废水提供一定停留时间，提供好氧微生物新陈代谢降解有机物所需要的氧量以及废水与活性污泥充分接触的混合条件。曝气池主要由池体、曝气系统和进出水口三个部分组成。池体一般用钢筋混凝土筑成。

曝气池池型与所需的水力特征及反应要求密切相关，主要分为推流式、完全混合式、封闭循环式和序批式四大类。

推流式曝气池：推流式曝气池池型为长方形，废水及回流污泥一般从池体的一端进入，另一端流出，水流成推流型，污染物浓度在进水端最高，沿池长逐渐降低，至池出口端最低。根据曝气方式及横断面水流情况不同，推流式曝气池又分为平移式和旋转推流式，如图 2-54 所示。平移推流式曝气池的曝气器铺满池底，水沿池长方向流动。旋转推流式的曝气器安装在横断面的一侧，水流成旋流状态。

完全混合式曝气池：完全混合式曝气池形状一般是圆形、方形或矩形，曝气设备可采用表面曝气机或鼓风机。废水与回流污泥进入曝气池后，在曝气作用下迅速和全池溶液混合，池内污染物浓度、微生物浓度、需氧速率一样，对入流水质、水量、浓度等变化有较强的缓冲能力。

封闭循环式曝气池：封闭循环式曝气池是一种首尾相连的封闭循环的沟渠，具有推流和完全混合两种流态的特点，在短时间内呈现推流式，长时间内呈现完全混合式。废水进入曝气池后，在曝气作用下快速、均匀地与池中的混合液进行混合，混合后的水在封闭的沟渠中循环流动，如图 2-55 所示。

序批式反应池（SBR）：序批式活性污泥法是一种按间歇曝气运行的活性污泥处理法，简称 SBR 法。它是在同一反应池内完成废水的处理过程。其工作程序包括进

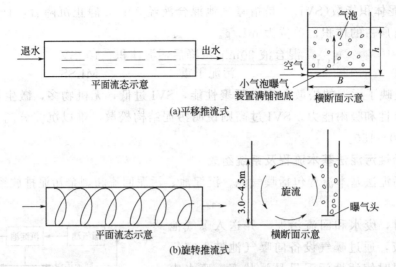

（a）平移推流式

（b）旋转推流式

图 2-54 推流式曝气池示意

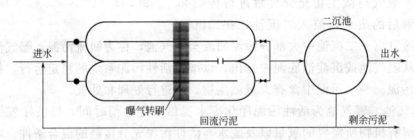

图 2-55 封闭循环式曝气池（氧化沟）示意

水、曝气（反应）、沉淀、排水和待机（闲置）五个阶段。废水在流态上属于完全混合，有机物则是随着时间推移而被降解，图 2-56 为序批式反应池的基本运行模式。所有处理过程都在同一个设有曝气或搅拌装置的反应器内依次完成，不需另外设置沉淀池。周期循环时间及每个周期内各阶段时间，可根据不同的处理对象和处理要求进行自由调节。

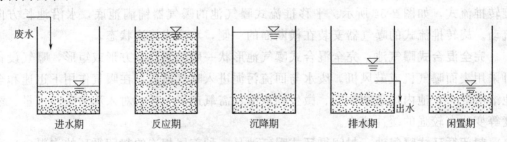

图 2-56 SBR 运行模式示意

② 二次沉淀池　二次沉淀池功能为澄清和污泥浓缩。其分离效果直接影响出水水质，池底污泥斗中污泥浓缩程度影响回流污泥浓度。

二次沉淀池的基本结构与初沉池相似，可采用平流式、竖流式和辐流式。在设计时需注意以下几点：第一，进水要布水均匀，紊动程度小，为活性污泥絮凝并使絮凝体逐渐结大创造有利条件；第二，出水溢流堰要处于同一个水平面上，保证单位长度的溢流堰在单位时间内溢流水量相同，还要限制溢流堰出水的流速 [一般出水量不超过 $10m^3/(m \cdot h)$]，防止絮凝的污泥被出流水挟走，可在池面布置较多的出水堰槽；第三，泥污斗设计要考虑污泥浓缩的要求，一方面保证污泥在泥斗中浓缩，获得比较理想的回流污泥浓度，另一方面要防止污泥出现厌氧及缺氧现象而引起污泥上浮，污泥斗中污泥浓缩时间一般不超过 2h；第四，应设置浮渣的收集、撇除装置。

③ 污泥回流系统　污泥回流系统由污泥回流泵和污泥回流管道组成，主要作用是把一部分二沉池中的沉淀污泥回流至曝气池。

④ 剩余污泥排放系统　剩余污泥排放系统是将剩余污泥排出，保证生物处理系统稳定运行。每日所排放的剩余污泥量与污泥的每日增长量相当，剩余污泥排放量过大或过小都会引起曝气池内 MLSS 的波动。

(4) 活性污泥曝气系统

活性污泥曝气方法包括鼓风曝气和机械曝气两大类。

① 鼓风曝气　鼓风曝气系统由进风空气过滤器、鼓风机、空气输配管和扩散器组成。鼓风机提供的风压要能够克服空气输配管和扩散器的摩阻损失以及扩散器上部的静水压力。

空气过滤器设置在鼓风机空气进口处，用来防止杂物进入扩散器内部造成阻塞。

扩散器浸没于混合液中，将空气分散成不同尺寸的气泡，促进空气中的氧溶于水中。气泡在扩散器出口处形成，其尺寸取决于扩散装置的形式，气泡越小，与混合液接触面越大，氧溶解效率越高。根据分散气泡尺寸大小，扩散器可分为微气泡扩散器、小气泡扩散器、中气泡扩散器、大气泡扩散器、射流扩散器。

鼓风曝气常用设备主要有罗茨鼓风机和离心式鼓风机。罗茨鼓风机一般适用于中小型废水处理厂，运行时噪声大，须采取消声、隔声措施。离心式鼓风机又可分为单机高速离心风机和多级离心风机，离心式鼓风机风量大，风量调节方便，运行噪声小，一般适用于大中型废水处理厂。

② 机械曝气　机械曝气是借助机械设备（如叶片、叶轮等）使曝气池中废水和污泥充分搅拌混合，并使混合液不断抛洒至空中与空气接触，来达到增加水中溶解氧的方法。目前广泛采用的曝气机主要有转刷和浸没式叶轮曝气机两类。

叶轮曝气机（图 2-57）的叶轮安装于废水表面进行曝气，也称表面曝气。表面曝气池一般为圆形或方形池，叶轮线速及浸没深度要适当，改变叶轮半径及转速，可适应不同深度、宽度或直径的池子要求。叶轮式曝气机曝气时，空气可通过扩散作用进入水中，利用叶轮高速旋转将气泡打碎，并使混合液充分混合。

表面曝气设备简单，维护管理方便，常用于较小的曝气池。

2.2.4.3　生物膜法

生物膜法是利用附着生长于固体滤料或载体表面的微生物（即生物膜）进行废水处理的方法。生物膜由高度密集的好氧微生物、厌氧微生物、兼性微生物、真菌及原生动物等组成，自滤料向外依次分为厌氧层、兼性层、好氧层、附着水层和运动水

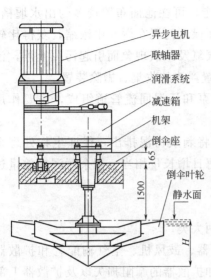

图 2-57　立式倒伞表面曝气装置示意

图中标注：异步电机、联轴器、润滑系统、减速箱、机架、倒伞座、倒伞叶轮、静水面

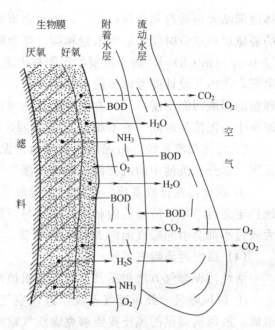

图 2-58　生物膜传质过程示意

图中标注：生物膜、厌氧、好氧、附着水层、流动水层、滤料、空气

层。废水流经生物膜时，生物膜首先吸附附着于水层中的污染物，先由好氧微生物将其分解，再进入厌氧层进行厌氧分解，流动水层将老化脱落的生物膜冲刷掉，再生长新的生物膜，如此往复循环达到净化废水目的，生物膜中物质传质过程见图 2-58。

生物膜法流程主要包括生物滤池、生物转盘、生物接触氧化法、生物流化床等。

(1) 生物滤池

① 普通生物滤池　普通生物滤池（图 2-59）平面布置一般为圆形或多边形，由钢筋混凝土或砖石砌筑而成，主要组成包括滤料、池壁、排水系统和布水系统。

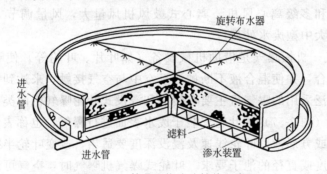

图 2-59　普通生物滤池结构示意

图中标注：旋转布水器、进水管、进水管、滤料、渗水装置

滤料是微生物附着的载体，滤料表面积越大，附着微生物数量越多。但单位体积滤料的表面积越大，滤料粒径必然越小，空隙率也越小，供氧会受影响。一般要求滤料既要具有较大的表面积，又要有足够大的孔隙率，而且适于生物膜的形成与黏附，不被微生物分解，还要有足够的机械强度，廉价易得。

池壁主要用来围挡滤料，有些池壁上开有孔洞，利于滤层内部通风。一般池壁应高出滤层表面 0.4~0.5m，防止因风吹而影响布水均匀性；池壁下部的通风孔面积不应小于滤池表面积的1%。

排水系统（图2-60）位于滤池底部，由渗水顶板、集水沟和排水渠组成。渗水顶板用于支撑滤料，排出处理水及脱落的生物膜，排水孔总面积不应小于滤池表面积的20%；渗水顶板的下底与池底之间净高度一般为0.6m以上，以保证通风效果；池底具有0.01的坡度倾向集水沟，处理水经集水沟排出。

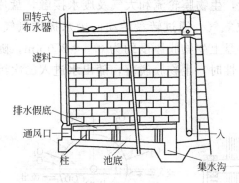

图2-60 排水系统结构示意

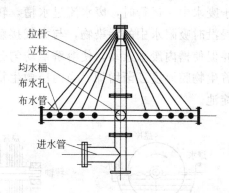

图2-61 旋转布水器结构示意

布水装置采用旋转布水器（图2-61），由进水竖管和可旋转的布水横管组成，竖管和横管在水力作用或电机带动下一起旋转。布水横管一般设计为2~4根，横管中心高出滤层表面0.15~0.25m，横管沿一侧的水平方向开设有孔径为10~15mm的布水孔，沿池中心向池边方向，布水孔间距逐渐减小。

普通生物滤池处理效果好，BOD_5去除率可达90%以上，而且具有很好的脱氮作用，可使出水氨氮小于10mg/L。

② 塔式生物滤池 塔式生物滤池（图2-62）滤床高度可达8~24m，直径与高度比介于1:6~1:8。滤料沿高度方向分层填充，层与层之间以格栅分开，格栅起支撑滤料及生物膜的作用。

由于生物滤池塔身较高，滤料一般采用具有较大比表面积和较大孔隙率的新型轻质滤料，如玻璃布蜂窝填料或大孔径波纹塑料板滤料等，以利于通风和脱落生物膜的排出，减轻滤池基础的承载力。

塔式生物滤池的通风和排水系统与普通生物滤池基本相似，但当自然通风供氧不足时，必须采用机械通风。

塔式生物滤池水力停留时间长，可承受较高的有机负荷，占地面积小，工作稳定，运转费用低。

③ 生物滤池法的基本流程 生物滤池法的基本流程由初沉池、生物滤池、二沉池三部分组成。滤池进水需进行预处理，防止油脂、悬浮物等堵塞滤料孔隙，二沉池用以分离脱落的生物膜，一般情况下不需要回流设施，但进水污染物含量较高，出现供氧不足时，或进水量小，不能维持最小经验值时的水力负荷，或某种可能抑制微生物生长

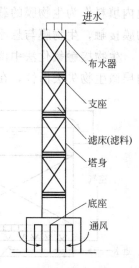

图2-62 塔式生物滤池结构示意

的污染物含量较高时，应考虑二沉池出水回流。

（2）生物转盘

① 生物转盘构造及运行过程　生物转盘主要组成包括转动轴、转盘、废水处理槽和驱动及减速装置等，见图2-63。其结构主体是垂直固定于水平轴上的圆形盘片和与其半径相吻合的半圆形水槽。盘片即为微生物膜的载体，盘片的40%~45%浸没于废水中。运行时，废水流过水槽，转动转盘，生物膜轮流和大气及废水接触，盘片浸没时吸附水中的污染物，与大气接触时吸收氧气。通过转盘转动向废水提供氧气，并促使槽内废水紊动，使溶解氧均匀分布。转盘上生物膜厚度约为0.5~2.0mm，随着生物膜厚度逐渐增加，当内层微生物失去活性时，生物膜脱落，随出水进入二次沉淀池。

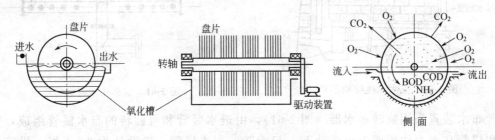

图2-63　生物转盘结构及传质过程示意

② 生物转盘法基本工艺流程　生物转盘法基本工艺主要包括初沉池、生物转盘、二沉池，与生物滤池相似，一般也不考虑污泥回流，但有时为了稀释进水，需考虑处理水回流。

（3）生物接触氧化池

① 接触生物氧化池结构及工作过程　生物接触氧化法是介于活性污泥法与生物滤池法之间的生物膜法工艺，由池体和置于池体的填料、布水装置、曝气装置组成。池内填料作为生物膜的载体，曝气装置进行曝气充氧，待处理水曝气后流经填料与生物膜接触，生物膜与悬浮的活性污泥共同作用，对废水进行净化。

生物接触氧化法中微生物所需氧气由鼓风曝气供给，生物膜增长至一定厚度后，内层微生物失去活性，在曝气的冲刷作用下脱落，脱落的生物膜随出水流出。

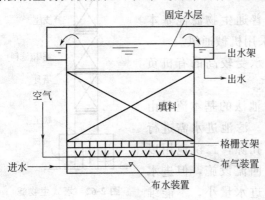

图2-64　生物接触氧化池结构示意

接触氧化池（图2-64）池体一般为钢筋混凝土或钢结构，为清理沉积在池底的部分脱落的生物膜，池底部设置排泥和放空设施。

② 生物接触氧化法基本流程　生物接触氧化法基本流程也主要包括初沉池、接触氧化池、二沉池三部分。

生物接触氧化法具有生物膜法的基本特点，又与一般生物膜法有所不同。一是供微生物附着的填料全部浸没于水中，所以又被称为淹没式滤池；二是采用鼓风设备充氧，也被称为接触曝气池；三是池内废水中存在悬浮状态的微生物，对废水起净化作用。因此生物接触氧化法兼有生物膜法和活性污泥法的优点。

2.2.4.4 厌氧生物处理法

(1) 基本原理

厌氧生物处理法是利用兼性细菌和专性厌氧细菌将水中大分子有机物降解为低分子化合物，进而再转化为二氧化碳和可再生能源甲烷的废水净化方法。根据微生物对不同底物的利用及分解情况，厌氧处理过程主要包括三个连续阶段：水解酸化阶段、产氢产乙酸阶段和产甲烷阶段。

水解酸化阶段是在胞外酶的作用下，将复杂大分子有机物、不溶性有机物水解成小分子、可溶性有机物；然后这些小分子、可溶性有机物渗透至细胞内，分解产生挥发性有机酸、醇、醛等。

产氢产乙酸阶段是通过产氢产乙酸细菌，将前一阶段所产生的各种挥发性有机酸、醇、醛等氧化分解为乙酸和 H_2，为产甲烷细菌提供合适的基质。

产甲烷阶段是在产甲烷细菌作用下，将产氢产乙酸菌的产物乙酸和 H_2/CO_2 转化为 CH_4。产甲烷菌是严格的厌氧细菌，氧和氧化剂对其有很强的毒害作用，要求系统中保持严格的厌氧环境。

(2) 厌氧生物处理工艺

厌氧生物处理设备主要包括水解酸化池、普通厌氧消化池、厌氧接触法、厌氧滤池、升流式厌氧污泥床反应器（UASB）、IC 反应器等。

① 水解酸化池　水解酸化是一种介于好氧和厌氧处理之间的废水处理方法，根据产甲烷菌与水解产酸菌生长速度不同，将处理过程控制在厌氧处理第一和第二阶段，即在大量水解细菌、酸化菌作用下将不溶性有机物水解为溶解性有机物，将难生物降解的大分子物质转化为易生物降解的小分子物质，从而改善废水的可生化性，为后续处理奠定良好基础。

② 普通厌氧消化池　普通厌氧消化池（图 2-65）常用密闭的圆柱形池，废水定期或连续进入池中，消化污泥和处理水分别由消化池底部和上部排出，所产沼气从顶部排出。普通厌氧消化池可以直接处理悬浮固体含量高的料液，结构简单。但池中难以保持大量的微生物，反应时间长。

③ 厌氧接触法　厌氧接触法是在消化池后设置沉淀池，将沉淀污泥回流至消化池的处理工艺（图 2-66）。该工艺可使消化池污泥保持较高浓度，耐负荷冲击能力强，可以处理悬浮物含量较高及颗粒较大的废水，且沉淀后出水水质好。

④ 升流式厌氧污泥床反应器　升流式厌氧污泥床反应器简称 UASB，是目前应用最广的厌氧生物处理方法。污泥床反应器内不设载体，是一种悬浮生长型的消化器，如图 2-67 所示。反应器底部是浓度较高的污泥床层，污泥床层上部是浓度较低的悬浮污泥层，二者为生化反应区。废水流经反应区，在厌氧微生物作用下，使污染

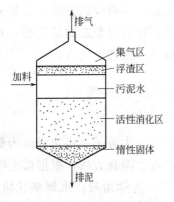

图 2-65　普通厌氧消化池结构示意

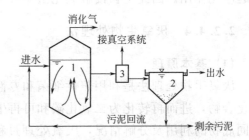

图 2-66　厌氧接触法工艺流程示意
1—混合接触池（消化池）；2—沉淀池；3—真空脱气器

物降解。反应区上部设有气、液、固三相分离器，完成沼气、水和污泥的分离。

⑤ 内循环厌氧反应器　内循环厌氧反应器（IC）是在升流式厌氧污泥床基础上发展而来的，如图 2-68 所示。它由两个生化反应室叠加而成，每个反应室顶部各设有气、液、固三相分离器。第一级分离器主要分离沼气和水，第二级分离器主要分离厌氧污泥和水，进水和回流污泥在第一反应室混合。第一反应室具有很强的有机物去除能力，由第一反应室进入第二反应室的废水继续进行生化处理，去除废水中的剩余污染物。

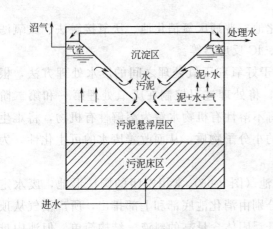

图 2-67　升流式厌氧污泥床
反应器结构示意

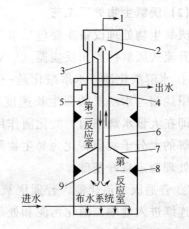

图 2-68　内循环厌氧反应器结构示意
1—沼气；2—气液分离器；3—集气管；
4—沉淀区；5—集气罩；6—沼气提升
管；7—集气罩；8—气封；9—回流管

⑥ 厌氧折流板反应器　厌氧折流板反应器（ABR）结构如图 2-69 所示。它是在反应器中采用多个垂直安装的折流板，将反应器分隔成串联的几个反应室，每个反应室都类似于一个相对独立的升流式污泥床系统。被处理的废水在反应器内沿折流板作上下折流流动，依次通过各个反应室的污泥层，废水中的污染物被微生物降解而去除。折流板在反应器中形成各自独立的隔室，每个隔室可以根据进入污染物的不同而

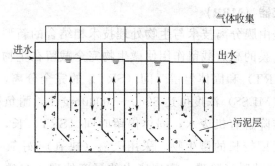

图 2-69 厌氧折流板反应器结构示意

培养出与之相适应的微生物群落，使 ABR 反应器在整体性能上相当于一个两相厌氧系统，实现了相的分离。

厌氧生物处理除上述几种工艺外，还包括厌氧流化床、厌氧滤池、厌氧颗粒污泥膨胀床（EGSB）反应器、分段厌氧处理法、厌氧生物转盘等。

2.2.4.5 新型化工废水处理工艺

(1) 曝气生物滤池（BAF）

曝气生物滤池是将生物降解与吸附过滤处理过程合并在同一个反应器中进行的水处理方法。由池体、布水系统、布气系统、承托层、滤层、反冲洗系统等部分组成。

进行废水处理时，以滤池中的滤料为微生物载体，滤池内进行曝气，微生物附着在滤料表面形成生物膜，利用生物膜对污染物的降解作用、生物絮凝作用以及生物膜和滤料的吸附、截留作用，完成对污染物的有效去除。同时利用反应器内好氧、缺氧区域的存在，达到脱氮除磷目的。图 2-70 为一种曝气生物滤池的结构示意。

曝气生物滤池运行过程中，由于滤料对废水中的悬浮物及脱落的生物膜具有截留过滤作用，因而滤池具有二沉池的功能。曝气生物滤池集生物氧化和悬浮物截留于一体，节省了二次沉淀池，基建投资少，运行能耗低。目前已广泛应用于水的深度处理、难降解有机物处理及低温废水的硝化。

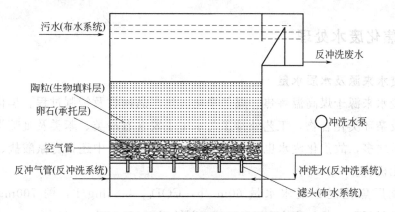

图 2-70 升流式曝气生物滤池结构示意

(2) 膜生物反应器（MBR）

膜生物反应器是由膜分离技术与生物处理技术相结合的新型废水处理技术。它以膜组件代替二沉池，膜的高效截留作用使微生物完全截留在生物反应器内，实现反应器水力停留时间（HRT）和固体停留时间（SRT）的完全分离，运行控制灵活稳定。反应器内活性污泥（MLSS）浓度可达 8000~10000mg/L，耐负荷冲击能力强，可以有效处理高浓度及难降解有机废水；固体停留时间（SRT）长，可达 30 天以上，可保留硝化菌等世代周期较长的微生物，采用厌氧（缺氧）-好氧（A/O）、厌氧-缺氧-好氧（A^2/O）法可有效脱氮除磷，实现废水的深度处理。在微滤膜过滤下，分离效果远优于传统沉淀池及砂滤等处理单元，出水水质良好稳定，悬浮物和浊度低，废水处理后可直接作为中水回用水或现场资源回收水使用。由于 MBR 工艺将活性污泥法的曝气池、二沉池合二为一，并取代了三级处理的全部工艺设施，可大幅减小占地面积，节省土建投资。

根据膜组件与反应池的布置方式，膜生物反应器可分为一体式和分体式，见图 2-71。

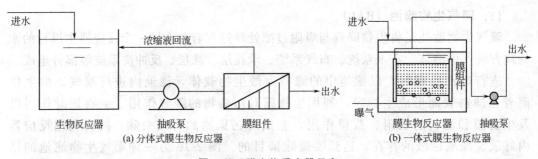

图 2-71 膜生物反应器示意

2.3 典型化工废水处理

2.3.1 焦化废水处理

(1) 废水来源及水质水量

焦化废水来源于煤高温炼焦、煤气净化、焦产品回收及精制过程。焦化产品多数为芳香族及杂环类化合物，工艺外排工艺水中主要含有酚类、苯类及吡啶类有机污染物，以酚类居多，故焦化废水也称含酚废水。此外，废水中还含有氰酸盐、硫代硫酸盐及氨等无机物。

某焦化厂焦化混合废水水量 60m³/h，COD_{Cr} 4485mg/L，酚 700mg/L，总氰 40mg/L，CN^- 15mg/L，SCN^- 430mg/L，NH_3-N 750mg/L，pH 值 9。

(2) 处理工艺流程

针对焦化废水的特点，设计了该处理工艺，工艺流程主要包括预处理工段、生化处理工段、物理化学处理工段和污泥处理工段四部分，如图 2-72 所示。

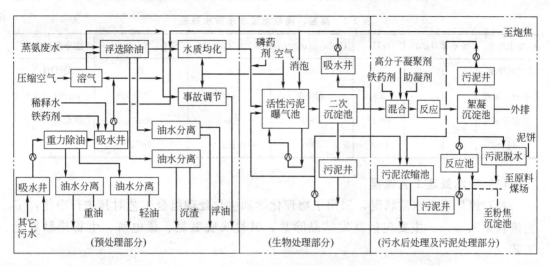

图 2-72　焦化废水处理工艺流程

预处理工段将不同生产工艺产生的废水采用分流处理原则进行处理。主要作用是去除废水中的重油、轻油、乳化油，进行水质均化及水质水量的调节。蒸氨废水直接进入浮选池，其他废水经隔油池去除重油和轻油后送入浮选池。浮选池采用部分回流加压溶气法，底部设有释放器，通过加入乳化剂去除乳化油。浮选池出水进入均质池，根据具体情况加入稀释水，进行水质均和。事故调节池用来储存废水处理站内部事故调整期间的外来废水，而不接受化工生产事故水。待生化处理系统正常后，事故调节池中的废水由提升泵送至生化处理系统。预处理工段的重油、轻油及油泥、沉渣需另行处理。

生化处理工段采用延时曝气法，基本组成包括延时曝气池、二沉池、污泥回流及剩余污泥排放系统、曝气系统、消泡及加药系统。生化处理系统应满足微生物正常代谢时所需各种条件，消泡系统用于消除由于废水中的表面活性剂在曝气池中引起的大量气泡。二沉池进行泥水分离后，部分出水作为回焦炉循环熄焦水或做它用，剩余部分进一步进行物理化学处理。

物理化学处理工段是利用混凝反应，进一步降低出水悬浮物含量及残余的 COD_{Cr}。二沉池出水悬浮物所含 COD_{Cr} 约占出水 COD_{Cr} 的 40% 左右，絮凝处理后，悬浮物去除率可达 70%，残余 COD_{Cr} 去除率达 50% 左右。

污泥处理工段主要处理生化污泥和絮凝沉淀污泥。污泥进行浓缩、稳定、调理、脱水，然后做最终处置。

2.3.2　高盐、高氨氮有机废水处理

(1) 废水来源及水质

某化工厂主要产品为二苯甲、对硝基苯及苯并三氮唑。废水分别来自三种产品的

生产工艺，COD_{Cr}含量高，成分多，且含有不易降解、对微生物有毒性的污染物，如硝基苯、对硝基氯苯等，BOD_5/COD_{Cr}小于 0.1，不宜直接生化处理，氨氮含量及无机盐含量高。该化工厂废水水质见表 2-1。

表 2-1　高盐、高氨氮废水水质水量表

废水名称	废水量/(t/d)	pH	COD_{Cr}/(mg/L)	BOD_5/(mg/L)	NH_3-N/(mg/L)	盐分及其含量
二苯甲酮	18	8～9	8000	30	31	$Al(OH)_3$
苯并三氮唑	16	5.5	11000	304	259	Na_2SO_4 6.0%
对硝基苯胺	16	9～10	6000	30	3280	氯化物 5.4%
综合	50	8～9	8300	112	1074	

（2）废水处理工艺流程

针对该厂废水水质状况，采用了物理化学和生化处理组合工艺对其进行净化，工艺流程见图 2-73。主要包括蒸发结晶除盐、碱性吹脱氨氮、微电解、生物接触氧化工艺。

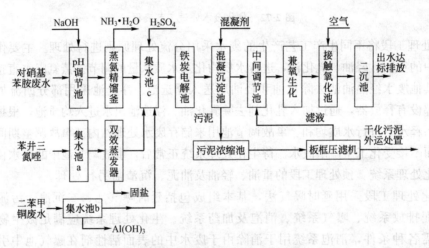

图 2-73　高盐、高氨氮有机物废水处理工艺流程

处理原则为各产品生产工艺废水分别进入各自集水池预先进行分流处理。对硝基苯胺进入集水池后，用碱调 pH 值至 10 左右，送至蒸氨精馏塔除氨；苯并三氮唑进入集水池后提升至双效蒸发器脱盐；二苯甲酮废水进入集水池调 pH 值至 6.5 左右，以脱除铝盐。各自分流处理后，三股废水再汇入共享集水池，用硫酸调 pH 值至 2.5～3，送入微电解池，通过微电解还原硝基苯。微电解池出水提升至混凝池进行混凝处理。废水经过上述预处理后进入中间调节池调节水质水量，然后进入生化处理系统，先利用兼性生化池（A 池）中的兼性微生物对污染进行降解及反硝化反应，兼性池出水自流入生物接触氧化池（O 池），进行好氧处理，降解 COD_{Cr} 及硝化反应，生化出水经二沉池进行泥水分离，达标水排放。

实际运行结果表明，采用这种物化预处理、微电解、A/O 生化处理组合工艺，对高盐、高氨氮及高有机物含量废水处理效果好，经济成本切实可行。

2.3.3 甲壳素生产废水的处理

(1) 废水水质及处理要求

甲壳素生产原料主要是蟹、虾壳等壳类海生物，生产工艺是先用盐酸分解蟹、虾壳，生成碳酸盐，再用烧碱溶液脱蛋白质及脂肪，最后进行脱色处理，得到甲壳素。生成过程中产生的废水酸性较强，氯离子含量高。

浙江某甲壳素生产厂废水排放量为 $158m^3/h$，水质为 pH＝1.0、COD_{Cr} 约 1700mg/L，Cl^- 含量 5288mg/L。要求处理后出水达到《污水综合排放标准》（GB 8988—1996）中一级标准，标准要求指标为：pH 值为 6～9，$COD_{Cr} \leqslant 100mg/L$，$BOD_5 \leqslant 30mg/L$，$SS \leqslant 70mg/L$。

(2) 处理工艺流程

甲壳素生成过程产生的废水主要问题为 pH 值很低，氯离子浓度高，COD_{Cr} 含量高且波动大。因而，所用工艺要能满足调节 pH 值、耐负荷冲击能力及对有机物具有较好的去除效果。所采用工艺流程见图 2-74。

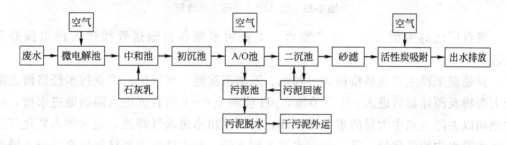

图 2-74 某甲壳素生产废水处理工艺流程

该处理工艺主要包括预处理单元、生化处理单元和深度处理单元。预处理单元采用微电解工艺，废水排放至铁屑-炭组成的微电解池进行微电解，通过微电解作用提高废水 pH 值，将难降解的污染物转变为易降解物质，同时去除一部分污染物，微电解池还有调节水质水量的作用，电解池中鼓入空气以加强处理效果。微电解出水送至中和池，在中和池中投加石灰乳来调节 pH 值，将 pH 调至 6～9，以满足生化处理要求。中和池出水沉淀后上清液自流至生化处理单元。生化处理采用 A/O 处理法，中和池上清液先进入 A/O 系统的兼性池（A 池），污染物在兼性微生物作用下进行水解酸化，再进入好氧池（O 池）进行好氧处理，好氧池采用耐负荷冲击的生物接触氧化法，经好氧处理后排入二沉池，进行泥水分离，二沉池底泥中一部分回流至 A/O 池，剩余污泥进行处理处置。二沉池出水进入深度处理单元。深度处理单元采用砂滤和活性炭吸附，进一步去除悬浮物、色度及残余的 COD_{Cr}，使出水满足排水要求。

2.3.4 乙烯生产废水处理及回用

（1）废水来源及性质

某乙烯生产企业主要生产装置包括乙烯装置、聚乙烯装置、聚丙烯装置、PSA装置、苯抽提装置、C_4装置。

生产过程中产生的废水主要成分为：石油类、挥发酚、COD_{Cr}等；通过检测发现该废水生化效果较差，因而采用将生产废水与厂区生活污水合并处理的方式，提高生产工艺废水的可生化性，设计废水处理量500t/h。

（2）废水处理工艺流程

根据废水水质，该企业采用预处理、生化处理相结合对混合废水进行处理，工艺流程见图2-75。

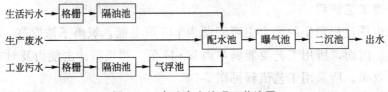

图 2-75 含油废水处理工艺流程

来自厂区的生活污水、生产废水、工业污水经各自输送管线送入污水预处理工段。

预处理工段主要包括格栅、中和池、隔油沉淀池、气浮池。工业污水经格栅去除较大杂物及漂浮物后进入pH调节池，pH值调至6~9后自流进入隔油池进水槽，隔油池用以去除废水中大量的重油和轻油，隔油池出水进入气浮池，通过加入乳化剂进一步去除水中的乳化油，乳化油出水进入配水池。而生活污水经格栅后直接进入隔油池，不需进行pH调节，隔油池出水直接进入配水池。生活污水和工业污水在配水池混合进入均质池，并进行预曝气，为生化处理做准备。

均质池的水采用提升泵提升至活性污泥曝气池，去除水中有机污染物，曝气池出水经二沉池沉淀后，出水排入排水池，符合排放标准的部分水直接排放，不达标的水则返回至配水池重新进行生化处理。

（3）回用处理工艺

为了节约水资源，排放池的部分达到污水综合排放标准的处理水做进一步深度处理，以回用于生产工艺。

根据原水水质和对产品水水质水量要求，该乙烯生产企业污水回用处理系统采用：预处理系统＋超滤系统＋反渗透系统工艺。排水池部分水经过预处理后进入超滤系统，再经反渗透脱盐系统，制成合格的除盐水进入反渗透产品水箱备用。回用处理工艺流程见图2-76。

该污水回用系统预处理部分主要包括：调节池、澄清池、无阀过滤器、自清洗过滤器装置等。预处理部分处理量约180m³/h，预处理出水硬度≤200mg/L，COD_{Cr}<

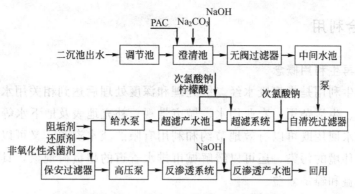

图 2-76 污水回用系统工艺流程

50mg/L，浊度＜10NTU。调节池主要用于储存进入本系统的原水，目的是为了调节进水流量的变化，防止进水波动对系统运行的影响，保证系统的进水量稳定。调节池内设置液位传感器，随时监控水池液位。

调节池的水提升至澄清池，在澄清池进水口将混凝剂、pH 调节剂、碳酸钠根据需要计量投加，去除水中悬浮颗粒及胶体物质、软化进水水质，调节池出水自流进入重力无阀过滤器，进一步去除水中细小悬浮颗粒，无阀过滤器出水进入中间水池，然后利用加压泵经自清洗过滤器进入超滤系统。超滤系统产水送至超滤产水箱，再用加压泵经保安过滤器送入反渗透系统处理，水中无机离子、小分子有机物、细菌、病毒等通过反渗透膜被截留，使产水达到回用要求，排入反渗透产水箱。

2.4 化工废水综合利用

随着我国经济快速发展，生产技术不断提高，化工废水排放量持续增加，科学合理地处理好化工废水的排放与综合利用是生态可持续发展、节约水资源的重要保障。化工废水处理后最终是排放水体返回自然界中，或者经过深度处理后进行再生利用。

2.4.1 排放水体

排放水体是废水处理达到相关标准后的传统出路，也是使水重新回归其自然功能的主要途径。

化工废水排放水体前，虽然经过了处理，但仍然含有少量污染物，排入水体后还要有一个在水体中稀释、降解的自然净化过程。不同的受纳水体对排放水质要求不同，处理水需要满足受纳水体所要求的排放标准，总的原则是不影响受纳水体的原有功能。

2.4.2 综合利用

(1) 废水再生利用概念

废水的再生利用是指将废水经二级处理和深度处理后达到相关用水水质要求，应用于工业生产、生活杂用、农业用水、城市景观、补充地表及地下水等过程，也称为废水回用。废水回用既可以有效地节约和利用有限的淡水资源，又可以减少废水的排放量，减轻水环境的污染，还可以缓解城市排水管道的超负荷现象，具有明显的社会效益、环境效益和经济效益。

(2) 再生利用水水质基本要求

为使化工废水回用安全可靠，回用水要满足回用对象的要求。①回用水水质符合回用对象的水质指标；②作为回用水的处理系统运行稳定，产水水质水量稳定；③回用水用于生产工艺时，对产品质量没有不良影响；④回用水使用时对人体健康、生态环境不产生不良影响。

(3) 再生利用领域及相关标准

① 工业用水领域　工业用水根据用途的不同，对水质的要求差异很大，水质要求越高，水处理的费用就越高。理想的回用对象应是冷却用水和工艺低质用水（洗涤、冲灰、除尘、直冷等）。当考虑某项工艺是否可以利用回收的废水时，必须满足需要的水质，并要计算回用污水及其处理的费用，以获得最大的经济效益。

用作工业冷却水时应满足《工业循环冷却水处理设计规范》（GB 50050—2007）相关要求。必要时可以进一步处理或与新鲜水混合使用。

用于锅炉补给水时，为了确保锅炉的用水质量，防止因锅炉用水质量不合格而危及锅炉的安全经济运行，各锅炉生产国家都制定了锅炉水质标准。对于低压锅炉，我国锅炉用水水质标准为《工业锅炉水质》（GB 1576—2001），对于中压锅炉，水质需满足《火力发电机组及蒸汽动力设备水汽质量标准》（GB 12145—89）要求；热水热力管网和热采锅炉用水应达到相关行业标准。

回用水作为工艺与产品用水时，根据不同工艺和不同产品情况，应做相应实验，如不能满足工艺或产品要求，需对回用水再做处理。

② 农业用水领域　化工废水处理后再生利用在农业领域主要作为农田灌溉水。农业是我国用水大户，据统计 2014 年我国农业用水量约占社会总用水量的 55%，有效灌溉面积达 9.52 亿亩，其中节水灌溉工程面积 4.07 亿亩，约占有效灌溉面积的 43%，高效节水灌溉面积 2.15 亿亩，约占有效灌溉面积的 22%。到 2020 年全国农田有效灌溉面积将达 10 亿亩，节水灌溉工程占有效灌溉面积的比例达到 60% 以上。因而废水处理后再生利用作为农田灌溉水使用，可以节约大量水资源。但回收利用水往往还含有少量污染物，作为灌溉水，其水质应满足《农田灌溉水质标准》（GB 5084—2005）的要求。

③ 用于地表水或地下水的补充　地表水和地下水补充，目前我国还没有专门的标准。地表水补充是指将处理过的污水放流至地表水体，水质要求可按《地表水环境质量标准》（GB 3838—2002），结合环境评价要求而定。地下水回灌，是借助于工程设施，将处理后的废水直接或用人工诱导方法引入地下含水层，其主作用主要表现为：补充地下水量，稳定或抬高地下水位，提高含水层的供水能力；控制地面沉降或塌陷；滨海和岛屿地区，可使地下咸水淡化和防止海水入侵；污水间接回用的缓冲途径。

④ 生活杂用水领域　生活杂用水范围主要包括居住建筑、公共建筑和工业企业非生产区内用于冲洗卫生用具、浇花草、冲洗车辆、浇洒道路等。应满足《城市污水再利用　城市杂用水水质标准》（GB/T 18920—2002）。

⑤ 环境、娱乐和景观用水领域　主要包括浇洒城镇公园或其他公共场所；浇灌树木、苗圃；供钓鱼和划船的娱乐湖；供游泳和划水的娱乐湖；人工瀑布、喷泉用水等。

应用于该领域时应满足《城市污水再利用　景观环境用水水质标准》（GB/T 18920—2002）。

本章你应掌握的重点：

1. 化工废水的特性及其处理原则；

2. 格栅和筛网过滤、颗粒介质过滤的分类及原理、沉砂池的类型及沉砂原理；

3. 沉淀池种类及沉淀原理、气浮法原理及气浮类型、化学混凝法原理、混凝剂种类、混凝工艺设备、酸性废水及碱性废水中和法；

4. 混凝法原理及影响混凝效果的因素、混凝反应过程；酸性废水及碱性废水常用的中和方法；化学氧化法和化学还原法在废水处理中的应用；

5. 吸附法原理、吸附类型、影响吸附的因素、吸附工艺及设备，离子交换剂的类型、离子交换过程及设备；

6. 膜分离概念及分类、超滤和反渗透技术分类、电渗析原理及其在水处理中的应用；

7. 活性污泥法概念、污染物去除原理、微生物生长环境、活性污泥评价指标、活性污泥法基本流程、影响活性污泥法处理效果的因素、曝气系统的分类及组成；

8. 生物膜法基本原理，生物滤池、生物转盘和生物接触氧化池的结构及工艺流程；

9. 废水厌氧生物处理法基本原理，水解酸化池、普通厌氧消化池、厌氧滤池、升流式厌氧污泥床反应器、内循环厌氧反应器、厌氧折流板反应器结构及工作原理；

10. 曝气生物滤池的结构及运行过程、曝气生物滤池工艺流程，膜生物反应器工作原理及工艺布置、典型废水处理工艺、废水再生利用概念、再生利用水水质基本要求、再生利用领域及相关标准。

● 参考文献

[1] 杨永杰. 化工环境保护概论 [M]. 北京：化学工业出版社，2009.

[2] 高廷耀，顾国维，周琪等. 水污染控制工程 [M]. 北京：高等教育出版社，2007.

[3] 唐受印. 废水处理工程 [M]. 北京：化学工业出版社，2004.

[4] 杨岳平，徐新华，刘传富等. 废水处理工程及实例分析 [M]. 北京：化学工业出版社，2003.

[5] Karl I. Handbook of Urban Prainage and Waste Water Disposal [M]. New York：John Wiley & Sans，1989.

[6] 丁亚兰. 国内外废水处理工程设计实例 [M]. 北京：化学工业出版社，2000.

[7] 刘天齐，黄小林，邢连壁等. 三废处理工程技术手册（废水卷）[M]. 北京：化学工业出版社，1999.

[8] 唐受印，戴友芝. 水处理工程师手册 [M]. 北京：化学工业出版社，2000.

[9] 蒋克彬，彭松，高方述. 污水处理技术问答 [M]. 北京：中国石化出版社，2013.

[10] 陈武，梅平. 环境污染治理的电化学技术 [M]. 北京：石油工业出版社，2013.

[11] 李融，王纬武，蒋丽芬. 化工原理 [M]. 上海：上海交通大学出版社，2009.

[12] 张林生，张胜林，夏明芳. 印染废水处理技术及典型工程 [M]. 北京：化学工业出版社，2005.

[13] 许振良. 膜法水处理技术 [M]. 北京：化学工业出版社，2001.

[14] 李朦，郭淑琴. 综合化工废水处理技术的研究进展 [J]. 工业用水与废水，2014，45（4）：5-8.

[15] 程炜. 含氟废水处理实例与工艺探讨 [J]. 资源节约与环保，2015，5：42-46.

[16] 史惠祥. 实用环境工程手册——污水处理设备 [M]. 北京：化学工业出版社，2005.

[17] 尹芳华，钟璟. 现代分离技术 [M]. 北京：化学工业出版社，2008.

第3章

化工废气处理与综合防治

本章你将学到:

1. 化工废气的概念、来源、分类、危害及处理原则;
2. 化工废气中粉尘分类、特征及处理技术;
3. 废气中气态污染治理技术;
4. 典型废气治理工艺及原理;
5. 大气污染综合防治相关措施。

3.1 化工废气的来源与危害

3.1.1 化工废气的概念、来源及分类

3.1.1.1 化工废气的概念

化工废气是指在化工生产过程各环节所产生并排放出的含有污染物质的气体,包括从生产装置直接产生并排放的含有污染物的气体,也包括与生产过程有关的间接产生的气体,如燃料燃烧、物料储存、装卸操作等产生的含有污染物的气体。

其排放形式有两种:一种是有组织的排放,即化工废气经过气体排放装置有规律的排放,这部分废气只要正确合理选择处理技术和方法,一般比较容易处理达标;另一种是无组织的排放,指不经过气体排放装置的排放,这一部分难以收集和处理。

3.1.1.2 化工废气的来源

各种化工产品在其生产的各个环节以及运输、使用过程中都可能产生并排出废

气，造成对大气环境的污染。根据化工产品从生产、运输、销售、使用以及废弃的生命过程，化工废气来源可归纳为以下几个方面。

① 反应进行不彻底以及副反应所产生的废气。

② 化工生产过程中原料、半成品及成品产生的废气。如接触法制硫酸过程含硫气体的排放。

③ 产品加工和使用过程以及搬运、破碎、筛分及包装过程等产生的粉尘。

④ 生产设备陈旧或生产工艺路线不合理；由于设备、管道封闭不严，造成原料、中间产品及产品的"跑、冒、滴、漏"；另外，化工原料或产品在储存时的"呼吸"现象亦可产生废气；生产工艺路线不合理也会导致产生废气污染物。

⑤ 开、停车或生产事故，管理不善、指导不当造成的废气排放。

⑥ 化工生产过程中排放的某些气体，在空气中由于光、雨、空气等作用，发生化学反应，也会产生有害气体。

从生产工艺而言，化工废气污染排放源主要有：反应尾气、不凝气、弛放气、呼吸气、烘干挥发气、燃烧气、吹扫及临时排放气等。

3.1.1.3　化工废气的分类

(1) 按存在的物理状态分类

① 气态污染物是指排入大气中的有毒、有害的气体或蒸气。气体是某些物质在常温、常压下所形成的气态形式，如硫氧化物、氮氧化物、卤化物、碳氧化物、碳氢化物、氮氢化物等；蒸气是某些固态或液态物质受热后，引起固体升华或液体挥发而形成的气态物质，如汞蒸气、苯、硫酸蒸气等。蒸气遇冷，仍能恢复原有的固体或液体状态。

② 溶胶态、颗粒状态污染物是由固体或液体小质点分散并悬浮在气体介质中形成的胶体分散体系。其分散相为固体或液体小质点，其大小为 $0.001 \sim 100 \mu m$，分散介质为气体，如粉尘、烟尘、雾滴、尘雾等。

(2) 按其形成过程分类

① 一次污染物是指直接从污染源排放的污染物，如 SO_2、NO_2、CO、颗粒物以及放射性物质等，它们又可分为反应物和非反应物。反应物不稳定，在大气中可与其他物质发生反应，或促进其他污染物之间的反应；非反应物则不发生反应或反应速率缓慢。

② 二次污染物是指由一次污染物在大气中互相作用，经化学反应或光化学反应形成的与一次污染物的物理、化学性质不同的新的大气污染物，其毒性可能比一次污染物还强。最常见的二次污染物有硫酸及硫酸盐气溶胶、硝酸及硝酸盐气溶胶、臭氧、光化学氧化剂 OX 及活性中间体（·HO_2、·HO 等）。

(3) 按其所含污染物性质不同分类

① 含有机污染物的化工废气　主要来自有机原料及合成材料，废气中含有苯系物、非甲烷烃、酚、醛、醇、卤代物等有机化合物。

② 含无机污染物的化工废气　主要来自氮肥、磷肥、无机盐等化工行业，废气

中主要含有 SO_2、H_2S、CO、NH_3、NO、Cl_2、HCl、HF 等无机化合物。

③ 同时含有机物和无机物的废气 主要来自石油化工、氯碱、炼焦、合成氨等。

3.1.2 化工废气污染的特点及危害

(1) 化工废气污染的特点

① 种类繁多 化工行业所用原料不同，工艺路线也有差异，化学反应繁杂，因此化工废气种类繁多。

② 组成复杂 从原料到产品，经过复杂的化学反应，使某些废气组成非常复杂；很多化工废气中往往含有多种有毒成分，如农药、氯碱、染料等行业排放的废气。

③ 污染物浓度较高 由于工艺路线不合理或设备陈旧，原材料转化率偏低，发生"跑、冒、滴、漏"现象，原材料或中间产品流失严重，使废气中污染物浓度较高。

④ 往往含有易燃易爆气体。

⑤ 污染物可能具有一定的刺激性或腐蚀性。

⑥ 污染面广、危害性大。

(2) 化工废气污染的危害

化工废气中污染物种类多，物理、化学性质复杂，含有致癌、致畸、恶臭、强腐蚀性、易燃、易爆的组分，对生产装置、人类及动植物造成严重危害，严重污染大气环境。

首先是对人体呼吸系统的伤害，肺气肿、肺炎、支气管炎、咽喉炎、上呼吸道感染等均为常见的与大气有关的疾病；其次，表现为对人的眼睛及皮肤的伤害，如刺激性气体导致眼睛流泪、皮肤过敏等疾病。有些气体会对人的神经系统及其他系统造成危害。如排放气体中含有氟化物、气态重金属等有毒有害的无机物或低沸点有机物。

化工废气对植物生长也会产生较大的影响。直接影响表现为有的污染物可直接作用于植物调节机能活动的器官，这类污染物能渗入植物细胞，破坏植物组织，抑制植物生长，甚至死亡，硫化物、氟化物、乙烯、臭氧、氯气、烃类化合物均属于这一类污染物。

化工废气的排放形成城市的烟雾，影响能见度；粉尘含量较高时甚至遮挡阳光而可能改变气候，从而影响生态系统。

含有氮氧化物或二氧化硫等酸性氧化物进入大气层后，在空气中形成酸雨，对建筑、森林、湖泊、土壤、植物等危害较大。

大气污染不仅影响周围环境，而且对全球环境也造成了一定程度的破坏，如温室效应、酸雨等，对全球气候、生态、农业、森林等产生一系列的影响。

3.2 化工废气的治理方法

化工废气中溶胶态、颗粒状态污染物质量、体积较大，可以通过外力作用将其去除，通常称为除尘；气态污染物则需要根据污染物的物理和化学性质，采用冷凝、吸收、吸附、燃烧、催化反应等方法进行处理。

3.2.1 粉尘的治理技术

3.2.1.1 粉尘的概念

粉尘是指能在较长时间悬浮于空气中的固体颗粒污染物的总称。按国际标准化组织规定，粒径小于 $75\mu m$ 的固体悬浮物定义为粉尘。

3.2.1.2 粉尘的分类

(1) 按粉尘性质分类

按粉尘性质可分为：无机粉尘、有机粉尘和混合性粉尘。在生产中混合性粉尘最常见。

(2) 按粉尘颗粒的大小分类

① 灰尘（粉尘粒子直径大于 $10\mu m$），在静止的空气中，可以加速沉降，不扩散。

② 尘雾（粉尘粒子直径介于 $0.1\sim10\mu m$），在静止的空气中，以等速降落，不易扩散。

③ 烟尘（粉尘粒子直径为 $0.001\sim0.1\mu m$），因其大小接近于空气分子，受空气分子的冲撞呈布朗运动，几乎完全不沉降或非常缓慢而曲折地降落。

由于粉尘颗粒的大小不同，在空气中滞留时间长短各异，在空气中呈现的状态也不同，所以采取的治理方法也有所不同。

3.2.1.3 粉尘的特性

(1) 粉尘的粒径分布

粉尘粒径也称为粒度，是衡量粉尘颗粒大小的尺度。粉尘的粒径分布是指粉尘中各种粒径的粉尘所占质量或数量的百分数。粉尘的粒径分布是选择除尘器的基本条件。

(2) 粉尘的密度

粉尘密度是指单位体积粉尘的质量，包括容积密度和真密度。容积密度是自然堆积状态下单位体积粉尘的质量，是设计灰斗和运输设备的依据。真密度是排除颗粒之间及颗粒内部的空气和液体，所测出的在密实状态下单位体积粉尘的质量。它对机械类除尘器的工作效率具有较大的影响。

（3）粉尘的爆炸性

粉尘的表面积增加时，其化学活泼性迅速加强，悬浮于空气中时与空气中的氧充分接触，在一定温度和浓度下会发生爆炸。对有爆炸危险的粉尘，设计除尘系统时必须严格按照设计规范进行，采取必要的防爆措施。

（4）粉尘的荷电性及比电阻

粉尘的荷电性是指粉尘能被荷电的难易程度。电除尘器就是专门利用粉尘的荷电性，从含尘气流中捕集分离粉尘的。

衡量粉尘荷电性的指标为比电阻，粉尘比电阻是指面积为 $1cm^2$、厚度为 $1cm$ 的粉尘层所具有的电阻值，它反映粉尘的导电性能。粉尘比电阻对电除尘有很大影响，是电除尘的设计依据。一般认为比电阻在 $10^4 \sim 10^{11}\,\Omega/cm$ 范围内，电除尘的效果较好。

（5）粉尘的湿润性

粉尘颗粒能否与液体相互附着或附着难易的性质称为粉尘的润湿性。根据粉尘被液体润湿的程度，粉尘可分为亲水性粉尘和疏水性粉尘。粉尘的湿润性是湿式防尘、除尘的依据。各种湿式除尘装置主要依靠粉尘与水的润湿作用进行捕集、分离粉尘。

（6）粉尘的安息角与滑动角

粉尘的安息角是粉尘从漏斗连续落到水平板上，堆积成的圆锥体母线同水平面之间的夹角。滑动角是指光滑平面倾斜时粉尘开始滑动的倾斜角。安息角与滑动角表征了粉尘的流动性。安息角小的粉尘，流动性好。粉尘的安息角与滑动角是设计除尘器灰斗（或粉尘仓）锥度、除尘管路或输灰管路倾斜度的主要依据。

（7）粉尘的黏附性

黏附性是粉尘与粉尘之间或粉尘与器壁之间力的相互作用的结果，这种作用包括分子间力、毛细黏附力及静电力等。粒径细、吸湿性大的粉尘，黏附性强。许多除尘器的捕集机理都是依赖于尘粒间的黏附性；但在含尘气流管道和净化设备中，需防止粒子黏附在管壁上，以免造成除尘器管道、设备的堵塞和发生故障。

（8）粉尘的磨损性

粉尘的磨损性是指粉尘在流动过程中对器壁或管壁的磨损特性。磨损程度与粉尘大小、形状、密度、硬度、粉尘在除尘器中运行速度等因素有关。

（9）粉尘的比表面

粉尘的比表面表示粒子群总体细度。比表面积越大，与空气接触面越大，粉尘氧化分解过程加快，易于发生燃烧和爆炸。

3.2.1.4　除尘装置类型

按照除尘装置分离捕集粉尘的机理不同，除尘装置分为机械除尘器、过滤除尘器、湿式除尘器、电除尘器。

（1）机械除尘器

机械除尘器是依靠机械力将粉尘从气流中去除的装置，对大粒径粉尘（30～

$50\mu m$）去除效率高，对小粒径粉尘捕获效率低。按除尘粒径不同可分为重力沉降室、惯性除尘器和离心力除尘器。

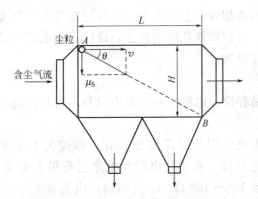

图 3-1　单层水平沉降室结构示意

① 重力沉降室　重力沉降室是利用重力作用使粉尘自然沉降的一种最简单的除尘装置。其机理为含尘气流进入横断面比管道大很多的沉降室后，流动截面增大，气流速度骤然降低，使较重颗粒在重力作用下向灰斗缓慢沉降，图 3-1 为水平沉降室结构示意。

② 惯性除尘器　惯性除尘器是使含尘气流与挡板撞击或者使气流急剧改变方向，利用气流中粉尘粒子惯性大，不能随气流急剧转弯，达到分离、捕集粉尘的除尘设备，包括碰撞式和回转式两种。

碰撞式惯性除尘器（图 3-2）是沿气流方向设置一道或多道挡板，含尘气流碰撞到挡板上，失去动能的粉尘在重力作用下沿挡板下落，进入灰斗，从气体中分离出来。回转式惯性除尘器（图 3-3）是在除尘器内多次改变含尘气流方向，在转向过程中把粉尘分离出来。

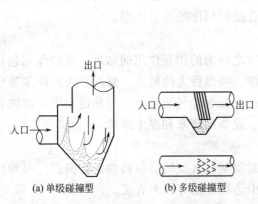

图 3-2　碰撞式惯性除尘器示意

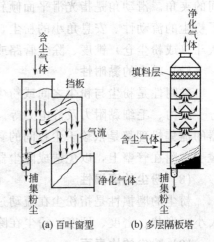

图 3-3　回转式惯性除尘器示意

③ 离心力除尘器　离心力除尘器是利用含尘废气的流动速度，使废气在除尘装置内沿一定方向连续旋转，粉尘在随气流旋转过程中产生的离心力作用下，从废气中分离出来的除尘装置。

离心力除尘器包括旋风除尘器（图 3-4）和旋流除尘器（图 3-5）。旋风除尘器为常用设备，二者的不同在于旋流式除尘器处理废气时，废气除了从进气管进入除尘器形成旋流外，还通过喷嘴或导流管引入二次空气，二次空气旋流一方面使含尘气流旋转流速增大，增强对粉尘的分离能力，另一方面还起到对分离出的粉尘颗粒向下裹挟

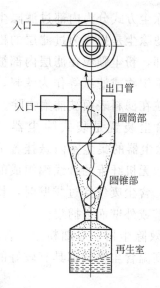

图 3-4　旋风除尘器结构示意

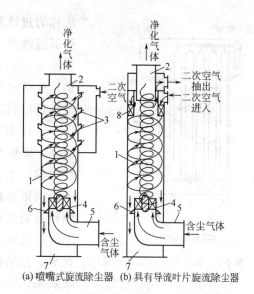

(a) 喷嘴式旋流除尘器　(b) 具有导流叶片旋流除尘器

图 3-5　离心式旋流除尘器结构示意

1—除尘器外壳；2—排气管；3—二次空气喷嘴；4—含
尘气体进口"花瓣"形叶片导流器；5—含尘气体进入管；
6—尘粒导流板；7—贮灰器；8—环形叶片导流器

作用，使粉尘颗粒迅速地经导流板进入储灰器中，增强了除尘效果。

（2）湿式除尘器

湿式除尘是利用洗尘液体（一般为水）形成的液膜、液滴或气泡与废气中的粉尘发生惯性碰撞，粉尘被吸附后，凝聚成大颗粒，然后随液体排出，达到去除粉尘颗粒的目的。湿式除尘器种类较多，根据除尘净化机制不同，可分为以下几种不同的结构类型。如图 3-6 所示，（a）为重力喷雾洗涤除尘器，（b）为旋风湿式除尘器，（c）为自激喷雾洗涤除尘器，（d）为塔板式洗涤除尘器，（e）为填料式洗涤除尘器，（f）为文丘里洗涤除尘器，（g）为机械诱导喷雾洗涤除尘器。

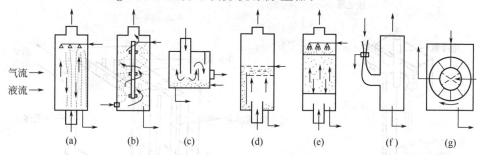

气流
液流

(a)　　　(b)　　　(c)　　　(d)　　　(e)　　　(f)　　　(g)

图 3-6　不同类型湿式除尘器工作示意

湿式除尘器除尘效率高，对 $0.1\mu m$ 以下的粉尘粒子仍有很高的去除效率。在净化高温、高湿、高比电阻及易燃易爆粉尘时具有较高的安全性。

（3）过滤式除尘器

含尘废气通过多孔滤料，利用滤料空隙的筛分、粉尘随气流运动的惯性碰撞、粉尘粒子的扩散、静电引力和重力沉降等作用，把废气中的粉尘截留下来的废气除尘方

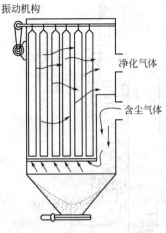

图3-7 袋式除尘器结构示意

法称为过滤除尘。过滤除尘方式分为内部过滤除尘和外部过滤除尘。内部过滤除尘是把作为过滤层的松散多孔滤料填充在设备内部，粉尘颗粒在滤层内部被捕集；外部过滤是采用纤维织物或滤纸等作为滤料，废气流过滤料时，粉尘颗粒在滤料表面被捕集去除。

采用较多的过滤除尘装置是袋式除尘器（图3-7），其基本结构是在除尘器的集尘室内悬挂若干个用含棉、毛、有机纤维、无机纤维的纱线编织成的若干个圆形或椭圆形滤袋，含尘废气穿过袋壁时，粉尘颗粒被袋壁截留，在内壁或外壁而被捕集。

袋式除尘器属于高效除尘器，对细粉尘、含油、含水、黏结性粉尘以及高温含尘废气都具有较好的去除效果。

（4）电除尘器

电除尘器是利用高压电场产生的静电力来分离废气中的粉尘颗粒或液体粒子。静电除尘器工作时，在放电极与集尘极之间施加很高的直流电压，两极间形成不均匀电场，在放电电极附近电场强度很大，电压达到一定程度时，放电极产生电晕现象，生成大量电子及阴离子，电子及阴离子在电场作用下向集尘极移动过程中，被废气中的中性分子捕获而形成带负电荷的微粒，当这些带负电的微粒与废气中的粉尘碰撞并附着其上时，粉尘便带上负电荷，在电场力作用下荷负电粉尘移向集尘极并放电，当粉尘堆积到一定厚度时，可采用机械振打等方法进行清除。

工业上应用较多的电除尘设备是管式电除尘器和板式电除尘器。管式电除尘器的集尘极为圆筒状（图3-8），板式电除尘器集尘极是平板状（图3-9）。放电极则均采用

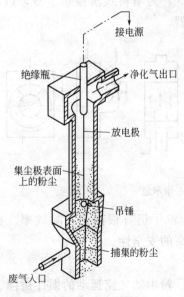

图3-8 管式静电除尘器结构示意

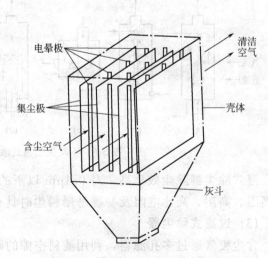

图3-9 板式静电除尘器结构示意

线状电极，放电极一般为负极，产生的是负电晕。

3.2.1.5　除尘器的选用

衡量除尘器性能的指标主要包括：技术指标（除尘效率、气体处理量、压力损失）和经济指标（基建投资及运行费用、使用寿命、占地面积或空间体积）。这些指标相互关联、相互制约。

选择除尘器时应根据所处理废气及粉尘的特性、处理要求、运行环境等因素，对处理技术及经济合理性进行综合分析，所选择的除尘器技术上应满足工艺生产及环保要求，在经济上具有可行性。一般情况下应综合考虑以下各项因素：

① 选用的除尘器必须满足排放标准规定的排放浓度；

② 粉尘的物理、化学性质对除尘器性能的影响；

③ 气体中粉尘含量；

④ 气体温度及其他性质对除尘器处理效果的影响；

⑤ 设备占地面积及空间大小，设备运行的环境条件；

⑥ 设备的一次性投资以及运行和维修费用。

只有充分了解所处理含尘气体特性，全面掌握各种除尘装置性能及适用场合，才能合理地选择出经济有效的除尘装置，最终使处理气体达标排放。

3.2.2　气态污染物治理技术

3.2.2.1　吸收净化法

吸收净化法是使废气与选定的吸收剂充分接触，利用废气中各组分在吸收剂中溶解度的不同，或废气中一种或多种组分与吸收剂中活性组分发生反应，将污染物质从废气中分离出来，实现废气净化的处理方法。

废气吸收净化法所用设备的主要作用是使气-液两相充分接触，更好地进行物质和能量交换，因而要求吸收设备提供大的气-液接触面，且接触面易于更新，气-液的流动阻力及传质阻力要小。常用的吸收净化设备主要包括填料塔、板式塔和喷淋塔。

（1）填料塔

填料塔（图 3-10）是以填料作为气-液两相接触构件的传质设备。吸收液由塔顶经分布器进入塔体，气体由塔底进入，气-液两相连续逆流通过填料层，在填料表面接触进行传质，净化后气体从塔顶排出，吸收液从塔底流出。

（2）板式塔

板式塔（图 3-11）塔内按一定间距水平装置多层塔板，吸收液进入塔体后，自上而下依次横向流过各层塔板，经由塔板的降液管逐级流至塔底排出；气体则在压力推动下，自下而上依次穿过各层塔板上的气体通道，至塔顶排出。根据塔板结构类型不同，常见的板式塔主要有泡罩塔、筛板塔、浮阀塔等。

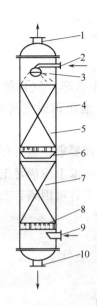

图 3-10 填料塔结构示意

1—气体出口；2—液体入口；3—液体
分布装置；4—塔壳；5—填料；6—液
体再分布器；7—填料；8—支撑栅板；
9—气体入口；10—液体出口

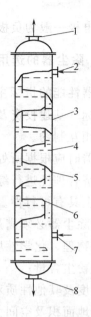

图 3-11 板式塔结构示意

1—气体出口；2—液体入口；
3—塔壳；4—塔板；5—降液
管；6—出口溢流堰；7—气
体入口；8—液体出口

(3) 喷淋塔

喷淋塔是一种最简单的吸收塔，由空塔体和液体喷嘴组成，塔内不装填料和塔板，如图 3-12 所示。喷嘴可采用多排布置，加压吸收液自喷嘴喷出，形成雾状或微小液滴，均匀分散于空塔体中的气相中，增大气-液相的接触面积，利于传质和提高吸收效率。吸收液吸收污染物后由塔底排出，气体净化后由塔顶排出。喷淋塔结构简单，操作维修方便，不易产生结垢和堵塞，能长期安全运行，适用于超大气量的洗涤吸收。

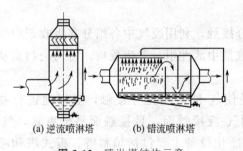

(a) 逆流喷淋塔   (b) 错流喷淋塔

图 3-12 喷淋塔结构示意

根据吸收剂是否再生，气体吸收净化过程采用的流程包括循环过程和非循环过程两种。循环过程的特点是吸收剂封闭循环，在吸收剂循环过程中再生，如图 3-13 所示。非循环过程是吸收剂不予再生，即没有吸收质的解吸过程，如图 3-14 所示。

3.2.2.2 吸附净化法

废气吸附净化法是废气与吸附剂接触时，废气中某一种或多种污染气体被吸附剂吸附而达到净化目的。废气的吸附过程包括物理吸附和化学吸附。物理吸附是放热过程，气体分子与固体吸附剂分子之间以分子间力结合，这种作用力极易被其他热量或因压力降低而破坏，因而可在减压或加热条件下进行吸附剂的再生。

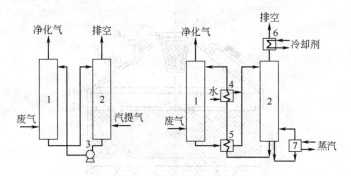

图 3-13 循环过程废气吸收流程
1—吸收塔；2—解吸塔；3—泵；4—冷却器；
5—换热器；6—冷凝器；7—再沸器

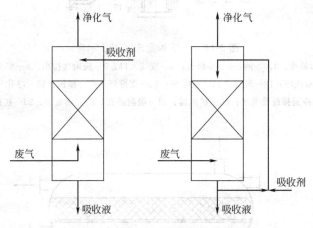

图 3-14 非循环过程废气吸收流程

化学吸附是吸附质与吸附剂之间的作用力为化学键，作用力较强，具有较强选择性，多为不可逆吸附，吸附剂再生困难，解吸出来的物质可能是气体中的某种原组分，也可能是反应后生成的其他物质。SO_2 在活性炭上被氧化成 SO_3 即为化学吸附的一个例子。

（1）吸附设备

常用的吸附设备主要是固定床、移动床和流化床吸附器。

① 固定床吸附器 固定床吸附器是将气体吸附剂固定在某一位置上，在其静止不动的情况下进行吸附操作。多为圆柱形设备，在内部支撑的格板或孔板上放置吸附剂，使处理气体通过，吸附质被吸附。目前使用的固定床吸附器有立式、卧式和环式。

立式固定床见图 3-15，吸附剂装填高度以保证净化效率和一定的阻力降为原则，一般为 0.5～2.0m。床层直径以满足气体流量和保证气流分布均匀为原则。处理腐蚀性气体时应采取防腐措施。适用于小气量高浓度的废气处理。

卧式固定床吸附器为一水平圆柱形装置，吸附剂装填高度为 0.5～1.0m，卧式固定床吸附器适合处理气量大、浓度低的化工废气，其结构见图 3-16。

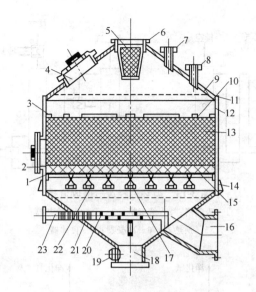

图 3-15　立式固定床吸附器示意

1—砾石；2—卸料孔；3,6—网；4—装料孔；5—废气入口；7—脱附气排出；8—安全阀；9—顶盖；
10—重物；11—刚性环；12—外壳；13—吸附剂；14—支撑环；15—栅板；16—净化气出口；17—梁；
18—视镜；19—冷凝排放及供水；20—扩散器；21—吸附器底；22—梁支架；23—扩散器水蒸气接管

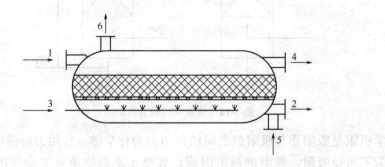

图 3-16　卧式固定床吸附器示意

1—废气入口；2—净化器出口；3—水蒸气入口；4—脱附
蒸汽出口；5—热空气入口；6—热湿蒸汽出口

　　环式固定床吸附器见图 3-17。吸附剂填充在两个同心多孔圆筒之间，吸附气体由外壳进入，沿径向通过吸附层，汇集到中心筒后排出。

　　② 移动床吸附器　移动床吸附器的结构可以使气固相稳定地输入和输出，两相均处于移动状态，气固两相接触良好，不易发生沟流和局部不均现象，克服了固定床局部过热的缺点。由于其操作的连续性，同样数量的吸附剂可以处理更多的废气，适用于大气量废气的处理。

　　典型的移动床吸附器是超吸附塔（图 3-18），由塔体和流态化粒子提升装置组成。吸附剂采用活性炭，在吸附塔内，吸附与脱附顺序进行。吸附阶段，废气由吸附段下部进入，与从塔顶下来的活性炭逆流接触进行吸附，净化气由吸附段顶部排出。吸附了吸附质的活性炭继续下降，经过增浓段达到汽提段。在汽提段下部通入热蒸汽，使

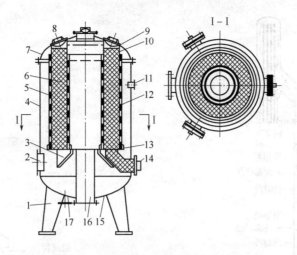

图 3-17 环式固定床吸附器结构示意

1—支脚；2—废气入口；3—筒底支座；4—壳体；5,6—多孔外筒和内筒；7—顶盖；
8—视孔；9—装料口；10—补偿料口；11—安全阀；12—吸附剂；13—吸附剂筒底座；
14—卸料口；15—器底；16—净化器出入口；17—脱附时排气口

活性炭上的吸附质脱附；脱附后，含吸附质的气流一部分由汽提段顶部作为回收产品回收，一部分继续上升到增浓段。在增浓段蒸汽中所含的吸附质由吸附段下来的活性炭进一步吸附。活性炭经过汽提，大部分吸附质脱附，为使之更彻底的脱附再生，在汽提段下面又设一个提取器，使活性炭温度进一步提高。经过再生的活性炭到达塔底，由提升器将其返回塔顶。

③ 流化床吸附器　流化床是由气体和吸附剂组成的两相流装置，在吸附剂与气体的接触中，由于气体速度较大使吸附剂处于流化态，故称流化床。

图 3-19 为流化床吸附的一种结构形式，由吸附塔、旋风分离器、吸附提升管、通风机、冷凝冷却器和吸附质储槽等部分组成。吸附塔各段按所起的作用不同分为吸附段、预热段和再生段。

废气由塔中部送入，与筛板上的吸附剂接触。吸附剂由塔顶加入，沿塔下流，在各层塔板上形成吸附层。吸附剂颗粒在气流作用下处于悬浮状态，这样使传质更加充分，又使吸附剂能逐渐自溢流管流下。相邻两塔板上的溢流管相互错开，使吸附剂在各层板上分布均匀。净化后气体由塔顶进入旋风分离器，将气流带出的少量吸附剂分离，再返回吸附塔内。吸附了吸附质的吸附剂从最下一层塔板降落到预热段，经间接加热后进入脱附再生段，脱附后的吸附质进入冷凝冷却系统，部分吸附质被冷凝成液态，进入储槽。未凝气又回到吸附段。脱附再生后的吸附剂自塔下部进入吸附剂提升管，送入吸附塔重新使用。

3.2.2.3　催化净化法

利用催化作用，通过氧化、还原等化学反应，将废气中的污染物转变为无毒无害的物质，或转化成易于处理或回收的物质的废气净化方法。

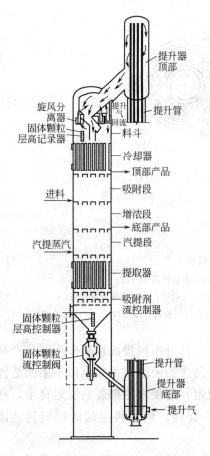

图 3-18　超吸附塔结构示意

提升器顶部
提升管
旋风分离器
提升气回流
固体颗粒层高记录器
料斗
冷却器
顶部产品
进料
吸附段
增浓段
底部产品
汽提蒸汽
汽提段
提取器
吸附剂流控制器
固体颗粒层高控制器
固体颗粒流控制阀
提升管
提升器底部
提升气

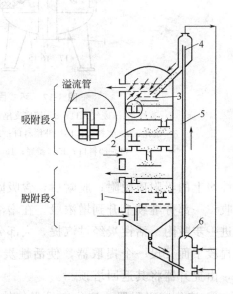

图 3-19　带再生的多层流化床吸附装置示意
1—脱附器；2—吸附器；3—分配板；
4—料斗；5—空气提升机构；6—冷却器

溢流管
吸附段
脱附段

（1）催化净化法分类

① 催化氧化法　催化氧化法是在催化剂催化作用下，利用氧化剂将废气中污染物氧化为无害物质而回收利用或排放的净化方法。如催化氧化法将废气中的 SO_2 氧化为 SO_3，进而制成硫酸。

② 催化还原法　催化还原法是在催化剂催化作用下，利用还原剂将废气中的污染物还原为无害物质而回收或排放的净化方法。

（2）催化净化法设备

在废气催化净化工程中，根据反应器是否与外界进行热量交换，分为绝热式固定床反应器和换热式固定床反应器。

① 绝热式固定床反应器　绝热式固定床反应器在反应过程中，催化床层不与外界进行热量交换，最外层为保温层，减少能量损失，包括单段绝热式和多段绝热式，如图 3-20 和图 3-21 所示。

② 换热式固定床反应器　当反应热效应较大，又要维持反应器内适宜的反应温度，需要利用热交换介质移走或供给热量，此时往往使用换热式固定床反应器。换热

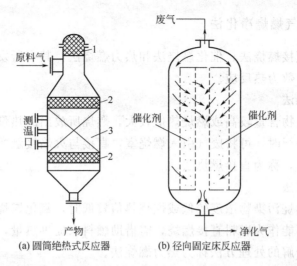

(a) 圆筒绝热式反应器   (b) 径向固定床反应器

图 3-20 单段绝热固定床反应器结构示意

1—矿渣棉;2—瓷环;3—催化剂

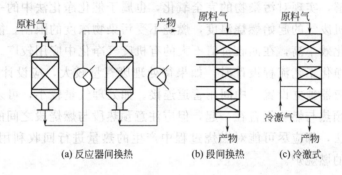

(a) 反应器间换热   (b) 段间换热   (c) 冷激式

图 3-21 多段绝热式固定床反应器结构示意

式固定床反应器有多管式和列管式。多管式反应器中,催化剂填在管内,换热流体在管间流动;列管式反应器,催化剂装在管间,换热流体在管内流动,如图 3-22 所示。

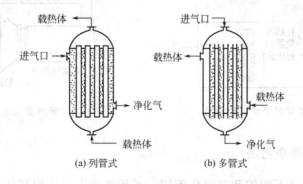

(a) 列管式   (b) 多管式

图 3-22 换热式固定床反应器结构示意

与吸收法、吸附法不同,催化法治理废气的过程中,治理后的污染物与主流气体一起排放,避免了二次污染,简化了操作过程。

3.2.2.4　废气燃烧净化法

燃烧法分为直接燃烧法、催化燃烧法和热力燃烧法，其中所发生的主要化学反应均为燃烧氧化，少数为热反应。

(1) 直接燃烧法

当废气中污染物含量较高或燃烧热值较大，燃烧所放出的热量能维持燃烧区的温度，使燃烧持续进行时，可将废气引入燃烧室，直接与火焰接触燃烧，把废气中的可燃污染物燃烧分解，称为直接燃烧法。

(2) 热力燃烧法

废气中的可燃烧污染物浓度较低或燃烧热值较低时，氧化燃烧后放出的热量不能维持燃烧，废气不能作为燃料直接燃烧，需借助燃料来提供热量，使废气中污染物达到着火点而氧化分解的处理方法称为热力燃烧法。

(3) 催化燃烧法

催化燃烧法是在催化剂的作用下，使废气中的污染物在较低温度（200～400℃）下迅速氧化分解，实现对污染物的完全氧化，也属于催化净化法中的一种。催化燃烧法可以降低有机废气的起始燃烧温度，燃烧不受污染物浓度的限制，能耗少，操作简便、安全，净化效率高，在回收价值不大的有机废气净化中应用较广。

催化燃烧净化工艺流程设计时，如果待处理废气量较大，应设计成分建式流程，即预热器、反应器独立设置，中间用管道连接。如处理气量较小，可采用催化焚烧炉（图 3-23），把预热与燃烧组合在一起，但应注意预热段与燃烧段之间的距离。不论采用何种燃烧方法，都应尽可能对燃烧过程中产生的热量进行回收利用。图 3-24 为带热量回收装置的燃烧炉。

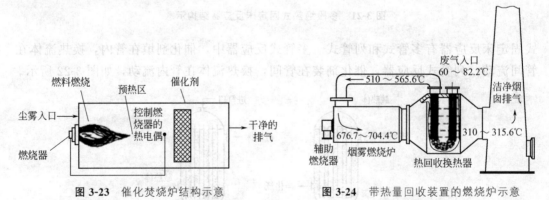

图 3-23　催化焚烧炉结构示意　　　　图 3-24　带热量回收装置的燃烧炉示意

3.2.2.5　冷凝净化法

物质在不同温度下的饱和蒸气压不同，采用降低温度或提高压力，使蒸气污染物冷凝为液体，从废气中分离出来的净化方法称为冷凝法。废气冷凝净化法所用设备主要包括表面冷凝器和接触冷凝器。

表面冷凝器系使用冷却壁将废气与冷却介质分开，冷却壁起到移除废气中热量的作用。列管式冷凝器、淋洒式蛇管冷凝器、翅片管式换热器以及螺旋板式冷凝器均属此类设备，如图 3-25 所示。采用表面冷凝器冷凝净化废气，冷却介质不直接与废气接触，冷凝物可以回收利用，但冷却效果较差。

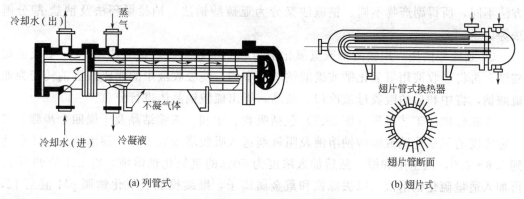

(a) 列管式   (b) 翅片式

图 3-25   表面冷凝器结构示意

接触冷凝器是将被冷却的气体与冷却液直接接触进行热交换的设备。填料塔、筛板塔、板式塔、喷射塔等属于这类设备，见图 3-26。接触冷凝器传热效果好，既能冷凝蒸气，又能溶解吸收污染物，但冷凝物质不易回收，冷凝液需要处理才能排放或再用。

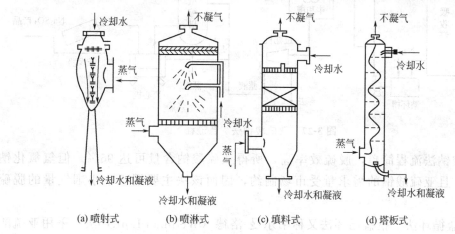

(a) 喷射式   (b) 喷淋式   (c) 填料式   (d) 塔板式

图 3-26   接触冷凝器结构示意

3.3　典型废气治理技术

3.3.1　含硫废气治理技术

3.3.1.1　湿法脱硫技术

湿法脱硫是使含硫烟气通过液体吸收剂如水或碱溶液，洗涤含 SO_2 烟气，通过吸收去除其中的 SO₂。主要包括钠碱法、双碱法、氨吸收法和石灰吸收法等。

（1）钠碱法

钠碱法是采用碳酸钠或氢氧化钠等碱性溶液吸收废气中的 SO₂。由于吸收液处理方法不同，所得副产物不同。钠碱法又分为亚硫酸钠法、钠盐循环法及钠盐-酸分解法等。

① 亚硫酸钠法　用碳酸钠或氢氧化钠为起始吸收剂吸收废气中的 SO₂ 生成亚硫酸钠，再将吸收液用氢氧化钠或碳酸钠溶液中和，使吸收液中的亚硫酸氢钠转变为亚硫酸钠，将中和后的吸收母液冷却、结晶，析出硫酸钠晶体进行分离。

亚硫酸钠法工艺过程（图 3-27）包括吸收、中和、浓缩结晶及干燥四个步骤。将一定浓度的氢氧化钠或碳酸钠溶液及阻氧剂送入吸收塔吸收 SO₂，使溶液的 pH 值达到 5.6～6.0，送至中和槽，然后加入浓度为 50% 的氢氧化钠溶液，将 pH 值调至 7，再加入适量硫化钠溶液，以去除铁和重金属离子，继续投加氢氧化钠调 pH 值至 12，加入活性炭脱色，脱色后溶液进行浓缩、结晶、干燥，即可得到无水亚硫酸钠产品。

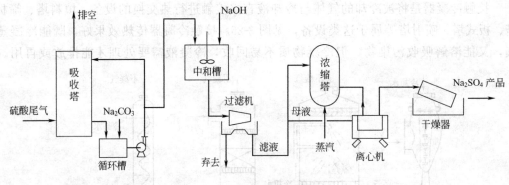

图 3-27　亚硫酸钠法工艺流程

亚硫酸钠法流程简单，脱硫效率高，所得亚硫酸钠含量可达 96%。但氢氧化钠消耗较高，且亚硫酸钠的需求量受市场制约，因而该法主要用于中小烟气量的脱硫处理。

② 钠盐循环法　钠盐循环法又称韦尔曼-洛德（Wellman-Lord）法。采用亚硫酸钠水溶液吸收 SO₂ 生成亚硫酸氢钠，再将含有 Na₂SO₃-NaHSO₃ 的吸收液进行加热、再生、冷却、干燥等一系列处理，得到增浓的 SO₂；再生的吸收剂返回吸收塔进行循环利用。

该脱硫法包括烟气预处理、SO₂ 吸收、吸收剂再生、SO₂ 回收和产品纯化等工序。烟气预处理主要用来除尘增湿，增湿除避免吸收液因水分蒸发产生结晶堵塞设备外，还可以使 SO₃ 及氯化物溶于水，减少不必要的碱消耗。亚硫酸钠循环脱硫工艺脱硫率高，操作管理方便，回收的 SO₂ 浓度高，可以生产液态 SO₂、液态 SO₃、硫酸或单质硫。适用于处理大气量的烟气脱硫处理，工艺流程如图 3-28 所示。

③ 钠盐-酸分解法　钠盐-酸分解法是采用碳酸钠溶液吸收 SO₂，再用酸对吸收液分解再生。

氟盐厂脱硫采用 Na₂CO₃ 吸收 SO₂，得到的 Na₂SO₃ 和 NaHSO₃，再用氟铝酸分

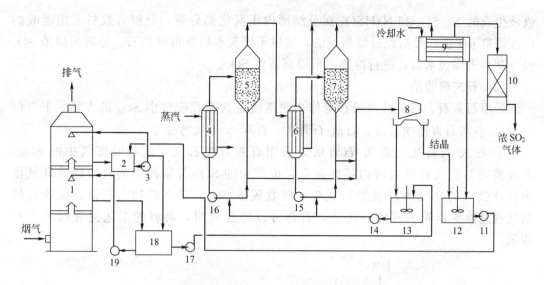

图 3-28 亚硫酸钠循环脱硫工艺流程

1—吸收塔；2、18—循环槽；3、11、14~17、19—泵；4、6—加
热器；5、7—蒸发器；8—离心机；9—冷却器；10—脱水器；
12—吸收液槽；13—母液槽

解，可得冰晶石（Na_3AlF_6）和浓 SO_2 气体。所涉及的反应式为：

$$6HF + Al(OH)_3 \longrightarrow H_3AlF_6 + 3H_2O$$

$$H_3AlF_6 + 3Na_2SO_3 \longrightarrow Na_3AlF_6 + 3NaHSO_3$$

$$H_3AlF_6 + 3NaHSO_3 \longrightarrow Na_3AlF_6 + 3SO_2 + 3H_2O$$

图 3-29 为某氟盐厂烟气脱硫工艺流程。烟气经吸收塔吸收 SO_2 后排入大气，吸

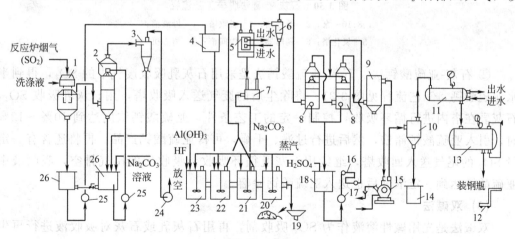

图 3-29 钠盐-酸分解法工艺流程

1—洗涤塔；2—吸收塔；3、6—除沫器；4—混合溶液槽；5—石墨冷却器；7—水封槽；
8—干燥塔；9—焦炭过滤器；10—分油器；11—冷凝器；12—磅秤；13—成品罐；
14—集油器；15—压缩机；16—冷却器；17—硫酸泵；18—硫酸循环槽；
19—圆盘过滤器；20~23—分解槽；24—风机；25—铅泵；26—循环槽

收液生成的 Na_2SO_3 和 $NaHSO_3$ 在分解槽内用氟化铝分解，分解后浆料采用碳酸钠溶液调整 pH 值，然后经过滤器过滤，滤饼干燥脱水后既得冰晶石。分解出的浓 SO_2 经冷却、干燥脱水后，进行冷凝，可得到液体 SO_2。

（2）石灰吸收法

采用石灰石、石灰或白云石等作为脱硫吸收剂吸收废气中 SO_2 的方法。主要包括石灰/石灰石直接喷射法、石灰-石膏法、石灰-亚硫酸钙法等。

① 石灰-石膏法　石灰-石膏法是采用石灰石或石灰浆液吸收废气中的 SO_2。吸收浆液与废气在吸收塔内接触混合，废气中的 SO_2 与浆液中的碳酸钙或氢氧化钙以及鼓入的空气中的氧进行反应，吸收脱除 SO_2，最终产物为石膏。脱硫后的烟气通过除雾器除去雾滴后排放，石膏可以综合利用，典型的工艺流程如图 3-30 所示。

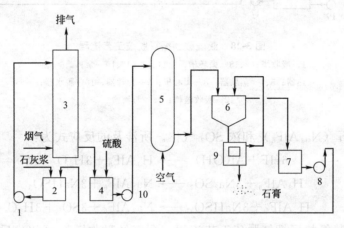

图 3-30 石灰-石膏法脱硫工艺流程

1、8、10—泵；2—循环槽；3—吸收塔；4—母液槽；
5—氧化塔；6—稠厚器；7—中间槽；9—离心机

② 石灰-亚硫酸钙法　石灰-亚硫酸钙法是采用石灰乳吸收废气中的 SO_2，得到半水亚硫酸钙，工艺流程见图 3-31。将除尘后的废气送入吸收塔，用石灰乳吸收 SO_2，石灰乳在塔内进行循环吸收，控制一定的工艺条件，亚硫酸钙浓度达到 10%～12% 时，引入亚硫酸钙储槽，然后进行过滤、干燥，可得亚硫酸钙产品。再将还含有一定量 SO_2 的尾气送入回收塔，继续用石灰乳循环吸收。吸收后的尾气排空，吸收液中亚硫酸钙达到一定浓度后也送入亚硫酸钙储槽。

（3）双碱法

双碱法是先用碱性溶液作为 SO_2 吸收剂，再用石灰乳或石灰对吸收液进行再生处理，由于在吸收和吸收液再生过程中，使用了不同类型的碱，故称为双碱法。主要包括钠碱双碱法、碱性硫酸铝-石膏法和 CAL 法。

① 钠碱双碱法　钠碱双碱法是以碳酸钠或氢氧化钠为第一碱，吸收废气中 SO_2，用石灰石或石灰作为第二碱来处理第一碱的吸收液，可得石膏产品。再生后的吸收液可以循环使用。

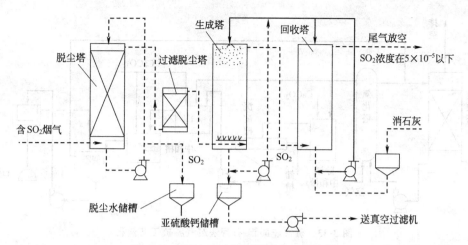

图 3-31 石灰-亚硫酸钙法脱硫工艺流程

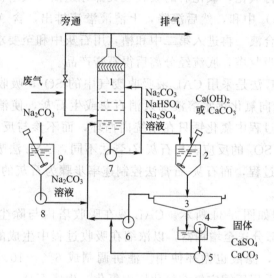

图 3-32 钠碱法脱硫工艺流程

1—洗涤塔；2—混合槽；3—稠化器；

4—真空过滤器；5~8—泵；9—混合槽

钠碱脱硫工艺流程如图 3-32 所示。废气在吸收塔经吸收液吸收后排放，吸收剂中的 Na_2SO_3 吸收 SO_2 后产生 $NaHSO_3$。部分吸收液送至混合槽，用石灰进行处理，生成 Na_2SO_3 和半水亚硫酸钙。半水亚硫酸钙经稠化沉淀、过滤形成滤饼后，重新浆化为料浆，加入硫酸调 pH，在氧化器内用空气氧化可得石膏。此过程中沉淀的上清液以及过滤液，补充碳酸钠后重新返回吸收系统。

② 碱性硫酸铝-石膏法　碱性硫酸铝-石膏法采用碱性硫酸铝溶液作为吸收剂，吸收 SO_2 的溶液经氧气氧化后，用石灰石再生，再生的碱性硫酸铝循环使用，可以获得石膏。

碱性硫酸铝-石膏法废气脱硫工艺流程如图 3-33 所示。采用碱性硫酸铝溶液在吸收塔内对除尘后的废气进行洗涤，吸收其中的 SO_2，尾气除沫后排出。吸收液利用压

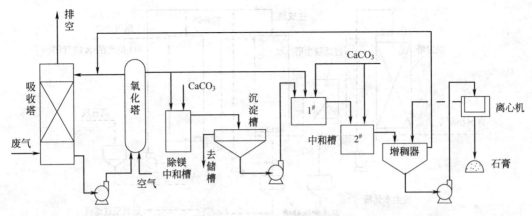

图 3-33 碱性硫酸铝-石膏法废气脱硫工艺流程

缩空气在氧化塔内进行氧化，氧化后的吸收液大部分返回吸收塔循环利用，小部分引入中和槽，采用 $CaCO_3$ 中和，然后沉降，上清液溢流排出，含 Al_2O_3 的浆液先送至第一中和槽去中和混合液，再进入第二中和槽，用石灰中和至要求的碱度，然后送至增稠器，上清液返回吸收塔，底流经分离后得石膏产品。

③ CAL法　CAL法是采用 CAL 液吸收废气中的 SO_2，吸收液循环使用，副产物为石膏。CAL 液为向氯化钙水溶液加入消石灰或生石灰，使消石灰溶解度增加而形成的溶液。在吸收过程中氯化钙只在系统内循环，而不参与反应，因而 CAL 法反应过程仍是消石灰与 SO_2 的反应。与石灰-石膏法不同，CAL 法吸收控制速率步骤为 SO_2 在溶液中的溶解过程，而石灰-石膏法控制速率步骤为石灰的溶解，故 CAL 法对 SO_2 的吸收能力较强。

CAL法工艺流程如图 3-34 所示。CAL 液在吸收塔内与除尘后的废气接触吸收 SO_2，循环吸收液一部分送至增稠器，以浓缩在吸收过程中生成的亚硫酸钙，上清液循环使用。浆液过滤，滤液也循环使用。滤饼调制成 6%～10% 的料浆，以硫酸调 pH 值至 4～5，然后采用压缩空气在氧化塔内氧化，生成石膏。

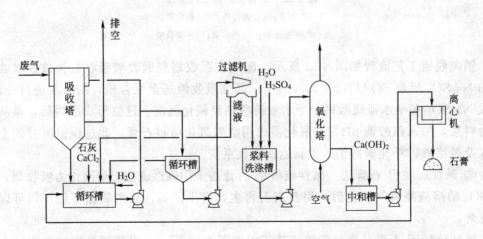

图 3-34 CAL 法工艺流程

(4) 氨吸收法

氨吸收法废气脱硫是采用氨水吸收废气中 SO_2。根据对吸收 SO_2 后的吸收液处理方法不同形成不同的脱硫工艺，其中以氨-硫酸铵法、氨-亚硫酸铵法以及氨-酸法应用较多。这些不同的氨吸收工艺，其吸收原理相同，只是吸收液的处理工艺有所不同。

① 氨-酸法　用硫酸、磷酸、硝酸等酸将脱硫产物亚硫酸铵进行酸分解，生成相应的铵盐和 SO_2 气体。例如硫酸酸解反应为：

$$(NH_4)_2SO_3 + H_2SO_4 \longrightarrow (NH_4)_2SO_4 + SO_2 + H_2O$$
$$2NH_4HSO_3 + H_2SO_4 \longrightarrow (NH_4)_2SO_4 + 2SO_2 + 2H_2O$$

氨-酸法脱硫工艺如图 3-35 所示。

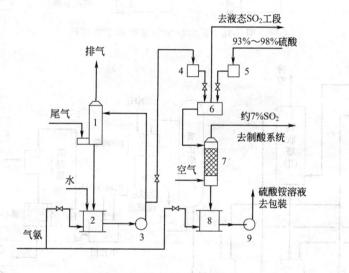

图 3-35　氨-酸法脱硫工艺流程

1—尾气吸收塔；2—母液循环槽；3—母液循环泵；4—母液高位槽；
5—硫酸高位槽；6—混合槽；7—分解塔；8—中和槽；9—硫酸铵溶液泵

② 氨-亚硫酸铵法　含高浓度亚硫酸氢铵的吸收液，采用固体碳酸氢铵进行中和，生成过饱和的亚硫酸铵溶液，亚硫酸铵从溶液中析出：

$$NH_4HSO_3 + NH_4HCO_3 \longrightarrow (NH_4)_2SO_3 \cdot H_2O + CO_2\uparrow$$

固体碳酸氢铵脱硫工艺如图 3-36 所示。

③ 氨-硫酸铵法　吸收后引出的部分吸收液用氨进行中和，使其中的亚硫酸氢铵转化为亚硫酸铵，再将其引入氧化塔，用压缩空气将亚硫酸铵氧化为硫酸铵，然后经结晶、分离、干燥后，即可得到硫酸铵。相关反应式如下：

$$NH_4HSO_3 + NH_3 \longrightarrow (NH_4)_2SO_3$$
$$(NH_4)_2SO_3 + \frac{1}{2}O_2 \longrightarrow (NH_4)_2SO_4$$

氨-硫酸铵脱硫工艺如图 3-37 所示。

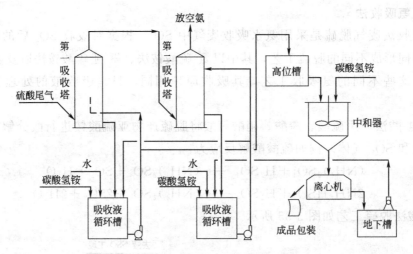

图 3-36 固体碳酸氢铵脱硫工艺流程

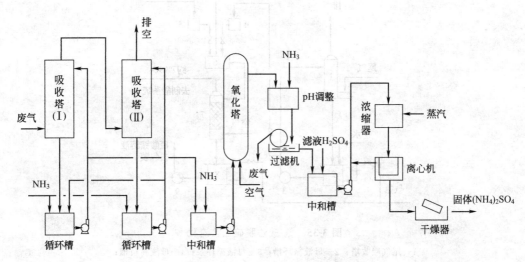

图 3-37 氨-硫酸铵脱硫工艺流程

3.3.1.2　干法脱硫技术

(1) 活性炭吸附法

吸附法处理废气中的 SO_2，目前主要采用活性炭作为吸附剂，通过活性炭的再生，获得相应产品。活性炭对废气中 SO_2 的吸附，既有物理吸附又有化学反应，当废气中有水蒸气和氧气存在时，化学吸附尤为明显。这是由于吸附剂表面具有催化作用，促使 SO_2 与 O_2 反应生成 SO_3，SO_3 遇水蒸气生成硫酸，促使化学吸附反应继续进行。

根据吸附剂再生方法的不同，吸附法脱硫工艺可分为加热再生法工艺流程（净气法）和水洗再生法（制酸法）工艺流程。

加热再生法脱硫工艺流程见图 3-38。吸附在 $100\sim150℃$ 下进行，脱附在 $400℃$ 下进行。

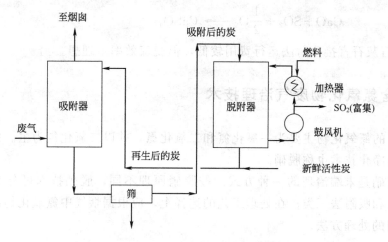

图 3-38 加热再生法脱硫工艺流程

水洗法工艺流程如图 3-39 所示。在文丘里洗涤器内，含 SO_2 废气用来自循环槽内的稀硫酸冷却、除尘，然后进入固定床活性炭吸附层，在废气连续流动过程中，从吸附床顶部间歇喷水，洗脱在吸附剂上生成的硫酸，此时可得到 10%～15% 的稀硫酸，经过后续处理可得到浓度 70% 左右的硫酸。

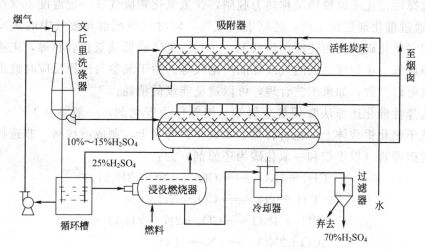

图 3-39 活性炭吸附脱硫制酸工艺流程

（2）金属氧化物吸附法

将金属氧化物如氧化镁、氧化锌、二氧化锰、氧化铜等负载于多孔载体上，对 SO_2 进行吸收处理，由于吸收效率低，目前应用较少。

（3）石灰/石灰石直接喷射法

将石灰石粉体直接喷入锅炉炉膛内的高温区，石灰石经煅烧转变为 CaO，废气中的 SO_2 和 CaO 反应而被吸收。由于氧气的存在，吸收反应进行的同时，伴随有氧化反应发生，在很短的时间内，炉膛中完成了煅烧、吸收、氧化反应，主要反应如下：

$$CaCO_3 \longrightarrow CaO + CO_2 \uparrow$$

$$CaO + SO_2 + \frac{1}{2}O_2 \longrightarrow CaSO_4$$

石灰/石灰石直接喷射法运行费用较低，但脱硫效率不理想。

3.3.2 含氮氧化物废气治理技术

废气中的氮氧化物主要为一氧化氮和二氧化氮，并以二氧化氮为主。因此，废气中氮氧化物净化技术也称脱硝。

烟气脱硝是末端治理的一种方式。按脱硝原理不同，脱硝技术可分为催化还原法、吸收法和吸附法三类；在处理工艺的选择上，应根据烟气中氮氧化物浓度的不同而选用不同的处理方法。

3.3.2.1 催化还原脱硝技术

催化还原脱硝包括选择性催化还原（SCR）脱硝法和非选择性催化还原（SNCR）脱硝法。

（1）非选择性催化还原脱硝（SNCR）

非选择性催化还原脱硝又称热力脱硝，含氮氧化物废气在一定温度下（烟气的高温区），通过催化剂催化作用，还原生成氮气，同时还原剂也与废气中的氧发生反应生成水和二氧化碳。常用还原剂包括 H_2、CH_4、CO 或低碳氢化合物等，工业上可用合成氨释放气、焦炉气、天然气或炼油厂尾气等。由于氧参与还原反应时放出大量的热，能量可以回收，如果工艺合理，可以避免能量的消耗。

非选择性催化还原法常用贵金属铂、钯等作为催化剂，一般将 0.1%～1% 的贵金属负载于氧化铝载体上，也可将贵金属镀在镍合金上，制成波纹网。非选择性催化还原法脱硝原理（以甲烷和一氧化碳为还原剂）为：

$$CH_4 + 4NO_2 \Longrightarrow CO_2 + 4NO + 2H_2O$$
$$CH_4 + 2O_2 \Longrightarrow CO_2 + 2H_2O$$
$$CH_4 + 4NO \Longrightarrow CO_2 + 2N_2 + 2H_2O$$
$$4CO + 2NO_2 \Longrightarrow N_2 + 4CO_2$$
$$2CO + O_2 \Longrightarrow 2CO_2$$
$$2CO + 2NO \Longrightarrow N_2 + 2CO_2$$

非选择性催化还原法脱硝工艺流程分为一段反应流程和二段反应流程，如图 3-40 所示。

（2）选择性催化还原脱硝法（SCR）

选择性催化还原脱硝法是利用 NH_3 做还原剂，在催化剂作用下将氮氧化物还原为 N_2。由于 NH_3 具有选择性，主要与氮氧化物反应，故称选择性催化还原脱硝。反应方程式为：

$$2NH_3 + 5NO_2 \Longrightarrow 7NO + 3H_2O$$
$$4NH_3 + 6NO \Longrightarrow 5N_2 + 6H_2O$$

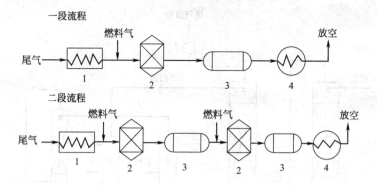

图 3-40 非选择性催化还原脱硝工艺流程

1—预热器；2—反应器；3—废热锅炉；4—膨胀器

如果废气中含有 O_2，有时会伴有副反应发生，为抑制副反应的发生，需控制反应温度和合适的催化剂。选择性催化还原脱硝常用的催化剂为铂、铜、铁、钒、铬、锰等，且反应温度应控制在 $220\sim260℃$。

氨还原法处理硝酸废气中氮氧化物工艺流程如图 3-41 所示。

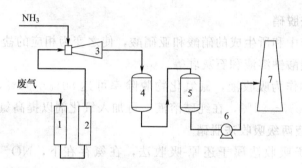

图 3-41 氨还原法处理硝酸尾气流程

1、2—预热器；3—混合器；4—反应器；5—过滤分离器；6—尾气透平；7—排气筒

3.3.2.2 吸收法烟气脱硝

吸收法脱硝是用酸、碱、盐溶液或水吸收废气中氮氧化物，达到脱硝目的。按吸收剂种类可分为水吸收法、酸吸收法、碱吸收法、还原吸收法、氧化吸收法及液相络合法等。

(1) 稀硝酸吸收法

NO 和 NO_2 在硝酸中的溶解度比水中的大，可用稀硝酸对含氮氧化物废气进行吸收处理。该吸收过程为物理过程，吸收过程宜在低温高压下进行。

图 3-42 为稀硝酸吸收废气中氮氧化物工艺流程。所用吸收液为漂白稀硝酸（脱除 NO_x 后的硝酸溶液）。吸收氮氧化物后的硝酸经换热器加热至 $30℃$ 后进入漂白塔，利用空气进行吹脱 NO_x，再经换热器冷却，循环使用。吹出的 NO_x 进入硝酸吸收塔进行吸收。该法的氮氧化物去除率可达 $80\%\sim90\%$。

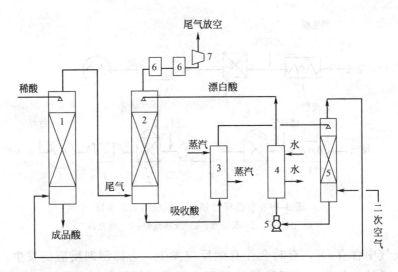

图 3-42 稀硝酸吸收法脱硝工艺流程

1—硝酸吸收塔；2—尾气吸收塔；3—加热器；4—冷却器；
5—漂白塔；6—尾气预热器；7—尾气透平

（2）碱吸收法脱硝

利用碱性溶液中和所生成的硝酸和亚硝酸，使之变为相应的盐，常用的吸收液有氢氧化钠溶液、碳酸钠溶液和石灰乳等。

采用氢氧化钠作为吸收液，氮氧化物脱除率可达 $80\% \sim 90\%$，采用纯碱氮氧化物脱除率一般为 $70\% \sim 80\%$，在纯碱溶液中可加入氧化剂以提高氮氧化物脱除率。

（3）氨-碱溶液两级吸收法脱硝

氨-碱溶液两级吸收法属于还原-吸收法，在氨存在下，NO_x 中一部分 NO_2 和 NO 与氨反应生成亚硝酸铵，废气与氨反应后再进入吸收塔，用碱液进一步吸收。吸收液循环使用，多数场合以 Na_2CO_3 为吸收剂，但 Na_2CO_3 与 NO_x 反应会放出 CO_2 气体，影响 NO_x 的溶解，影响吸收效率；也可采用 NaOH 溶液作为吸收剂，但浓度应控制在 30% 以下，以防止有 Na_2CO_3 结晶析出而堵塞系统。

NH_3 与 NO_x 反应速率快，可以在管道混合器中进行。塔内吸收过程受液膜控制，采用板式塔时应使用较大的喷淋密度，一般高达 $8 \sim 10 m^3/(m^2 \cdot h)$，空塔气速基本取上限。由于存在 NO 和 NO_2 的反应，氮氧化物的氧化度（废气中 NO_2/NO_x 的值）影响吸收效果，一般该比值为 50% 时，吸收效率最高。该工艺平均净化效率可以达到 90%。

（4）还原吸收法脱硝

还原吸收法是先采用吸收液将氮氧化物吸收，再用还原反应将其转化为 N_2，或者采用的吸收剂本身就是还原剂，吸收与还原反应同时进行。常用的吸收剂一般为尿素和亚硫酸铵。发生的还原反应为：

$$NO + NO_2 + CO(NH_2)_2 = 2N_2 + CO_2 + 2H_2O$$

$$NO + NO_2 + 3(NH_4)_2SO_3 = 3(NH_4)_2SO_4 + N_2$$

该法与湿式氨法脱硫联用，控制一定的工艺条件，脱硝效果可以达到90%以上。还原吸收法脱硝工艺如图3-43所示。

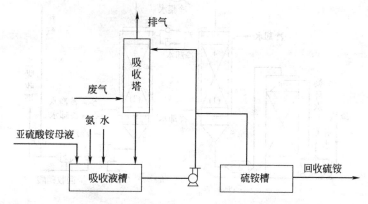

图 3-43 还原吸收法脱硝工艺流程

（5）氧化吸收法脱硝

燃烧烟气中的 NO_x 以 NO 为主时，可先将 NO 氧化为 NO_2、N_2O_5 等可溶于水的氮氧化物，然后用碱液吸收，也可将氧化剂直接添加在碱液中，实现吸收氧化同时进行。以亚氯酸钠为氧化剂时，反应式为：

$$2NO+NaClO_2+2NaOH \longrightarrow NaNO_3+NaNO_2+NaCl+H_2O$$

常用氧化剂除 $NaClO_2$ 外，O_3、H_2O_2、$K_2Cr_2O_7$ 或硝酸等也可作为氧化剂。

采用臭氧氧化，将臭氧通入烟气中氧化 NO，然后采用碱液吸收，最终将 NO_x 转化为硝酸盐和 N_2，NO_x 的去除率可达95%以上，且 SO_2 基本可以完全去除。

（6）络合吸收法脱硝

络合吸收法是利用液相络合剂与 NO 直接反应生成络合物，而将 NO 去除。络合物在加热条件下可重新释放出 NO，可以富集回收 NO。用于有 NO 产生的燃煤烟气净化。常用的络合剂主要有 $FeSO_4$、EDTA-Fe(Ⅱ)、Fe(Ⅱ)-EDTA-Na_2SO_3 等。

3.3.2.3　固体吸附法脱硝

（1）分子筛吸附法

常用的分子筛主要有泡沸石、丝光沸石等，采用丝光沸石分子筛脱硝，当 NO_x 通过吸附床时，首先吸附极性强的 H_2O 和 NO_2 分子，二者在吸附剂表面发生如下反应：

$$3NO_2+H_2O \Longrightarrow 2HNO_3+NO \uparrow$$

反应生成的 NO 与废气中的 O_2 作用生成 NO_2，反复循环进行吸附。吸附饱和后，蒸汽加热进行吸附剂的再生利用，分子筛重复利用，解吸后得到的高浓度氮氧化物，进行回收利用。分子筛吸附脱硝工艺流程如图3-44所示。

（2）活性炭吸附法

活性炭具有丰富的孔隙结构，能吸附 NO_x；同时活性炭还具有类似晶格缺陷的结构，能形成活性中心，具有一定的催化活性，使被吸附的 NO 与烟气中的 O_2 在活

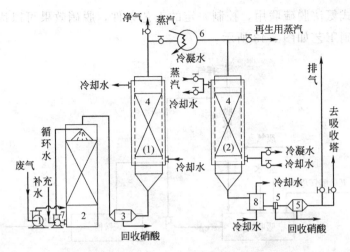

图 3-44 分子筛吸附脱硝工艺流程

1—风机；2—冷却塔；3—除雾器；4—吸附器；5—分离器；

6—加热器；7—循环水泵；8—冷凝冷却器

性炭表面催化氧化为 NO_2，进而再用碱性溶液处理；在有氨气存在的情况下，活性炭上也可以发生如下反应：

$$4NH_3+4NO+O_2 \Longrightarrow 4N_2+6H_2O$$

有些特殊品种的活性炭对 NO_x 吸附时，部分炭会直接参与反应，生成氮气：

$$2NO_x+2C \longrightarrow N_2+CO/CO_2$$

图 3-45 为法国氮素公司研发的一种活性炭吸附脱硝法，即 COFAZ 法。其原理是使喷淋过水或稀硝酸的硝酸尾气与活性炭接触，NO_x 被活性炭吸附，其中 NO 与尾气中 O_2 在活性炭表面氧化为 NO_2，用水吸收生成稀硝酸及 NO。

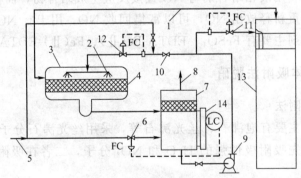

图 3-45 COFAZ 法脱硝工艺流程

1—硝酸吸收塔尾气；2—喷头；3—吸附器；4—活性炭；5—工艺水或稀硝酸；

6—液位控制阀；7—分离器；8—排空尾气；9—循环泵；10—循环阀；

11、12—流量控制阀；13—硝酸吸收器；14—液位计

采用 COFAZ 法脱硝，可使 NO_x 去除率达 80%，在国外已应用于硝酸厂的尾气处理。

固体吸附脱硝法除分子筛、活性炭吸附外，还包括硅胶法、泥煤法等吸附方法。

3.3.3 含挥发性有机废气治理技术

含挥发性有机物（VOCs）废气净化技术主要包括冷凝法、吸收法、吸附法、燃烧法、生物法、膜分离法等。

（1）冷凝法

利用 VOCs 的饱和蒸气压随温度和压力变化而变化的特点，采用提高系统压力或降低系统温度的方法，使污染物蒸气从气相中分离出来的过程，如图 3-46 所示。冷凝法适用于高沸点、高浓度 VOCs 的回收，常与吸收、吸附法等联合使用。

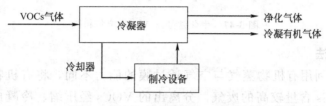

图 3-46 冷凝法处理 VOCs 工艺流程

（2）吸收法

采用不挥发或低挥发性溶剂对 VOCs 进行吸收，然后进行分离的净化方法。吸收效果取决于吸收剂性能、废气温度、吸收设备效率。由于吸收为物理过程，吸收容量有限，废气中 VOCs 净化效率不高，吸收后的吸收液需要进行二次处理，目前应用较少。

（3）吸附法

利用吸附剂吸附气相中的 VOCs，达到去除废气中 VOCs 的目的。主要用于低浓度、大气量废气的净化。该法可以在不使用深冷、高压等手段下，有效回收有价值的有机组分。常用吸附剂主要有活性炭、硅胶、分子筛等，其中应用最多、效果最好的是活性炭。

吸附法处理 VOCs 废气能耗低、工艺成熟、去除率高，但当废气中含有胶体物质或其他杂质时，吸附剂容易失效。

（4）燃烧法

燃烧法是氧化有机物最剧烈的方法，可采用直接燃烧法、热力燃烧法或催化燃烧法。

直接燃烧法主要用于高浓度 VOCs 废气的净化，如石化厂废气采用火炬器的燃烧。热力燃烧法主要用于 VOCs 含量较低时，添加其他燃料助其燃烧的方法，被净化气体不是作为燃料而是作为提供 O_2 的辅助气体。催化燃烧是使含 VOCs 气体在催化剂作用下，在较低温度（250～300℃）下被分解为无害气体，常用催化剂主要包括贵金属如 Pt、Pd 等，非贵金属如稀土催化剂等和金属盐类。

（5）生物法

生物法是先将 VOCs 吸收溶于水，微生物以溶解于水的 VOCs 为营养物质进行新陈代谢，将有机物转化为简单的无机物或细胞组成部分，从而达到净化目的。

生物法处理含 VOCs 废气主要装置有生物洗涤塔、生物滤池等。处理原理如图 3-47 所示，其净化过程包括传质和生物降解，这两个过程均为净化速率的限制因素。

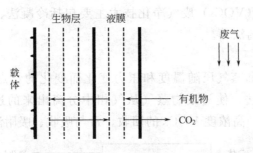

图 3-47 生化法处理 VOCs 废气机理

(6) 膜分离法

膜分离法是利用有机物蒸气与空气透过膜的能力不同，将有机物分开的处理方法。适用于 VOCs 含量较高的废气。分离出的 VOCs 经压缩、冷凝成液体后可以回收利用，其工艺流程如图 3-48 所示。

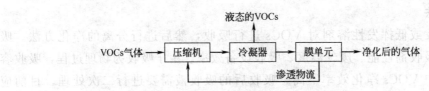

图 3-48 膜分离法处理 VOCs 废气流程

对挥发性有机废气处理除上述方法外，目前还在深入研究的还有光催化技术以及低温等离子分解技术等。

3.3.4 含硫化氢废气治理技术

3.3.4.1 湿法治理技术

湿法治理技术主要包括：物理吸收法、化学吸收法和物理化学吸收法。

① 物理吸收法（有机溶剂吸收法）采用甲醇、碳酸丙烯酯、磷酸三丁酯等有机溶剂作为吸收剂，达到净化含硫化氢废气的目的，吸收过程中溶剂与硫化氢不发生化学反应。有机溶剂吸收法具有对硫化氢的吸收选择性强、加压吸收后只需降压即可解吸的优点。

物理吸收法处理含硫化氢废气流程简单，典型操作流程如图 3-49 所示。溶剂一般两级膨胀（闪蒸和汽提），如再进行热再生，则为两步再生。两步再生中，半贫液（闪蒸及汽提的一部分溶剂）从塔中部进入吸收塔，全贫液（经热再生后的另一部分溶剂）从塔顶进入吸收塔。

② 化学吸收法 化学吸收法是将含硫化氢废气导入吸收剂，使废气中的硫化氢

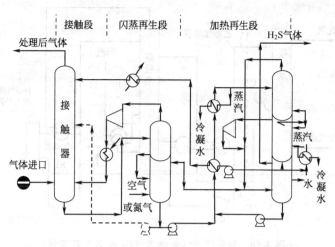

图 3-49 物理吸收法脱除废气中硫化氢工艺流程

在吸收剂中发生化学反应的吸收过程。含硫化氢废气的化学吸收多数情况下是利用硫化氢溶于水后，水溶液呈弱酸性的特点，采用碱性溶液将其吸收。由于强碱溶液吸收了硫化氢后，碱性溶液再生很困难，因而常采用具有缓冲作用的强碱弱酸盐或弱碱类溶液进行吸收。

醇胺吸收法：乙醇胺与废气中的酸性气体反应生成盐，利用该类盐低温下相对稳定，高温下容易解吸的性质，脱除 H_2S 等酸性气态污染物。醇胺法常用吸收剂主要包括一乙醇胺、二乙醇胺或三乙醇胺。采用醇胺吸收废气中 H_2S 等酸性污染物，主要是由于醇胺中含有羟基和氨基，羟基可降低化合物蒸气压，同时增大其在水中的溶解度，氨基则提供了反应所需的碱度，促进对酸性物质的吸收。如一醇胺溶液吸收 H_2S 及 CO_2 的反应为：

$$2RNH_2 + H_2S \longrightarrow (RNH_3)_2S$$
$$(RNH_3)_2S + H_2S \longrightarrow 2RNH_3HS$$
$$2RNH_2 + CO_2 + H_2O \longrightarrow (RNH_3)_2CO_3$$

这些反应为互逆反应，低温吸收，高温解吸。醇胺法吸收废气中 H_2S 流程见图 3-50。

碱性盐溶液吸收法：碱性盐溶液主要指强碱弱酸盐，溶液呈碱性，吸收废气中的酸性气体后，能形成具有缓冲作用的溶液，使 pH 值基本维持恒定，保证系统操作的稳定性。CO_2 与 H_2S 同时存在时，碱性盐溶液吸收 H_2S 速率比 CO_2 快，可以部分选择吸收硫化氢气体。

常用的碱性盐溶液主要为 Na_2CO_3 溶液，其对 H_2S 吸收反应为：

$$Na_2CO_3 + H_2S \Longrightarrow NaHCO_3 + NaHS$$

③ 物理化学吸收法（砜胺法） 砜胺法是以醇胺的环丁砜水溶液为吸收剂，利用醇胺的化学吸收和环丁砜的物理吸收相联合的物理化学吸收法。与醇氨法相比多了有机溶剂环丁砜的吸收作用，有机溶剂环丁砜对 H_2S、CO_2 及有机硫有很强的吸收能力，允许较高的酸性气体负荷。结合醇胺中含有羟基和氨基对吸收的选择性，可使处理后废气中 H_2S 含量降至最低。

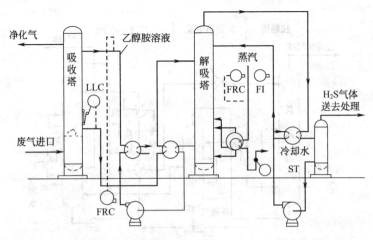

图 3-50 醇胺吸收法处理废气中 H_2S 工艺流程

LLC—控制器；FRC—流量记录控制器；FI—流量指示器；ST—汽水分离器

砜胺法工艺流程见图 3-51。吸收塔用以脱除废气中的 H_2S、CO_2 及有机硫污染物，可采用浮阀塔；闪蒸塔由闪蒸罐和精馏柱两部分组成，闪蒸罐使富液夹带和溶解的有机物解吸出来，精馏柱吸收闪蒸气中逸出的酸性气体；再生塔使富液中酸性气体解吸；重沸器为脱硫装置提供热源，利用高温蒸汽将溶液加热，再将热量传给系统；过滤器去除溶液中固体杂质。

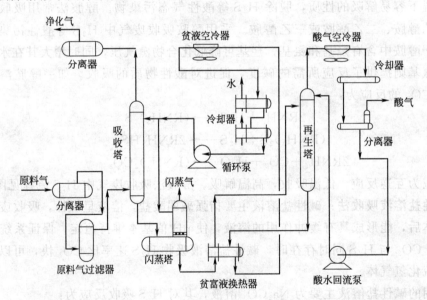

图 3-51 砜胺法脱除 H_2S 工艺流程

H_2S 的吸收处理除上述方法外，还有石灰乳吸收法、氢氧化钠吸收法等。

3.3.4.2 干法治理技术

(1) 氧化铁法

氧化铁法是以氢氧化铁为脱硫剂脱除废气中硫化氢的方法，脱硫机理为：

吸收：$2Fe(OH)_3 + 3H_2S \Longrightarrow Fe_2S_3 + 6H_2O$

再生：$2Fe_2S_3 + 3O_2 + 6H_2O \Longrightarrow 4Fe(OH)_3 + 6S \downarrow$

工艺流程见图 3-52，硫化氢的脱除在脱硫塔中进行，吸收后的脱硫剂用全氯乙烯抽提（再生），然后循环使用。抽提用的全氯乙烯在分解塔中遇热分解出硫，熔融硫排出塔体，全氯乙烯重新用于脱硫剂的抽提。

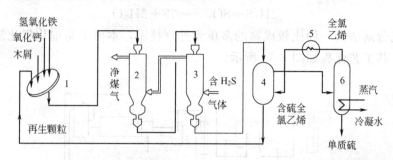

图 3-52 氧化铁法处理废气中硫化氢工艺流程

1—造粒装置；2—1#脱硫塔；3—2#脱硫塔；4—抽提器；5—冷却器；6—分解塔

（2）活性炭吸附法

活性炭在吸附脱除硫化氢工艺中，一方面起吸附作用，另一方面可作为催化剂，促使被吸附的 H_2S 氧化为单质硫。吸附后的活性炭，可采用合适的萃取剂如硫化铵溶液进行萃取回收硫单质，活性炭则重新返回工艺循环利用。

吸附氧化反应及再生机理为：

吸附氧化反应 $2H_2S + O_2 \Longrightarrow 2S + 2H_2O$

再生 $(NH_4)_2S + nS \Longrightarrow (NH_4)_2S_{n+1}$

图 3-53 为两个吸附器轮流吸附和再生脱除硫化氢工艺流程。

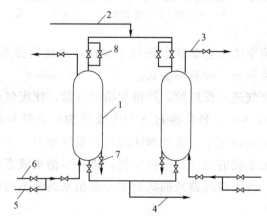

图 3-53 活性炭法脱除硫化氢工艺流程

1—活性炭吸附器；2—废气进口管；3—放空管；4—净化器出口管；5—氮气管；6—再生蒸汽管；7—排污管；8—充压旁路

（3）克劳斯法

克劳斯法是由英国人 C. F. 克劳斯于 1883 年发明的将硫化氢转变为硫黄的工业除

硫方法。其工作原理是使硫化氢在克劳斯燃烧炉内不完全燃烧，生成的 SO_2 再与进气中的硫化氢发生氧化还原反应而生成硫黄。如果合理控制空气与硫化氢混合比例，理论上可使硫化氢完全转变为硫黄和水。有关化学反应为：

$$2H_2S+O_2 \Longrightarrow S+H_2O$$
$$2H_2S+3O_2 \Longrightarrow 2SO_2+2H_2O$$
$$2H_2S+SO_2 \Longrightarrow 3S+2H_2O$$

传统克劳斯法是一种比较成熟的多单元处理技术，本质上是催化氧化制硫的一种工艺方法，其工艺流程如图 3-54 所示。

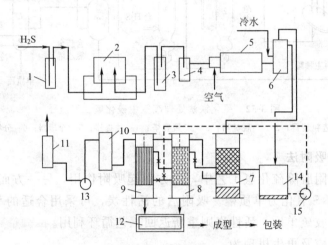

图 3-54 克劳斯法脱除硫化氢工艺流程

1—进气水封；2—气柜；3—出气水封；4—水分离器；5—燃烧炉；6—废热炉；7—转化器；8—第一冷凝器；9—第二冷凝器；10—泡罩金属网捕集器；11—水洗塔；12—液硫储槽；13—引风机；14—热水槽；15—热水泵

目前，在传统克劳斯法工艺基础上进行了改良，改良克劳斯法主要包括直流法、分流法和直接氧化克劳斯法三种基本型式。

直流法是全部酸废气进入反应炉，严格配给空气量，使废气中的烃完全燃烧，而仅使 1/3 的 H_2S 氧化成 SO_2，剩余的 H_2S 与生成的 SO_2 在理想的配比下进行催化转化成单质硫，以获取更高转化率。该处理法经过三级转化器、四级冷凝器，以除去最后生成的硫，分离出液态硫的尾气通过捕集器，进一步捕集液态硫后进入尾气处理装置，再经处理后排放。各级冷凝器及捕集器中分离出来的液态硫流入储硫罐，成型后即为硫黄产品。

分流法是使 1/3 的含 H_2S 废气通过反应炉和余热锅炉，其余 2/3 的废气与余热锅炉的出口气相混合后进入一级冷凝器，其余流程与直流法基本相同。此工艺的反应炉中无大量硫生成，适用于反应热不足以使整个处理废气温度升高到反应所需温度的情况。

直接氧化克劳斯法是在催化剂作用下，直接用空气中的氧把 H_2S 氧化为单质硫。

3.3.5 含氯化氢废气治理技术

(1) 水吸收法

氯化氢易溶于水，因此可以采用水直接吸收氯化氢气体。水吸收法处理含氯化氢废气工艺流程见图 3-55。工艺设备可采用波纹塔、筛板塔、湍球塔等。

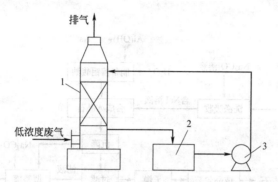

图 3-55 水吸收法处理低浓度氯化氢废气工艺流程
1—填料塔；2—循环槽；3—防腐泵

对含氯化氢浓度较高的废气，采用水吸收法，吸收液达到一定浓度时，经净化与浓缩后可得到盐酸。对含氯化氢浓度较低的废气多采用水流喷射泵作为吸收设备，吸收液中和后排放。

(2) 碱液吸收及联合吸收法

碱液吸收法是采用废碱溶液吸收含氯化氢工业废气，达到以废治废的目的。吸收液也可用石灰乳。也可以采用水-碱液二级联合吸收处理含氯化氢废气。

(3) 冷凝法

冷凝法是根据 HCl 蒸气压随温度迅速下降原理，将废气冷却，回收利用 HCl 的处理方法。工程中可采用石墨冷凝器，利用自来水进行冷凝，废气温度降至露点以下时，HCl 和水蒸气被冷凝下来，形成 10%～20% 的盐酸。冷凝法一般作为高浓度氯化氢废气的第一步净化，冷凝器中排出的气体再选择其他合理的方法处理后排放，HCl 处理总效率可达 90% 以上。

3.3.6 含氟废气治理技术

3.3.6.1 湿法净化

(1) 水吸收法

氟化氢和四氟化硅都易溶于水，温度越低，溶解度越大，因而可采用低温下用水吸收处理含氟废气。HF 溶于水得氢氟酸，SiF_4 被水吸收生成氟硅酸。

吸收设备主要有文氏管洗涤器、喷射式洗涤器、拨水轮吸收室、湍流塔、喷淋塔等。由于氢氟酸和氟硅酸都具有腐蚀性，吸收设备需做防腐，一般采用塑料、玻璃钢及耐腐蚀合金材料。在 SiF_4 吸收过程中，会有硅胶析出，应防止设备管路堵塞。为提高净化效率，水吸收多采用多级吸收流程。

（2）碱吸收法

碱吸收法是基于氟化氢和四氟化硅既易溶于水又能与碱发生反应，采用碱性物质如 $NaOH$、Na_2CO_3、NH_3 或石灰乳来吸收废气中的氟化物，达到净化废气目的，同时又可以得到副产品冰晶石等氟化物。Na_2CO_3 吸收含氟废气制备冰晶石工艺流程见图 3-56。

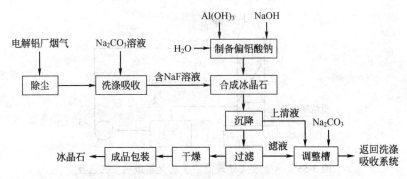

图 3-56 碳酸钠吸收含氟废气制备冰晶石工艺流程

（3）NH_3 吸收法

用氨水作为吸收剂，洗涤吸收生产钙镁磷肥排出的含氟废气，主要发生如下反应：

$$HF + NH_3 \Longrightarrow NH_4F$$
$$3SiF_4 + 4NH_3 + (n+2)H_2O \Longrightarrow 2(NH_4)_2SiF_6 + SiO_2 \cdot nH_2O\downarrow$$
$$(NH_4)_2SiF_6 + 4NH_3 + (n+2)H_2O \Longrightarrow 6NH_4F + SiO_2 \cdot nH_2O\downarrow$$

向吸收液中依次加入 $Al_2(SO_4)_3$ 和 Na_2SO_4，可得冰晶石，反应为：

$$12NH_4F + Al_2(SO_4)_3 \Longrightarrow 2(NH_4)_3AlF_6 + 3(NH_4)_2SO_4$$
$$2(NH_4)_3AlF_6 + 3Na_2SO_4 \Longrightarrow 2Na_3AlF_6 + 3(NH_4)_2SO_4$$

分离冰晶石之后含有 $(NH_4)_2SO_4$ 的母液，可以直接作为液态氮肥使用。

3.3.6.2 干法净化

含氟废气干法净化主要是采用粉状、泡沫、块状固体吸附剂吸附含氟废气中的氟化物。常用的方法如下。

（1）颗粒状石灰石吸附

石灰石与废气中的 HF 反应生成 CaF_2，可作为化工原料，反应为：

$$CaCO_3 + 2HF \Longrightarrow CaF_2 + CO_2\uparrow + H_2O$$

（2）固体氟化钠粉末吸附

利用 NaF 与 HF 反应生成 $NaHF_2$，NaF 与 SiF_4 反应生成 Na_2SiF_6 的化学性质，净化含氟废气，发生的化学反应为：

$$NaF + HF \Longrightarrow NaHF_2$$

$$2NaF + SiF_4 \xlongequal{\quad} Na_2SiF_6$$

将 $NaHF_2$ 和 Na_2SiF_6 加热分解，反应式为：

$$NaHF_2 \xtoeq[\triangle]{\quad} NaF + HF\uparrow$$

$$Na_2SiF_6 \xtoeq[\triangle]{\quad} 2NaF + SiF_4\uparrow$$

NaF 可以循环使用，HF 和 SiF_4 回收利用。

（3）固体氧化铝粉末吸附

固体氧化铝吸附含氟废气已在铝厂使用，净化效率较高。氧化铝对 HF 的吸附主要是化学吸附，同时伴有物理吸附。吸附过程中，在氧化铝表面发生化学反应，生成表面化合物 AlF_3，根据吸附所用设备不同，氧化铝吸附包括输送床吸附和沸腾床吸附。

输送床吸附流程如图 3-57 所示。把含氟废气吸入管道，同时加入氧化铝吸附剂，在高速气流作用下，氧化铝在废气中充分扩散，混合流动过程中完成吸附。最后用旋风分离器和布袋过滤器分离出载氟氧化铝，重回电解槽。净化后气体经排风机排出。

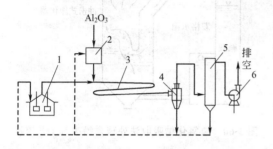 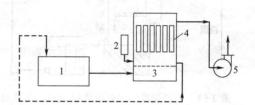

图 3-57　输送床吸附含氟废气工艺流程
1—铝电解槽；2—加料器；3—输送床；
4—旋风分离器；5—袋式过滤器；6—风机

图 3-58　沸腾床吸附含氟废气工艺流程
1—铝电解槽；2—Al_2O_3 加料器；3—沸腾床；
4—布袋过滤器；5—排风机

沸腾床吸附流程如图 3-58 所示。含氟废气由床底部进气室进入沸腾床后，以合适的流速通过氧化铝层，氧化铝成流态化的沸腾层与废气中的 HF 混合、接触，完成吸附。气体携带的部分载氟氧化铝被布袋过滤器去除。净化后的废气排出。沸腾床上的另一部分载氟氧化铝由另一端排出，并返回铝电解槽。

3.3.7　含铅、汞废气治理技术

3.3.7.1　含铅废气治理技术

（1）物理除尘法

含铅废气物理处理法与粉尘治理方法类似，主要用于含铅自然矿物及铅制品的粉碎、研磨工艺及其他产生大量粉尘的生产工艺。常用布袋过滤器、静电除尘、脉冲除尘等方法进行处理。该法对细小微粒净化效率高，用于浓度高、气量大的含铅粉尘及烟气的治理。文丘里除尘器、湿式洗涤器也具有较好的效果，但费用较高。

（2）化学吸收法

化学吸收主要用于铅烟中铅蒸气的治理，常用吸收剂为稀乙酸、氢氧化钠，也可采用有机溶剂加水进行吸收。稀乙酸为吸收剂，产物为乙酸铅。氢氧化钠溶液吸收法产物为亚铅酸钠。

化学吸收法与物理除尘法联合处理含铅废气，第一级采用物理法先去除较大颗粒，第二级采用化学吸收，去除效果更佳。

图 3-59 和图 3-60 分别为与物理法相结合的乙酸吸收法和氢氧化钠吸收法工艺流程。

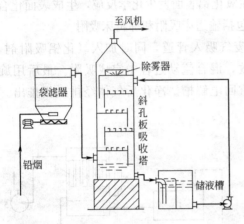

图 3-59　稀乙酸吸收法处理含铅废气工艺流程　　图 3-60　氢氧化钠吸收法处理含铅废气工艺流程

（3）掩盖法

掩盖法是针对铅的二次熔化工艺中，铅大量向空气中蒸发而采用的一种物理隔挡法。它是在熔融的铅液表面上覆盖一层粉末而阻止铅蒸气蒸发。常用的覆盖剂为碳酸钙粉、氯盐、石墨粉等密度小于铅，熔点比铅高，且不能与铅或坩埚发生反应的物质。

3.3.7.2　含汞废气治理技术

（1）湿法除汞

① 高锰酸钾溶液吸收法　高锰酸钾溶液吸收法是利用高锰酸钾的强氧化性，使高锰酸钾与废气中的汞蒸气发生氧化还原反应，达到净化含汞废气的目的。反应为：

$$2KMnO_4 + 3Hg + H_2O \longrightarrow 2KOH + 2MnO_2 + 3HgO$$

$$MnO_2 + 2Hg \longrightarrow Hg_2MnO_2$$

所用设备可以为填料塔、喷淋塔、斜孔板塔、泡沫塔等。工艺流程短，设备简单，但需要补充吸收液。

② 次氯酸钠溶液吸收法　吸收剂采用次氯酸钠水溶液，利用次氯酸钠的氧化性以及氯化钠中氯离子与汞离子的络合作用净化含汞废气。反应为：

$$Hg + ClO^- + 3Cl^- + H_2O \Longleftrightarrow [HgCl_4]^{2-} + 2OH^-$$

该法适用于水银法氯碱厂含汞蒸气的处理，通过电解可回收汞，无二次污染。

③ 热浓硫酸吸收法　热浓硫酸吸收法是利用热浓硫酸的强氧化性，将废气中的汞蒸气氧化，并生成硫酸汞沉淀达到净化含汞废气的目的，适用于烟气中汞的净化，但工艺复杂，不易控制。

④ 硫酸-软锰矿溶液吸收法　硫酸-软锰矿溶液吸收法是采用含软锰矿的悬浮液为吸收液处理含汞废气。反应原理为：

$$2Hg+MnO_2 \rlap{=}{=} Hg_2MnO_2$$
$$Hg_2MnO_2+4H_2SO_4+MnO_2 \rlap{=}{=} 2HgSO_4+2MnSO_4+4H_2O$$
$$HgSO_4+Hg \rlap{=}{=} Hg_2SO_4$$
$$MnO_2+Hg_2SO_4+2H_2SO_4 \rlap{=}{=} MnSO_4+2HgSO_4+2H_2O$$

该法净化效果好，工艺稳定，适用于汞矿冶炼尾气及含汞蒸气的废气净化，副产物可提取硫酸汞，溶液电解后可得金属汞。

⑤ 碘络合法　碘络合法是通过碘化钾溶液与废气充分接触，碘离子与汞离子发生络合反应，吸收烟气中的汞，其原理为：

$$Hg+I_2+2KI \rlap{=}{=} K_2HgI_4$$

该法投资及运行费用较大。适用于含汞矿物的焙烧和冶炼过程中排出的含汞废气的治理，通过电解也可以回收汞。

（2）干法除汞

① 充氯活性炭吸附　充氯活性炭吸附是利用氯气处理过的活性炭，吸附含汞废气中的汞蒸气。含汞废气通过活性炭表面时，生成氯化汞吸附在活性炭表面，达到净化目的。

② 多硫化钠-焦炭吸附法　多硫化钠-焦炭吸附法是在焦炭表面喷洒多硫化钠，然后和汞反应生成硫化汞。除汞效率可达 $70\% \sim 92\%$。

（3）气相反应法

气相反应法是利用某种气体与含汞蒸气发生化学反应，达到去除废气中汞的净化方法。常用的气相反应法为碘升华法。

（4）冷却法

冷却法是通过降低温度，使废气中的汞蒸气饱和度降低，减少废气中汞含量的方法，又可分为常压冷凝法和加压冷凝法。

含汞废气也可采用以上几种方法联合处理，达到净化效果更好的目的，即联合净化法。

3.4　大气污染的综合防治

一般区域大气污染综合防治是相对于单个污染源治理而言。此处所指区域是某一特定区域（包括某一地区或城市，或更大的特定区域），把区域大气环境作为一个统一的整体，经调查评价、统一规划，综合运用各种防治措施，改善大气环境质量。大气污染防治的概念随着人类防治环境问题的漫长历程而发展变化。已由工业污染源单项治理，逐步扩展至城市大气污染综合防治，再扩展至区域、全球大气污染综合防治。

根据大气污染产生过程，大气污染防治工作需从源头及末端治理同时抓起。主要包括减少污染物的排放和综合预防及治理措施。

（1）减少污染物的排放

减少大气污染物的排放，需从以下几方面着手：

① 改革能源结构，采用无污染能源（如太阳能、风力、水力）和低污染能源（如天然气、沼气、酒精）；

② 对燃料进行预处理（如燃料脱硫、煤的液化和气化），以减少燃烧时产生污染大气的物质；

③ 改进燃烧装置和燃烧技术，以提高燃烧效率和降低有害气体排放量；

④ 采用无污染或低污染的工业生产工艺（如不用和少用易引起污染的原料，采用闭路循环工艺等）；

⑤ 节约能源和开展资源综合利用；

⑥ 加强企业管理，减少事故性排放和逸散；

⑦ 及时清理和妥善处置工业、生活和建筑废渣，减少地面扬尘。

（2）大气污染预防及治理措施

① 调整优化产业结构和布局　工业布局不合理是造成中国城市大气污染的主要原因之一，改善不合理的工业布局，合理利用大气环境容量是十分必要的。调整工业布局要以生态理论为指导，综合考虑经济效益、社会效益和环境效益。

调整工业结构就是在保证实现本地区经济目标的前提下，优选出经济效益、社会效益和环境效益相统一的工业结构，淘汰严重污染环境的落后工艺和设备，加快以节能降耗、综合利用和污染治理为主要内容的技术改造，采用技术起点高的清洁生产工艺，控制工业大气污染。

② 改善能源结构，积极采取节能措施　调整城市能源结构，划定高污染燃料禁燃区，推广电、天然气、液化气等清洁能源的使用，减少原煤消耗量，推广洁净煤技术，促进热电联产和集中供热的发展，有效控制煤烟型污染。

③ 开展综合利用，提高资源利用率　资源利用率越高，向环境排放的废弃物就越少，促使经济发展对资源的开发强度不超过环境的承载能力，生产过程的排污量不超过环境的自净能力，从而促进生态系统的良性循环。因此，大力开展综合利用，提高资源利用率在发展工业生产、保护环境的生产过程中具有战略意义。

④ 完善城市绿化系统、发挥植物净化作用　植物具有美化环境、调节气候、截

留粉尘、吸收大气中有害气体等功能，可以在大面积的范围内，长时间、连续地净化大气。尤其是大气中污染物影响范围广、浓度比较低的情况下，植物净化是行之有效的方法之一。在城市和工业区有计划、有选择地扩大绿地面积，是促使大气污染综合防治具有长效和多功能的措施。

⑤ 充分利用环境的自净能力　大气环境的自净有物理作用（扩散、稀释、弥散）、化学作用（氧化、还原等）和生物作用。在排出的污染物总量恒定的情况下，污染物浓度在时间上和空间上的分布同气象条件有关，认识和掌握气象变化规律，利用大气自净能力，降低大气中污染物浓度，避免或减小大气污染危害。

⑥ 加强大气污染防治实用技术的推广　利用除尘装置除去废气中的烟尘和各种工业粉尘，采用气体吸收法处理有害气体，应用冷凝、催化转化、吸附和膜分离等技术处理废气中的主要污染物。另外，从国情出发，尽量开发推广技术可靠、经济合理、配套设备过关的大气污染的实用处理技术，建设一批典型的大气污染治理示范工程，并采取有效措施推广应用。

⑦ 完善环境监督管理制度　建设城市烟尘控制区，加强城市烟尘控制区的监督管理，也是大气污染综合防治的有效措施。实施排污许可证制度，使排污单位明确各自的污染物排放总量控制目标，对污染源排放总量实施有效的控制。加强对除尘器等环保设备的制造、安装和使用的监督管理，加快淘汰各种低效除尘器和原始排放浓度高的锅炉。提高大气环境污染源监测监督的技术水平，改善监测装备条件，改善机动车排气污染。

⑧ 动员全民参与大气环境保护　深入推进节能减排全民行动，动员全体社会成员积极主动参与节能减排、防治雾霾。引导消费者购买和使用节能绿色产品、节能省地型住宅。倡导简约适度、绿色低碳、文明健康的生活方式和消费模式，践行绿色低碳交通出行，反对各种形式的奢侈浪费。

本章你应掌握的重点：

　1. 化工废气的概念、来源、分类及危害；

　2. 粉尘的概念、粉尘分类、粉尘的特性、机械除尘器、湿式除尘器、过滤式除尘器、电除尘器的除尘原理及分类、除尘器的选用；

　3. 气态污染物的概念、气态污染物常规治理技术、常见的湿法脱硫技术和干法脱硫技术；

　4. 催化还原法脱硝技术、吸收法烟气脱硝技术、固体吸附法脱硝技术；

　5. 挥发性有机废气净化技术、硫化氢废气的处理技术、含氯化氢废气治理技术、含氯化氢废气治理技术、含氟废气治理技术、含铅废气治理技术和含汞废气治理技术；

　6. 典型废气治理方案、大气污染综合防治的含义、大气污染综合防治措施。

● 参考文献

[1]　宋学周. 废水废气固体废物专项治理与综合利用实务全书 [M]. 北京：中国科学技术出版社，2000.

[2]　刘天齐，黄小林，邢连壁等. 三废处理工程技术手册（废气卷）(M). 北京：化学工业出版社，1999.

[3]　郝吉明，马广大，王书肖. 大气污染控制工程 [M]. 北京：高等教育出版社，2010.

[4]　国家环保局. 化学工业废气治理 [M]. 北京：中国环境科学出版社，1993.

[5]　国家环保局，国家技术监督局. 中华人民共和国国家标准《大气污染物综合排放标准》(GB 16297—1996) [S]. 北京：中国环境科学出版社，1996.

[6]　曹磊. 化工企业无组织排放废气的危害与防治 [J]. 污染防治技术，2006，19(5): 50-52, 59.

[7]　任如山，黄学敏，石发恩等. 湿法烟气脱硫技术研究进展 [J]. 工业安全与环保，2010，36 (6): 14-15.

[8]　王瑾. 工业含氟废气的净化与利用 [J]. 无机盐工业，2010，42 (7): 5-8.

[9]　时钧. 化学工程手册. 北京：化学工业出版社，2002.

第4章

化工废渣处理与回收利用

本章你将学到：

1. 化工废渣的概念、分类及其主要来源；
2. 化工废渣造成的环境污染危害及其污染特点；
3. 化工废渣防治原则及化工废渣常见处理技术；
4. 典型化工废渣的处理技术。

4.1 化工废渣及其防治对策

固体废物即在生产、生活和其他活动中产生的丧失原有利用价值或虽未丧失利用价值但被抛弃或放弃的固态、半固态和置于容器中气态的物品、物质以及法律、行政法规规定纳入固体废物管理的物品、物质。化工废渣是指化学工业生产过程中排出的各种工业废渣，其主要成分为硅、铝、镁、铁、钙等化合物，同时还含有钾、钠、磷、硫等化合物，对于某些特定化工废渣，如铬渣、汞渣、砷渣等则含有铬、汞、砷等有毒物质。总之，化工废渣种类繁多、组分复杂、数量巨大、部分有毒。

4.1.1 化工废渣的来源、分类和危害

4.1.1.1 化工废渣来源

化学工业是对环境各种资源进行化学处理和转化加工生产的部门。化工生产的特点是原料多、生产方法多、产品品种多、产生废物多。根据化工部门的统计，用于化学工业生产的各种原料最终约有2/3变成了废物，而其中固体废物约占1/2以上，所

以所用的各种原料中，最终有 1/3 变成了化工废渣，可见化工废渣产生量十分巨大，化工废渣包括化工生产过程中排出的不合格产品、副产物、废催化剂、蒸馏残液以及废水处理产生的污泥等。化工废渣的性质、数量、毒性与原料路线、生产工艺、操作条件均息息相关。如硫酸生产过程中产生的硫铁矿烧渣，各种铬盐生产过程中产生的铬渣等。由化工企业排放出的固体形式废物，凡是具有毒性、易燃性、腐蚀性、放射性等各种废物均属有害废渣。

4.1.1.2　化工废渣的分类

《中华人民共和国固体废物污染环境防治法》将固体废物分为三大类，即生活垃圾、工业固体废物和危险废物。不同性质的化工废渣对环境造成危害的程度不同，其处理和处置方法也有差异，为了对化工废渣进行合理的管理、处理和处置，应对化工废渣进行科学分类。国家经贸委发布的《资源综合利用目录》（2003 年修订）介绍的化工废渣包括：硫铁矿渣、硫铁矿烧渣、硫酸渣、硫石膏、磷石膏、磷矿煅烧渣、含氰废渣、电石渣、磷肥渣、硫黄渣、碱渣、含钡废渣、铬渣、盐泥、总溶剂渣、黄磷渣、柠檬酸渣、制糖废渣、脱硫石膏、氟石膏、废石膏模等。

按照化学性质进行分类，一般将化工废渣分为无机废渣和有机废渣。无机废渣主要指废物化学成分是无机物的混合物，如铬盐生产排出的铬渣。有机废渣是指废物化学成分主要是有机物的混合物，如高浓度有机废渣，组成很复杂。

按照化工废渣对人和环境的危害性不同进行分类，化工废渣可分为一般废渣和危险废渣。危害性较小的废渣为一般废渣，如硫铁矿烧渣、合成氨造气炉渣等。危险废渣通常指具有毒性、腐蚀性、反应性、易燃易爆性等特性中一种或几种的废渣，如铬盐生产过程中产生的铬渣、水银法烧碱生产过程中产生的含汞泥等。

按照化工废渣产生的行业和生产的工艺过程进行分类，化工废渣可分为无机盐行业、氯碱工业、磷肥工业、氮肥工业、纯碱工业、硫酸工业、染料工业等。该分类方法有利于进行化工废渣的管理与统计，便于针对性选择化工废渣的处理与处置方法。

按照化工废渣的主要组成成分进行分类，化工废渣可分为废催化剂、硫铁矿烧渣、铬渣、氰渣、盐泥、各类炉渣、碱渣和各类废酸碱液等。

4.1.1.3　化工废渣的危害

① 侵占土地　2012 年全国化学原料及化学品制造业的固体废物产生量为 8.0 亿吨，其中危险废物 2800 万吨，扣除处理、处置和排放量外，尚有 1.46 亿吨储存。化工废渣不加以利用时需占地堆放，堆积量越大，占地越多，会严重破坏地貌、植被和自然景观。

② 污染土壤　化工废渣堆放和没有适当防渗措施的填埋，有害成分易经过风化、雨淋、地表径流的侵蚀渗入土壤，使土壤毒化、酸化、碱化，从而改变土壤的性质和结构，影响土壤微生物活动，妨碍植物根系生长，甚至导致寸草不生。

③ 污染水体　化工废渣随天然降水和地表径流进入江河湖泊，或随风飘落水体使地表水污染；随渗流进入土壤则使地下水污染；直接排入河流、湖泊或海洋，又会造成更大的水体污染。

④ 污染空气　化工废渣在适宜温度和湿度下被微生物分解，释放出有害气体；以细粒状存在的废渣和垃圾，会随风飘逸扩散到很远的地方，造成大气的粉尘污染；化工废渣在运输和处理过程中产生有害气体和粉尘；采用焚烧法处理化工废渣会污染大气。

⑤ 传播疾病，危害人体健康　化工废渣尤其有害废渣，在堆存、处理、处置和利用过程中其有害成分会通过水、大气、食物等途径被人体吸收，引发各种不适、疾病等。

⑥ 造成污染事故，导致人身伤亡和经济损失。

4.1.2　化工废渣的处理方法与防治措施

4.1.2.1　化工废渣的处理方法

① 物理法，包括筛选法、重力分选法、磁选法、电选法、光电分选法、浮选法等。

② 物理化学法，包括析离法、烧结法、挥发法、汽提法、萃取法、电解法等。

③ 化学法，包括溶解法、浸出法、热解法、焚烧法、湿式氧化法等。

④ 生物化学法，包括细菌浸出法和消化法。

⑤ 其他方法，包括浓缩干化、代燃料、填地、农用、建材等。

4.1.2.2　化工废渣的防治措施

（1）化工废渣的减量化、资源化和无害化原则

所谓"减量化"是通过适当方法和手段尽可能减少化工废渣产生量的过程，是防止和减少化工废渣最基础的预防性措施和方法。"资源化"是对已经产生的化工废渣通过回收、加工、再利用，使其直接成为产品或转化为可利用再生资源的过程。"无害化"是对已经产生和排放但又无法或暂时不能利用的化工废渣进行合理的管理和处置，使其减少以致避免对环境和人体健康造成危害的过程。

（2）化工废渣的全过程管理

即对化工废渣的产生、收集、储存、运输、利用、处置等所有环节进行污染防治管理。化工废渣对环境的污染，不限于某一个或几个环节，而是可以发生在化工废渣的产生、收集、储存、运输、利用和处置的各个环节，因此，必须进行化工废渣的全过程管理。

（3）化工废渣的分类管理

即对不同类别的化工废渣实行不同的污染防治措施，如将化工废渣分为一般工业废渣和危险废渣，对危险废渣的污染防治规定更为严格的管理措施。

4.2 化工废渣的处理技术

化工废渣的处理是通过一定方法，使化工废渣转化为适于运输、储存、资源化利用以及最终处置的一种过程；化工废渣的处置是指化工废渣的最终处置或安全处置，是化工废渣污染控制的末端环节。化工废渣的处理方法有物理处理、物化处理、化学处理、热处理、固化处理等方法；化工废渣的处置方法有海洋处置和陆地处置两种方法。海洋处置又分海洋倾倒和远洋焚烧；陆地处置有土地填埋、土地耕作和永久储存，其中土地填埋处置技术应用最为广泛。

4.2.1 物理处理法

物理处理法是通过浓缩或相变而改变化工废渣的结构，使其便于运输、储存、利用和处置，包括压实、破碎、分选等。

(1) 压实

化工废渣的压实是利用压实机械对松散的化工废渣施加压力，减少化工废渣颗粒间的空隙率，大幅度减小其堆积密度和体积，便于运输和最终处置。适用于处理压缩性能好、复原性小的化工废渣，不适用于高密度、高硬度的化工废渣处理，也不适用于焦油、污泥、易燃易爆的化工废渣处理。

(2) 破碎

破碎是利用机械外力将废渣分裂成小块的过程，减小颗粒尺寸，有利于进一步加工或再处理，有利于运输、储存、焚烧、热分解、熔融、压缩、磁选等。机械破碎方法可分为剪切破碎、冲击破碎、湿式破碎、半湿式破碎等方法。

剪切破碎机是利用剪切破碎机上固定刀和可动刀间啮合产生的剪切作用完成对废渣破碎。适用于密度小松散废渣的破碎，冲击破碎机是利用冲击、摩擦、剪切的作用完成破碎工作。

(3) 分选

分选是通过一定方法将废渣中可回收利用的物质和对后续处置工艺不利的物质分离开来，便于对废渣进行相应的处理和处置。分选方法有手工分选和机械分选两种，以机械分选为主。机械分选又分为筛分、重力分选、磁力分选和电力分选等。

① 筛分　筛分是利用筛子将废渣中不同粒度的物料分离开来，小于筛孔的细粒物料透过筛面，而大于筛孔的粗粒物料留在筛面上。固定筛、筒形筛和振动筛是应用较多的筛分设备。

② 重力分选　重力分选是利用在流动或活动的介质中不同物料的密度差异进行分选的过程。重力分选可分为风力分选、重介质分选、跳汰分选等，其中风力分选是最常用的一种重力分选方法。

③ 磁力分选　磁力分选是利用磁选设备将废渣中磁性不同的物质在不均匀磁场中进行分选的方法。当废渣通过磁选机时，其中磁性较强的物料被吸附在磁选设备上，并随设备运到非磁性区的排料口排料，而磁性较弱或没有磁性的物料则留在废料中排出，完成分选过程。磁力分选只适用于磁性物质的分离。

④ 电力分选　电力分选是利用废渣中各组分在高压电场中电导率等电性的差异进行物料分离的一种处理方法。尤其适用于导体、半导体和绝缘体间的分离。

4.2.2　化学处理法

化学处理法是采用化学方法使化工废渣中有害成分发生无害化转化，便于进一步处理和处置。化学处理法有氧化还原、中和、化学浸出等。对于富含毒性成分的残渣，需进行解毒处理或安全处置。

4.2.2.1　中和法

中和法是根据废渣的酸碱性，选用适当中和剂，通过中和反应，将废渣中有毒有害成分转化为无毒或低毒且具有化学稳定性的成分，减轻对环境的危害，尤其适用于化工废渣的处理。对于酸性废渣，常用中和剂为石灰，处理成本低，其他氢氧化物、碳酸钠亦可用作酸性废渣的中和剂。对于碱性废渣，常用中和剂为硫酸或盐酸。

中和反应的设备可采用罐式机械搅拌，也可采用池式人工搅拌。前者适用于处理量较大的情况，后者适用于小规模、间隙式处理。

4.2.2.2　氧化还原法

氧化还原法是通过氧化还原反应将废渣中可发生价态变化的有毒有害成分转化为无毒或低毒且具有化学稳定性的成分，实现废渣的无害化处置或资源化综合利用。

含 Cr(Ⅵ)铬渣在排放或综合利用前，一般需要进行解毒处理。铬渣解毒的基本原理就是加入还原剂，在一定温度下将有毒的六价铬还原为无毒的三价铬。

(1) 煤粉焙烧还原法

将铬渣与适量煤粉或活性炭、锯末等含碳物质均匀混合，加入回转窑，在缺氧条件下进行高温焙烧（500～800℃），利用还原剂 C 和焙烧产生 CO 的作用将铬渣中的六价铬还原成三价铬。

$$4Na_2CrO_4 + 3C \rightleftharpoons 4Na_2O + 2Cr_2O_3 + 3CO_2$$
$$2Na_2CrO_4 + 3CO \rightleftharpoons 2Na_2O + Cr_2O_3 + 3CO_2$$

(2) 药剂还原法

在酸性介质中，可用 $FeSO_4$、Na_2SO_3、$Na_2S_2O_3$ 等为还原剂，将铬渣中六价铬还原成三价铬。

$$CrO_4^{2-} + 3Fe^{2+} + 8H^+ \rightleftharpoons Cr^{3+} + 3Fe^{3+} + 4H_2O$$

在碱性介质中，可用 Na_2S、K_2S、$NaHS$、KHS 等为还原剂进行还原反应。

$$2Cr^{6+}+3S^{2-}+6OH^- \Longrightarrow 3S+2Cr(OH)_3$$

4.2.2.3 化学浸出法

化学浸出法是选择合适的化学溶剂（浸出剂，如酸、碱、盐水溶液等）与废渣发生作用，将其中有用组分选择性溶解，再进一步回收的处理方法。化学浸出法适用于含重金属的废渣处理，尤其石化工业中废催化剂的处理。

用乙烯直接氧化法制取环氧乙烷时，须用银催化剂。每生产 1t 产品大约要消耗 18kg 银催化剂，催化剂在使用一段时间后即会失去活性，成为废催化剂。银废催化剂的回收可采用化学浸出法，回收率可达到 95%。

① 选择浓 HNO_3 作为化学浸出剂。

$$Ag+2HNO_3 \Longrightarrow AgNO_3+NO_2+H_2O$$

② 在 $AgNO_3$ 溶液中加入 NaCl 溶液生成 AgCl 沉淀。

$$AgNO_3+NaCl \Longrightarrow AgCl+NaNO_3$$

③ 由 AgCl 沉淀制得 Ag。

$$6AgCl+Fe_2O_3 \Longrightarrow 3Ag_2O+2FeCl_3$$
$$2Ag_2O \Longrightarrow 4Ag+O_2$$

该法可使催化剂中银回收率高达 95%，既可消除废催化剂对环境的污染，又可取得一定经济效益。

4.2.3 热处理法

热处理是通过高温破坏和改变化工废渣的组成与内部结构，达到减小体积、无害化和综合利用的目的。热处理法有焚烧、热解、湿式氧化、焙烧和烧结等。

4.2.3.1 焚烧

焚烧法是将被处理的废渣放入焚烧炉内与空气进行氧化分解，废渣中有毒有害物质在 800~1200℃高温下氧化、热解而被破坏，属于高温热处理技术。

通过焚烧使其化学活性成分被充分氧化分解，留下的无机成分（灰渣）被排出；通过焚烧，可迅速大幅度减小可燃性废渣的体积，彻底消除有毒废物，回收焚烧产生的废热，实现废渣处理的减量化、无害化和资源化。在焚烧过程中应加强管理，否则会造成二次污染。焚烧过程中可能会产生各种废气，如 CO、CO_2、H_2、醛、酮、多环芳烃化合物、SO_x、NO_x 等，还可能产生具有致癌性和致畸性的二噁英等。

(1) 焚烧的特点

① 减容效果好，占地面积小，基本无二次污染，且可回收热量。

② 焚烧操作是全天候的，不易受气候条件所限制。

③ 焚烧是一种快速处理方法，使垃圾变成稳定状态，填埋需几个月；在传统焚烧炉中，只需停留 1h 即可达到要求。

④ 焚烧的适用面广，可处理许多有毒废弃物。

焚烧法也存在一定不足：基建投资大，占用资金期较长；对固体废物的热值有一定要求，操作和管理要求较高。

（2）焚烧设备

焚烧设备有流化床焚烧炉、立式多段炉、旋转窑焚烧炉、敞开式焚烧炉、双室焚烧炉等。

影响焚烧的主要因素包括燃烧反应（燃料特性，即影响传热、传质、传动的因素）、燃烧条件（燃烧设备的类型和其他物理条件），可归纳为 3T：time、temperature、turbulence，即时间、温度、湍流度间的关系。

选择合适的焚烧炉，可改善气固相的接触，提供高燃烧效率，降低气相有毒有害物质的再合成。现代固体废物焚烧系统在对固体废物的焚烧实现无害化和减量化的同时，对焚烧过程中释放的热能加以能源化利用，并降低焚烧炉的污染排放，减少污染物对环境的污染。因此，现代固体焚烧系统一般包括：预处理系统、焚烧系统、废气处理系统、余热利用系统、灰渣处理系统等。其中，预处理系统的作用为掺混、筛分、分选、破碎、预热、供料；焚烧系统的作用为有效对固体废物进行焚烧；废气处理系统包括骤冷、热回收、烟气净化（除尘和洗涤）；余热利用系统的作用是将焚烧过程中产生的热能进行有效利用，如发电和供热；烟气净化系统和灰渣处理系统的作用是对焚烧过程产生的烟气和灰渣进行净化与无害化处理，使其分别达到国家规定的相应排放标准。

① 流化床焚烧炉　利用炉底分布板吹出的热风将废物悬浮起来呈沸腾状进行燃烧，一般采用中间媒体即载体进行流化，再将废物加入到流化床中与高温的砂子接触、传热进行燃烧。

② 立式多段炉　多段炉由多段燃烧空间（炉膛）构成，是一个内衬耐火材料的钢制圆筒。按照各段功能，可将炉体分成三个操作区，最上部为干燥区，温度在 310～540℃，用于蒸发废物中水分；中部为焚烧区，温度在 760～980℃，固体废物在该区燃烧；最下部为焚烧后灰渣的冷却区，温度为 150～300℃。炉中心有一顺时针旋转的中空中心轴，炉顶有固体废物加料口，炉底有排渣口，辅助燃烧器及废液喷嘴装置于垂直的炉壁上，每层炉壳外均有一环状空气管线以提供二次空气。

多段炉的操作弹性大，适应性强，可长期连续运行，适用于处理含水率高、热值低的污泥和泥渣，几乎 70% 污泥焚烧设备使用多段焚烧炉，这主要是由于污泥难以雾化，不能在一般带有喷嘴雾化加料的液体焚烧炉内处理，而污泥在点燃后容易结成饼或灰覆盖在燃烧表面上使火焰熄灭，所以需要连续不断搅拌，反复更新燃烧面，使污泥得以充分氧化。多段炉可使用多种燃料，利用任何一层燃烧器以提高炉内温度。在多段焚烧炉内各段均设有搅拌杆，物料在炉体内停留时间长，能挥发较多水分，但调节温度时较为迟缓。多段焚烧炉因机械设备较多，需要较多维修与保养。搅拌杆、搅拌齿、炉床、耐火材料均易受损。另外，通常需要设二次燃烧设备以消除恶臭污染。该设备不适于含可熔性灰分的废物及需要极高温度才能破坏的物质。

③ 旋转窑焚烧炉　旋转窑焚烧炉是一个略微倾斜并内衬耐火砖的钢制空心圆筒，窑体较长。大多数废物由燃烧过程中产生的气体及窑壁传输的热量加热。固体废物可从前端或后端送入窑中进行焚烧，以定速旋转达到搅拌废物的目的。旋转时必须保持

适当倾斜以利于固体废物下移。

旋转窑焚烧炉的优点是比其他炉型操作弹性大，可耐废物性状（黏度、水分）、发热量、加料量等条件变化的冲击，能处理多种混合固体废物。旋转窑焚烧炉机械结构简单，故障少，可长期连续运转。旋转窑焚烧炉的缺点是热效率低，只有35%～40%，因此在处理较低热值固体废物时，必须加入辅助燃料。

旋转窑焚烧炉可处理多种物料，除污泥外，还能焚烧处理各种塑料、废树脂、硫酸沥青渣、城市生活垃圾等。

4.2.3.2　热解

热解是利用废渣中有机物的热不稳定性，在无氧或缺氧条件下对其进行加热使其分解的过程，把大分子有机物转化成小分子可燃气体、液体和固体。即有机固体废渣→气体（H_2、CH_4、CO、CO_2等）＋有机液体（有机酸、芳烃、焦油等）＋固体（炭黑、炉渣）。

热解和焚烧均属热化学转化过程，其区别见表4-1。

表4-1　焚烧与热解的区别

区别	焚烧	热解
主要产物	CO_2、H_2O	H_2、CH_4、CO、CO_2、有机酸、芳烃、焦油、炭黑、炉渣
反应热	放热过程	吸热过程
热能利用	发电、加热水、产生水蒸气，就近利用	燃料油、燃料气，储藏、远距离输送

常用热解反应器有固定床反应器、流化床反应器、旋转炉反应器、双塔循环式反应器。

4.2.4　固化处理法

固化处理法是利用固化基材将危险废物和放射性废物固定或包覆起来，降低其对环境的污染和破坏，达到安全运输和处置的目的。固化后的体积增大。

根据废渣的性质、形态和处理目的，常用固化方法有水泥固化法、石灰固化法、沥青固化法和玻璃固化法等，其中水泥固化法是常用的固化方法，工艺简单。

4.3　典型化工废渣的回收利用技术

4.3.1　铂族废催化剂的回收利用

4.3.1.1　氧化焙烧法

以细炭粉为载体的稀贵金属催化剂被广泛地应用于石油、化工及制药等行业。此类催化剂失去活性后，因其载体极易燃烧而与稀贵金属有效分离，因此，可采用氧化焙烧法对该类催化剂进行回收利用。焙烧过程中因会冒出大量黑烟，引起稀贵金属的损失，通常采用添加熟石灰作为黏结剂、助燃剂和捕集剂的方法，杜绝黑烟的产生和稀贵金属的损失，降低炭的燃点和焙烧温度，有效富集贵金属。焙烧过程主要发生如下化学反应：

$$C+H_2O \Longrightarrow CO+H_2$$
$$2CO+O_2 \Longrightarrow 2CO_2$$
$$2H_2+O_2 \Longrightarrow 2H_2O$$
$$C+O_2 \Longrightarrow CO_2$$
$$Ca(OH)_2+CO_2 \Longrightarrow CaCO_3+H_2O$$

熟石灰的最佳加入量为：熟石灰：废料＝1：4。加水混匀后制成块状（厚度不超过2cm）晾干后加入炉内，在400～500℃焙烧约3h。

4.3.1.2 氯化法

铂族元素易被氯化，可在一定温度下用氯、氧混合气体或氯、氧、二氧化碳混合气体处理含铂族元素的废催化剂。其中，一部分铂族元素以气态氯化物形式随混合气体带出，可用回收塔进行回收，另一部分以氯化物形态留于载体，可用弱酸溶解浸出。具体制备实例如下：

① 将 Al_2O_3-SiO_2 载有 0.4％铂的废催化剂 30g，在 950℃用含 10％CO_2 的氯气处理 3h。载体中残留的铂含量为 0.01％，从气相可回收 117mg 铂。

② 将 Al_2O_3-SiO_2 载有 0.4％铂的废催化剂 30g，在 750℃用含 5％O_2 的氯气处理 3h。载体中残留的铂含量为 0.21％，可用 3mol 盐酸进一步处理，则气液两相可共回收 112mg 铂。

③ 还可将经过粉碎后的废催化剂与粉煤混合制成块状，于 800℃焙烧以除去挥发性组分而获得多孔结构物质。再用氯与碳酰氯、氯与四氯化碳或氯对多孔结构物质进行处理，可将 99％以上的铂转入升华物内。

4.3.1.3 全溶-金属置换法

废重整催化剂全溶法回收工艺是将废催化剂的载体连同组分全部溶解后再分离处理的一种方法，其工艺流程如图 4-1 所示。

将废铂催化剂先在 500℃焙烧 10～15h，然后冷却并粉碎至 700 目，用盐酸溶解，在 80℃反应 4h，再于 110℃下反应 12h。100kg 废催化剂需加 300L 水和 650L 工业盐酸。反应结束后冷却至 70℃，用约 8kg 铝屑还原溶液中氯化铂形成铂黑微粒，将铂黑与载体三氧化二铝分离。然后在 50℃加入 2kg 硅藻土使铂黑吸附在硅藻土上，经分离、抽滤、洗涤，使含铂硅藻土与氯化铝溶液分离。用王水溶解铂黑形成粗氯铂酸与硅藻土混合液，经抽滤分离硅藻土即得到粗氯铂酸溶液，浓缩并使其转化成粗氯铂酸铵沉淀，分离后焙烧成海绵铂。再经精制等工序进行提纯则可得到符合试剂二级要求、纯度为 99％的氯铂酸。该产品可用于重整催化剂的制备。

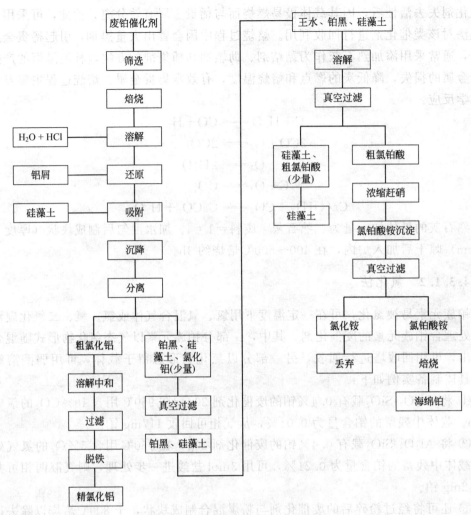

图 4-1 全溶-金属置换法工艺流程

4.3.1.4 离子交换法

pH 值为 1～1.5 时，铂以 $PtCl_6^{2-}$ 存在，而其他金属如 Cu、Zn、Ni、Co、Fe、Pb 则以阳离子形式存在，能被阳离子交换柱吸附。pH 值为 2～3 时其他贵金属如 Ag、Rh 等羟基贵金属阳离子能被阳离子树脂吸附，铂即可与其他金属分离开来。离子交换的工艺条件为：柱高 1m，交换速度 10～15mm/min，pH 值为 1～1.5 和 pH 值为 2～3 时，分别交换两次。树脂上柱前先用 6mol HCl 浸泡 3 天，然后洗至中性，再用 6mol HCl 浸泡 2 天，用硫氰化钾检验无铁离子为止，然后再用去离子水或蒸馏水洗至中性方可使用，经树脂交换后的溶液再用 NH_4Cl 沉铂。粗铂沉淀物再经王水溶解、赶硝、过滤、加 NH_4Cl 沉淀，然后干燥、煅烧可精制得 99.99% 海绵铂。煅烧反应为：

$$(NH_4)_2PtCl_6 = PtCl_4 + 2NH_4Cl$$
$$2PtCl_4 = 2PtCl_3 + Cl_2$$

$$2PtCl_3 \Longrightarrow 2PtCl_2 + Cl_2$$
$$PtCl_2 \Longrightarrow Pt + Cl_2$$

总反应式：$3(NH_4)_2PtCl_6 \longrightarrow 3Pt + 16HCl + 2NH_4Cl + 2N_2$

煅烧工序控制360℃恒温2h，450℃白烟、黄烟2h，150℃3h，海绵铂用去离子水洗涤数次烘干即可。

4.3.2 硫铁矿烧渣处理和处置技术

硫铁矿烧渣为一种很有价值的资源，我国硫铁矿烧渣利用率仅约为30％，其余大部分被排入环境或铺筑公路。硫铁矿渣的综合利用途径很多，如利用硫铁矿烧渣冶炼铁、生产生铁和水泥、回收有色金属、生产建筑材料、颜料等。

4.3.2.1 磁选铁精矿

硫铁矿烧渣中含有丰富的铁元素，利用磁选方法可回收铁。磁选铁精矿的工艺流程如图4-2所示。

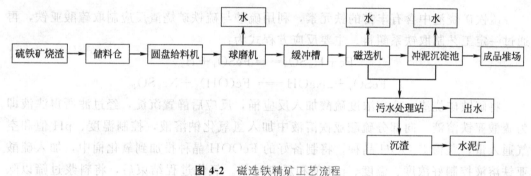

图4-2 磁选铁精矿工艺流程

硫铁矿烧渣收集后送入储料仓，通过圆盘给料机自动计量后加入球磨机，同时加水研磨到一定粒度，将研磨好的料浆输送至缓冲槽并不断搅拌，然后控制适当流量送至磁选机进行磁选，磁选所得精铁矿中夹带的泥渣可用水力脱泥的方法除去，将脱泥后的精铁矿送至成品堆场。尾矿和冲洗水送污水处理站，污水处理站所产生的沉淀废渣可送水泥厂作为水泥添加料。

磁选要求硫铁矿烧渣具有磁性，因此磁选前应将硫铁矿烧渣进行磁性焙烧，即加入5％炭粉或油在800℃焙烧1h，使铁氧化物绝大部分呈磁性的Fe_3O_4，产生磁性矿渣后再磁选。将铁精矿配以适量焦炭和石灰进入高炉可得合格铁水。

4.3.2.2 回收有色金属

硫铁矿烧渣除含铁外，还含一定量铜、铅、金、银等有价值的有色贵金属。高温氯化法和中温氯化法是从硫铁矿烧渣中回收有色金属的两种常用方法。这两种方法的目的均是从硫铁矿烧渣中回收有色金属，提高矿渣品味。其区别明显，不仅温度不同，而且预处理和后处理工艺也有差异。高温氯化法（图4-3）是将硫铁矿烧渣造球，

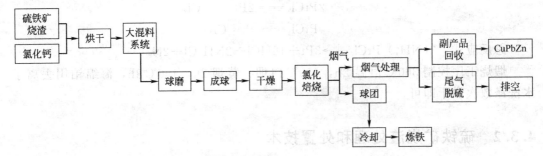

图 4-3   高温氯化法回收有色金属的工艺流程

然后在最高温度 1250℃ 下与氯化剂（CaCl$_2$）反应，生成的有色金属氯化物挥发随炉气排除，收集气体中氯化物，回收有色金属，有色金属回收率高达 90%。中温氯化法是将硫铁矿烧渣在最高温度 600℃ 进行氯化反应，有色金属转化成可溶于水和酸的氯化物及硫酸盐，留在烧成的物料中，然后经浸渍、过滤，使可溶性物与渣分离，溶液回收有色金属。

4.3.2.3   制取铁系颜料

硫铁矿烧渣中含有丰富的铁元素，利用硫酸与硫铁矿烧渣反应制取硫酸亚铁，再通过一定工艺制取铁系颜料。主要反应方程式为：

$$Fe + H_2SO_4 == FeSO_4 + H_2$$
$$FeSO_4 + 2NaOH == Fe(OH)_2 + Na_2SO_4$$

将硫铁矿烧渣、适宜浓度硫酸加入反应桶，反应后静置沉淀，经过滤所得滤液即为硫酸亚铁溶液。向部分硫酸亚铁溶液中加入氢氧化钠溶液，控制温度、pH 值和空气通入量，获得 FeOOH 晶种。将制备好的 FeOOH 晶种投加到氧化桶中，加入硫酸亚铁溶液控制好浓度、温度、pH 值和反应时间。氧化过程结束后，将料浆过筛以除去杂质，然后经漂白、吸滤、干燥、粉磨等过程即可制得铁黄颜料。铁黄颜料经 600～700℃ 煅烧脱水即可制得铁红颜料，其工艺流程如图 4-4 所示。

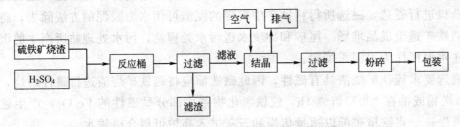

图 4-4   硫铁矿烧渣制铁系颜料的工艺流程

4.3.2.4   制取水泥

如果硫铁矿烧渣中含铁量不高，且含有色金属量很少时，回收的经济价值不大，代替铁矿粉用来生产水泥为较好选择。

将硫铁矿烧渣破碎后，经计量，与水泥熟料、混合料等一起送入生料磨，粉磨后即可得成品水泥，其工艺流程如图 4-5 所示。

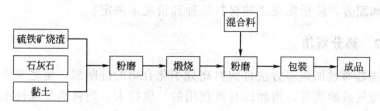

图 4-5 用硫铁矿烧渣生产水泥的工艺流程

4.3.3 塑料废渣的处理

塑料废渣属废弃有机物质，主要来源于树脂的生产过程、塑料的制造加工过程及包装材料。塑料在低温条件下可软化成型。在有催化剂作用下，通过适当温度和压力，高分子可分解为低分子烃类。根据各种塑料废渣的不同性质，经过预分选后，废塑料可进行熔融固化或热分解处理。

4.3.3.1 再生处理法

再生处理需根据各种废渣的不同性质，分别对待。不同类型塑料废渣，预先可借助外观及其特征加以鉴别区分。混合塑料废渣鉴别时通常采用分选技术。

对单一种类热塑性塑料废渣进行再生称为单纯性再生即熔融再生。整个再生过程由挑选、粉碎、洗涤、干燥、挤出造粒或成型等几个工序组成，其工艺流程如图 4-6 所示。

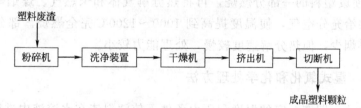

图 4-6 塑料废渣熔融再生工艺流程

① 挑选　挑选的目的是要得到单一种类的热塑性塑料废渣，而将其他夹杂物分选出去。分选前需要先将塑料废渣进行粉碎，粉碎到一定程度后进行分选。

② 粉碎　除对塑料废渣在分选前需要进行粉碎外，在送经挤出机前，往往还需要对塑料废渣作进一步粉碎。对小块塑料废渣一般可采用剪切式粉碎机，对大块废渣则用冲击式粉碎机效果较好。

③ 洗涤和干燥　塑料废渣常带有油、泥砂及污垢等不清洁物质，故需进行洗涤处理，一般用碱水洗或酸洗，然后再用清水冲洗，洗干净后还需进行干燥以免有水分残留而影响再生制品的质量。

④ 挤出造粒或成型　经过洗净、干燥的塑料废渣，如果不再需要粉碎，即可直接送入挤出机或直接送入成型机，经加热使其熔融后便可造粒或成型。在造粒或成型

过程中，通常还需要添加一定数量增塑剂、稳定剂、润滑剂、颜料等辅助材料。辅助材料的选择和配方，应根据废渣的材料品种和情况来决定。

4.3.3.2　热分解法

热分解法是通过加热等方法将塑料高分子化合物的链断裂，使之变成低分子化合物单体、燃烧气或油类等，再加以有效利用的一项技术。塑料热分解技术可分为熔融液槽法、流化床法、螺旋加热挤压法、管式加热法等。

将经过破碎、干燥的废塑料加入熔融液槽，进行加热熔化使其进入分解槽。熔融槽温度为 $300\sim350℃$，而分解温度为 $400\sim500℃$。各槽均靠热风加热，分解槽有泵进行强制循环，槽上部设有回流区（$200℃$）以便控制温度。焦油状或蜡状高沸点物质在冷凝器凝缩分离后须返回槽内再加热，进一步分解成低分子物质。低沸点蒸气在冷凝器内分离成冷凝液和不凝性气体，冷凝液再经过油水分离可回收油类。该油类黏度低，但沸点范围广，着火点极低，宜除掉低沸点组分后再加以利用。不凝性气态化合物，经吸收塔除去氯化物等气体后可作为燃气使用。回收油和气体的一部分可用作液槽热风的能源。

4.3.3.3　焚烧法

塑料焚烧法可分为传统的一般法和部分燃烧法两种。前者在一次燃烧室内可达到高温，由火焰、炉壁等辐射热使废塑料在一次燃烧室进行热分解。目的是在一次燃烧室内彻底燃烧，但往往燃烧不完全，因而产生煤烟和未燃气体，为此需再经二次或三次燃烧室用助燃喷嘴使之烧尽。部分燃烧法在第一燃烧室控制空气量，在 $800\sim900℃$ 温度下使废塑料的一部分燃烧，再将热分解气体和未燃气、煤烟等送至第二燃烧室，这里供给充分空气，使温度提高到 $1000\sim1200℃$ 完全燃烧。部分燃烧法燃烧充分，产生煤烟少，但热分解速度较慢，处理能力较小。

4.3.3.4　湿式氧化和化学处理方法

湿式氧化法，即在一定的温度和压力条件下使塑料渣在水溶液中进行氧化，转化成不会造成污染危害的物质。对塑料废渣采用湿式氧化法进行处理，与焚烧法相比，具有操作温度低、无火焰生成、不会造成二次污染等优点。据报道，一般塑料废渣在 $3.92MPa$ 和 $120\sim370℃$ 下均可在水中进行氧化反应。

化学处理法是一种利用塑料废渣的化学性质，将其转化为无害最终产物的方法。最普遍采用的是酸碱中和、氧化还原和混凝等方法。

4.4　固体废物的综合防治

伴随着世界工业化、城市化进程，世界各国的工业固体废物产生量日益增加。贸易和非法贸易导致的工业废物转移排放和向水体倾倒废物也日益加重。我国工业固体废物产生量逐年增加，因工业固体废物排放和堆存造成的污染事故和经济损失也愈加严重，且乡镇工业固体废物排放量增加更加迅猛。因此加强对固体废物的综合防治是一项长期而艰巨的任务。

4.4.1　综合防治对策

目前，就国内外研究进展而言，在世界范围内取得共识的技术对策是"3C"原则，即 clean（清洁）、cycle（循环）、control（控制）。我国根据国情制定出近期以"无害化"、"减量化"、"资源化"作为控制固体废物污染的技术政策；并确定今后较长一段时间内应以"无害化"为主，以"无害化"向"资源化"过渡，"无害化"和"减量化"应以"资源化"为条件。

固体废物"无害化"处理的基本任务是将固体废物通过工程处理使之不损害人体健康，不污染周围的自然环境。如垃圾的焚烧、卫生填埋、堆肥，粪便的厌氧发酵，有害废物的热处理和解毒处理等。

固体废物"减量化"处理的基本任务是通过适宜的手段，减少和减小固体废物的数量和容积。这一任务的实现，需从两个方面着手：一是对固体废物进行处理利用；二是减少固体废物的产生，做到清洁生产。如将城市生活垃圾采用焚烧法处理后体积可减小 80%～90%，余烬则便于运输和处置。

固体废物"资源化"的基本任务是采取工艺措施从固体废物中回收有用的物质和能源。固体废物"资源化"是固体废物的主要归宿。相对于自然资源来说，固体废物属于"二次资源"和"再生资源"范畴，虽然其一般不再具有原使用价值，但通过回收、加工等途径可获得新的使用价值。

4.4.2　资源化系统

资源化系统是指从原料制成成品，经过市场直到最后消费变成废物又引入新的生产、消费的循环系统。

从资源开发过程看，利用固体废物作为原料，可省去开矿、采掘、选矿、富集等一系列复杂工作，保护和延长自然资源寿命，弥补资源不足，保证资源永续，且可节省大量投资，降低成本，减少环境污染，保持生态平衡，具有显著的社会效益。以开发有色金属为例，每获得 1t 有色金属，要开采出 33t 矿石，剥离出 26.6t 围岩，消耗成百吨水和 8t 左右标煤，且要产生几十吨固体废物以及相应的废气和废水。

许多固体废物含有可燃成分，且大多具有能量转换利用价值。如具有高发热量的煤矸石，可通过燃烧回收热能或转换为电能。

由此可见，固体废物的"资源化"具有可观的环境效益、经济效益和社会效益。"资源化系统"应遵循的原则是："资源化"技术可行；经济效益较好，有较强的生命力；废物应尽可能在产生地就近利用，以节省废物在储放、运输等过程的投资；"资源化"产品应当符合国家相应产品的质量标准。

4.4.3 综合管理模式

由于固体废物本身往往是污染"源头",故需对其"产生—收集运输—综合利用—处理—储存—最终处置"实行全过程管理,在每一个环节均将其当作污染源进行严格控制。根据我国近 20 年管理实践,借鉴国外有益经验,做好固体废物的综合管理工作,须按下列管理程序进行。

① 减小废物的产量　推广无污染生产工艺;提高废物内部循环利用率,强化管理手段。

② 物资回收途径　采用先进的生产技术;加强废物的分离回收。

③ 能源回收途径　焚烧、厌氧分解、热解等。

④ 安全填埋　包括废物的干燥、稳定化、封装、混合填埋(城市垃圾与工业废物),废物的自然衰减及正确的填埋工程施工。

⑤ 废物的最终储存(处置)　固体废物最终处置达到无害、安全、卫生。

对固体废物实行程序化管理,对有效控制环境污染和生态破坏,提高资源、能源的综合利用率具有十分重要的意义。该模式的主要目标是通过促进资源回收、节约原材料和减小废物处理量,从而降低固体废物对环境的影响,即达到"三化"——减量化、资源化和无害化的目的。综合管理已成为今后固体废物处理和处置的方向。

本章你应掌握的重点:

1. 化工废渣的概念、来源及其特点;
2. 化工废渣的危害;
3. 废催化剂、硫铁矿烧渣、塑料废渣等处理工艺流程;
4. 常见化工废渣处理技术及固体废物的综合防治方法。

● **参考文献**

[1] 杨永杰. 化工环境保护概论 [M]. 北京:化学工业出版社,2012.
[2] 李秀金. 固体废物处理与资源化 [M]. 北京:科学出版社,2011.
[3] 何品晶. 固体废物处理与资源化技术 [M]. 北京:高等教育出版社,2011.

第5章

其他物理性污染及防治

本章你将学到:

1. 噪声污染的来源、危害、评价及防治;
2. 电磁辐射的来源、种类、危害及防治;
3. 放射性污染的来源、种类、危害及防治;
4. 热污染的来源、种类、危害及防治。

5.1 噪声污染及防治

5.1.1 概述

噪声是指人们生活环境中令人厌烦或妨碍正常和工作生活的声音。不仅包括人们生活或工作环境中不协调的声音,还包括令人厌烦的乐声。主观因素在噪声评价中起决定作用,噪声除让人心绪烦躁之外,还会降低工作效率,特别是需要注意力高度集中或集中精力思考的工作,噪声的破坏作用会更大。在工业中,噪声会妨碍通信,干扰警报信号的收发,从而会诱发各类意外事故。人长期暴露在声频区间广泛的噪声中,会不同程度地损伤听觉神经,甚至造成职业性失聪。

水污染、大气污染、固体废弃物污染和噪声污染一起构成现代社会四大污染。与其他污染相比,噪声污染具有以下特点:

① 噪声污染具有地域时效性,影响范围也具有局限性。一般从声源到受影响者的距离较近,也就是局限于一定的区域。噪声影响不累积、传播距离有限,声源停止发出噪声,其影响即时消失。

② 噪声污染是物理性污染,没有污染物,不累积,不持久,也没有后续影响,

一旦噪声声源停止发声，噪声污染便即刻消失。

③ 噪声的再利用问题很难解决。目前对机械噪声的利用就是进行设备故障诊断。如通过对各种机械运动产生噪声的水平和频谱进行测量和分析，作为评价机械结构完善程度和制造质量的指标之一。

为便于理解噪声特征，首先介绍声音的物理量度。

5.1.2 声音的物理量度

声音是声源振动所发出的能量波，能量来源于振源发生的振动，其传播离不开一定的介质。振源、介质、接收器是构成声音的三个基本要素，声音的物理量度主要是音调和声响。频率是音调高低的客观量度，而声压、声强、声功率和响度则反映出声响的强弱。

5.1.2.1 频率

频率是单位时间内完成变化的次数，对声音来说，声源物体或介质每秒（单位时间）发生振动的次数，就是声音的频率，单位是 Hz（赫兹）。频率越高，音调也越高。20～20000Hz 属于正常人耳可听到声音的频率。高于 20000Hz 的称为超声，低于 20Hz 的称为次声，超声和次声都是人耳听不到的。语言的频率一般在 250～3000Hz。频率（f）可由波速和波长求出，即：

$$f = v/\lambda \ (\text{Hz}) \tag{5-1}$$

式中，v 为波速，m/s；λ 为波长，m。

5.1.2.2 声压和声压级

声压是大气受到扰动后发生的变化，即为大气压强的余压，它相当于在大气压强上叠加一个扰动引起的压强变化，声压的单位是 N/m^2。正常人耳刚刚能感觉到的声音的声压为 $2 \times 10^{-5} \text{N/m}^2$，震耳欲聋的声音的声压为 20N/m^2，后者是前者的 10^6 倍，两者相差百万倍。在这么宽的范围内，用声压值来表示声音的强弱极不方便，于是引出了声压级的量来衡量。声压级 L_p 是以听阈声压为基准声压，将实测声压与基准声压比值的平方取常用对数，单位是 B（贝尔），通常以该对数值的 10 倍即 dB（分贝）作为度量单位。计算公式如下：

$$L_p = 10\lg\left(\frac{p}{p_0}\right)^2 \ (\text{dB}) \tag{5-2}$$

式中，p 为实测声压，N/m^2；$p_0 = 2 \times 10^{-5} \text{N/m}^2$，为基准声压，即 1000Hz 纯音的听阈声压。

由式(5-2)可以看出，分贝值表示的是声压平方的对数值，因此，在计算两个声音叠加的声压级时，分别为 p_1 和 p_2 的两个声音叠加的声压级，可有：

$$L_p = 10 \lg \left(\frac{p_1^2 + p_2^2}{p_0^2} \right) (\text{dB})$$

5.1.2.3　声强和声强级

声强表征声波传播的能流密度，即在单位时间内通过垂直于传播方向上单位面积的声音能量，其单位是 W/m^2。以听阈声强值 $10^{-12}\,W/m^2$ 为基准声强，声强级 L_i 定义为：

$$L_i = 10 \lg \frac{I}{I_0} (\text{dB}) \tag{5-3}$$

式中，I 为实测声强，W/m^2；I_0 为基准声强，$10^{-12}\,W/m^2$。

5.1.2.4　声功率和声功率级

声功率是指在单位时间内声源向外辐射的声能量，用以表征噪声源强弱的物理量。单位是 W，以 $10^{-12}\,W$ 为基准声功率，声功率级 L_w 可定义为

$$L_w = 10 \lg \frac{w}{w_0} (\text{dB}) \tag{5-4}$$

式中，w 为实测声功率，W；w_0 为基准声功率，$10^{-12}\,W$。

5.1.2.5　响度和响度级

响度（S）是人对声音大小的一个主观感觉量（单位为 song，宋）。响度的大小决定于声音接收处的波幅，就同一声源来说，波幅传播的愈远，响度愈小；当传播距离一定时，声源振幅愈大，响度愈大。响度的大小与声强密切相关，但响度随声强的变化不是简单的线性关系，而是接近于对数关系。当声音的频率、声波的波形改变时，人对响度大小的感觉也将发生变化。仿照声压级的概念，可引出与频率有关的响度级，来描述人耳主观感觉的声音的量。响度级用 L_L 来表示，单位是 Phon（方）。定义 1000Hz 纯音声压级的分贝值为响度级的数值，任何其他频率的声音，当调节 1000Hz 纯音的强度使之与该声音一样响时，则该 1000Hz 纯音的声压分贝值就定为这一声音的响度级值。

由于响度级是以对数值表示的，所以在声响主观感觉上 100Phon 并不比 50Phon 响一倍。通常，声压级每增加 10dB 感觉响一倍，这样又规定了响度，直接表示感觉的绝对量。响度级与响度有以下关系

$$L_L = 40 + 33.3 \lg S \tag{5-5}$$

利用与基准声音的比较，可以得到整个可听范围的纯音的响度级。人耳对高频声特别是 2000～5000Hz 的声音最为敏感，对低频声音则不敏感。在声学测量仪中，设置 A、B、C、D 四个计权网络，C 网络是在整个可听频率范围内，有近乎平直的响应，对可听声的所有频率都基本不衰减，一般可代表总声压级。B 网络是模拟人耳对 70Phon 纯音的响应，对 500Hz 以下的低频段有一定的衰减。A 网络是模拟人耳对 40Phon 纯音的响应，对低频段有较大的衰减，而对高频段则敏感，这正好与人耳对

噪声的感觉一样。因此在噪声测量中，就用 A 网络测得的声压级表示噪声的大小，叫做 A 声级，记作 dB(A)。

5.1.3　噪声的分类与频谱分析

5.1.3.1　噪声分类

噪声是由不同振幅和频率组成的不协调的嘈杂声。噪声有多种分类方法。按照频率特征和声强随时间变化的特点，噪声可有以下几种类型：

① 连续宽频带噪声，频率范围很宽的噪声；

② 连续窄频带噪声，声能集中在较窄频率范围的噪声；

③ 冲击噪声，连续冲击噪声和机械的反复冲击噪声；

④ 间歇噪声，飞机、交通、排气等产生的噪声。

按照噪声产生的机理，噪声可有以下几种类型：

① 机械噪声，机械设备运转时各部件之间的摩擦、撞击作用所发出的噪声；

② 空气动力性噪声，空气流体流动状态发生突然改变时所发出的噪声。按发生机理分为喷射噪声、涡流噪声、旋转噪声、燃烧噪声等；

③ 电磁性噪声，由于电机等交变力相互作用而产生的噪声称为电磁性噪声，如电流和磁场的相互作用产生的噪声，发电机、变压器产生的噪声等。

按噪声来源划分，噪声可以分为：

① 工厂生产噪声，特别是地处居民区而没有声学防护措施或防护措施不好的工厂辐射出的噪声，对居民的日常生活干扰十分严重。化学工业的某些生产过程，如固体的输送、粉碎和研磨，气体的压缩与传送，气体的喷射及动力机械的运转等都能产生相当强烈的噪声。

② 交通噪声，主要来自交通运输。载重汽车、公共汽车、拖拉机等重型车辆行进噪声。

③ 施工噪声，来源于城市建筑施工噪声。

④ 社会噪声等，主要指人群活动出现的噪声。

声压级随频率变化的图形，称为频谱图。噪声根据其频谱特征可分为以下几种类型：

① 低频噪声，频谱中最高声压级分布在 350Hz 以下；

② 中频噪声，频谱中最高声压级分布在 350～1000Hz；

③ 高频噪声，频谱中最高声压级分布在 1000Hz 以上。

5.1.3.2　噪声频谱分析

工业上的机械噪声，由于声能大多连续分布在较宽的频率范围内，形成连续频谱。在频谱分析时，通常把 20～20000Hz 的声频范围划分为 10 个频带，每个频带上下限之间的频率都相差约一倍，称为倍频带或倍频程。各个频带的中心频率和频带范围见表 5-1。

表 5-1　倍频带范围表

中心频率/Hz	31.5	63	120	250	500
频带上下限/Hz	20～45	45～90	90～180	180～355	355～710
中心频率/Hz	1000	2000	4000	8000	16000
频带上下限/Hz	710～1400	1400～2800	2800～5600	5600～11200	11200～22100

5.1.3.3　几种主要工业噪声源

以下是几种有代表性的工业噪声源的噪声组成及其 A 声级。

① 机泵噪声，泵类噪声主要来源于电机。电机噪声由电机的电磁性噪声、尾部风扇空气动力性噪声以及机械噪声三部分组成，一般为 83～105dB(A)。

② 压缩机噪声，主要由主机的气体动力噪声以及主机及辅机的机械噪声组成，一般为 84～102dB(A)。

③ 加热炉噪声，主要由喷嘴中燃料与气体混合后，向炉内喷射时与周围空气摩擦产生的气体动力学噪声，以及燃料在炉膛内燃烧产生的压力波，激发周围气体发出的噪声所组成，一般为 101～106dB(A)。

④ 风机噪声，主要由风扇转动产生的空气动力噪声、机械传动噪声、电机噪声所组成，一般为 82～101dB(A)。

5.1.4　噪声的危害与评价

5.1.4.1　噪声的危害

噪声属于感觉公害，与水、气污染不同，它有其自身的特点，即环境噪声影响范围的局限性和环境噪声声源分布的分散性。几乎各个工业部门都产生噪声，并且产生的噪声仅仅影响附近的有限区域。噪声已成为污染环境的严重公害之一。

噪声会影响大脑思维、语言传达等，而且妨碍听力，成为引发意外事故的隐患。在强噪声下，会分散人的注意力，对于复杂作业或要求精神高度集中的工作会受到干扰。当噪声超过一定值时，对人会造成明显的听觉损伤，并对神经、心脏、消化系统等产生不良影响，噪声对身体最常见的影响是令人烦躁，并表现有头晕、恶心、失眠、心悸、记忆力衰退等神经衰弱症。对循环系统的影响表现为血管痉挛、血压改变、心律不齐等。此外，还会影响消化机能，造成消化不良、食欲不振等反应。

噪声会造成听力持久性或暂时性的损伤。依据暴露在噪声中的强度和时间，会使听力界限值发生暂时性或永久性的改变。暂时性改变即听觉疲劳，可能在暴露强噪声后数分钟内发生。在脱离噪声后，经过一段时间即可恢复。长时间暴露在强噪声中，听力损伤部分无法恢复，会造成永久性听力障碍，即噪声性耳聋。噪声性耳聋根据听力界限值的位移范围可有：轻度（早期）噪声性耳聋，其听力损失值在 10～30dB；中度噪声性耳聋的听力损失值在 40～60dB；重度噪声性耳聋的听力损失值在 60～

80dB。爆炸、爆破时所产生的脉冲噪声，其声压级峰值高达 170～190dB。在无防护条件下，强大的声压作用于耳鼓膜，造成鼓膜破裂出血，双耳完全失去听力，此即爆震性耳聋。

5.1.4.2 噪声的评价

1967 年，国际标准化组织（ISO）提出了以 A 声级噪声评价为基础的新标准。对于有起伏、有间歇或随时间变化的噪声声场，以等效连续 A 声级作为噪声评价的基础数据。所谓等效连续 A 声级，是指在声场中的某一位置上，用一段时间内能量平均的方法，将间歇暴露的几个不同的 A 声级，折合计算成一个等效的 A 声级来表示，这个 A 声级即为等效连续 A 声级。如果用公式表示，等效连续 A 声级 Leq 为：

$$Leq = 10 \lg \frac{1}{T} \int_0^T 10^{0.1L} dt \qquad (5-6)$$

式中，T 为一段时间的总量；L 为 A 声级变化的瞬时值，dB。

由式（5-6）可以看出，对于一段时间内稳定不变的噪声，其 A 声级就是等效连续 A 声级。对于噪声测量数据的处理，是先将测得的 A 声级按次序从小到大，每 5dB 为一段排列，每一段以中心 A 声级表示。每天以 8h 计，低于 80dB 的不予考虑，则每天的等效连续 A 声级可有以下近似计算公式：

$$Leq = 80 + 10 \lg \frac{\sum_{i=1}^n 10^{\frac{n-1}{2}} T_n}{480} dB(A) \qquad (5-7)$$

式中，T_n 为一个工作日 n 段噪声暴露的总时间，min，n 为中心声级的分段数。

将声级从小到大分成数段排列，每段相差 5dB，以其算术中心级表示。用中心声级表示的各段为 80、85、90、95、100、105、110、115dB 等，90dB 表示 88～92dB 的声级范围，95dB 表示 93～97dB 的声级范围，其余类推，一天各段声级的总暴露时间按表 5-2 统计。

表 5-2　同一工作日内各段中心声级及其暴露时间

n（段）	1	2	3	4	5	6	7	8
中心声级 L_n/dB	80	85	90	95	100	105	110	115
暴露时间 T_n	T_1	T_2	T_3	T_4	T_5	T_6	T_7	T_8

【计算实例】 某化工厂压缩工段操作工，工作时间 8h/天，其中 5h 在操作室观察仪表动态，声级为 78dB(A)，1.5h 在机械附近巡回检查，声级为 104dB(A)，1h 在距声源 20m 以外地点进行设备维护，声级 89dB(A)，其他时间声级在 70dB(A) 以下。计算该操作工每天接触的噪声等效连续 A 声级。

解：根据表 5-2 查得

$L_n = 78dB$，$n=1$，$T_1 = 300min$；

$L_n = 104dB$，$n=6$，$T_6 = 90min$；

$L_n = 89dB$，$n = 3$，$T_3 = 60min$。

将已知值代入式(5-7)，得到该操作工每天接触噪声的等效连续 A 声级为：

$$Leq = 80 + 10lg \frac{10^{\frac{1-1}{2}} \times 300 + 10^{\frac{6-1}{2}} \times 90 + 10^{\frac{3-1}{2}} \times 60}{480} = 98dB(A)$$

我国原卫生部自 2007 年 11 月 1 日起实施的《工作场所有害因素职业接触限值第 2 部分：物理因素》规定，工业企业的生产车间和作业场所的工作地点的噪声标准为 85dB(A)。这个标准是判断工矿企业噪声状况是否合格的主要依据。

5.1.5 噪声的预防与治理

噪声在传播过程中有三个要素，即噪声源、传播途径、接受者，只有这三个要素同时存在时，才能形成危害或干扰。因此，控制噪声的基本措施是消除或降低噪声源、隔离噪声及接受者的个人防护。

5.1.5.1 从声源上降低噪声

工业噪声一般是由机械振动、电磁振动或空气流动产生的。应该采用新工艺、新技术、新设备、新材料及密闭化措施，从声源上根治噪声。

① 选用低噪声设备和改进生产工艺。如用压力机代替锻造机，用焊接代替铆接，用电弧气刨代替风铲等。

② 提高机械设备的加工精度和装配技术，校准中心，维持好动态平衡，注意维护保养，并采取阻尼减振措施等。

③ 对于高压、高速管道辐射的噪声，应降低压差和流速，改进气流喷嘴形式，降低噪声。

④ 控制声源的指向性。对环境污染面大的强噪声源，要合理地选择和布置传播方向，必要时在其传播方向上设置挡板，遮挡噪声的传播。对车间内小口径高速排气管道，应引至室外，让高速气流向上空排放。

5.1.5.2 阻断噪声传播途径（噪声隔离）

噪声隔离是在噪声源和接受者之间进行屏蔽、遮挡、吸收等，阻止噪声的传播。

① 合理布局　在工厂布局时，把强噪声车间和作业场所与职工生活区分开；把工厂内部的强噪声设备与一般生产设备分开布置；把相同类型的噪声源，如空压机、真空泵等集中在一个机房内，便于集中密闭化处理。

② 利用地形、地物设置天然屏障　利用地形如山冈、土坡等，地物如树木、草丛及建筑物等，可以阻断或屏蔽噪声的传播。一定密度和宽度的树丛和草坪，也可导致噪声的衰减。

③ 噪声吸收　利用吸声材料将入射到物质表面上的声能转变为热能，从而产生降低噪声的效果。一般可用玻璃纤维、聚氨酯泡沫塑料、微孔吸声砖、软质纤维板、

矿渣棉等作为吸声材料。可以采用内填吸声材料的穿孔板吸声结构,也可以采用由穿孔板和板后密闭空腔组成的共振吸声结构。

④ 隔声　在噪声传播的途径中采用隔离传播途径的方法(隔声)是控制噪声的有效措施。把声源与周围环境隔绝,如采用隔声间、隔声罩等。隔声结构一般采用密实、重质的材料如砖墙、钢板、混凝土、木板等。对隔声壁要防止共振,必要时可在轻质结构上涂一层损耗系数大的阻尼材料。

5.1.5.3　噪声的个人防护

在声源和传播途径上控制噪声仍不能达标时,个人防护最有效、最经济、最常用的方法是佩戴护耳器,可使耳内噪声降低到 10～40dB,护耳器种类较多,分为耳塞、耳罩、头盔等。护耳器的选择,应该把其对防噪声区主要频率相当的声音的衰减能力作为依据,以确保能够为佩戴者提供充分的防护。护耳器使用者应该在个人防护要求、防护器的挑选和使用方面接受指导。护耳器在使用和存放期间应该防止污染,并定期对其进行仔细检查。护耳器的使用,对于降低噪声危害有一定作用,但只能作为一种临时措施。更有效地降低噪声危害,主要靠减少噪声暴露的时间。

5.2　电磁辐射污染及防治

5.2.1　概述

随着科学技术的进步,在生产实际中越来越多地应用电磁辐射和原子辐射。根据电磁辐射对原子或分子是否形成电离效应而分成两大类型,即电离辐射和非电离辐射。辐射对人体的危害是现代工业所面临的一个新课题。随着工业上各类辐射源日益增多,危害相应增大。因此,必须正确了解各类辐射源的特性,加强防护,以免工作人员受到辐射的伤害。

5.2.2　辐射线的种类与特性

5.2.2.1　概述

把能量比较低,并不能使物质原子或分子产生电离的辐射称为非电离辐射。非电离辐射包括紫外线、红外线、射频电磁波、微波等。而电离辐射是指能量较高,能引起原子或分子产生电离的辐射。α粒子、β粒子、γ射线、X射线、中子射线的辐射都属于电离辐射。各种辐射线的波长(λ)和频率(f)范围如表 5-3所示。

表 5-3　各种辐射线的波长和频率范围

射线种类	γ 射线	X 射线	紫外线	可见光	红外线	射频电磁波
λ / m	$<10^{-10}$	$10^{-10} \sim 10^{-8}$	$10^{-8} \sim 10^{-7}$	$10^{-7} \sim 10^{-6}$	$10^{-6} \sim 10^{-4}$	$10^{-4} \sim 10^{3}$
f / Hz	$3 \times 10^{15} \sim$ 3×10^{18}	$3 \times 10^{15} \sim$ 3×10^{16}	$3 \times 10^{14} \sim$ 3×10^{15}	$3 \times 10^{12} \sim$ 3×10^{14}	$3 \times 10^{12} \sim$ 3×10^{14}	$3 \times 10^{5} \sim$ 3×10^{12}

各种辐射线的特性取决于其基本参数，频率、波速、波长和周期等。参数之间存在以下关系：

$$\lambda = \omega T = \frac{\omega}{f} \tag{5-8}$$

式中，λ 为波长，m；ω 为波速，m/s；T 为周期，s；f 为频率，Hz。

5.2.2.2　紫外线

在电磁波谱带中，紫外线的频带处于 X 射线和可见光之间，波长为 $7.6 \times 10^{-9} \sim 4.0 \times 10^{-7}$ m，自然界中常见的紫外线主要来自太阳辐射、火焰和炽热的物体辐射。凡物体温度达到 1200℃ 以上时，辐射光谱中即可出现紫外线，温度越高，紫外线波长越短，强度越大。紫外线辐射按生物作用可分为三个波段：

① 长波紫外线辐射　波长 $3.20 \times 10^{-7} \sim 4.00 \times 10^{-7}$ m，简称晒黑线，能量较小，生物学作用很弱。

② 中波紫外线辐射　波长 $2.75 \times 10^{-7} \sim 3.20 \times 10^{-7}$ m，简称红斑线，能量居中，能引起皮肤强烈刺激。

③ 短波紫外线辐射　波长 $1.80 \times 10^{-7} \sim 2.75 \times 10^{-7}$ m，简称杀菌线，能量较高，作用于组织蛋白及类脂质。

5.2.2.3　射频电磁波

在电子学理论中，电流流过导体，导体周围会形成磁场；交变电流通过导体，导体周围会形成交变的电磁场，称为电磁波。交变电磁场以一定速度在空间传播的过程，称为电磁辐射。电磁波可以在空气中传播，并经大气层外缘的电离层反射，形成远距离传输能力，具有远距离传输能力的高频电磁波称为射频，当交变电磁场的变化频率达到 100kHz 以上时，称为射频电磁场。射频电磁辐射包括 $1.0 \times 10^{2} \sim 3.0 \times 10^{7}$ kHz 的宽广频带。射频电磁波按其频率大小分为中频、高频、甚高频、特高频、超高频、极高频六个频段。

射频电磁场场源周围存在两种作用场，即近区场和远区场。以场源为中心，在距离为波长 1/6 的距离内，统称为近区场。作用方式为电磁感应，又称为感应场。在近区场内，电磁能量随着同场源距离的增大而较快衰减。在距场源 1/6 波长以外的区域称为远区场。远区场以辐射状态出现，所以又称为辐射场。远区场电磁辐射衰减比较缓慢。

射频电磁场的强度（简称场强）与场源的功率成正比，与距场源的距离成反比，同时场强也与屏蔽和接地程度以及空间内有无金属天线、构筑物或其他能反射电磁波的物体有关。

5.2.2.4 电离辐射粒子和射线

(1) 粒子和射线

α粒子是某些放射性物质衰变时放射出来的氦原子核，有两个质子和两个中子，质量较大。α粒子在空气中的射程为几厘米至十几厘米，带正电荷，穿透力较弱，但有很强的电离作用。常见的来源为钋210和镭226等。如果人类吸入或进食具有α粒子放射性的物质，譬如吸入了辐射烟雨，α粒子就能直接破坏内脏细胞。它的穿透能力虽然弱，但由于它的电离能力很强，能造成的危害并不亚于其他辐射。

β放射性原子核通过发射无线电子和中微子转变为另一种核，产物中的电子就被称为β粒子。它实际上是电子，带一个单位的负电荷，在空气中的射程可达20m，速度可达光速的99%。β粒子的电离作用较弱，但穿透力很强，能穿透6mm厚的铅板或25mm厚的木板。常用的来源为碳14、钙45、磷33。在正β衰变中，原子核内一个质子转变为一个中子，同时释放一个正电子，在负β衰变中，原子核内一个中子转变为一个质子，同时释放一个电子，即β粒子。穿透力较大，危害高于α粒子。

中子是放射性蜕变中从原子核中射出的不带电荷的高能粒子，有很强的穿透力，辐射源为核反应堆、加速器或中子发生器，在原子核受到外来粒子的轰击时产生核反应，从原子核里释放出来。中子按能量大小分为快中子、慢中子和热中子。中子电离密度大，常常引起大的突变。与物质作用能引起散射和核反应。

γ射线为波长很短的电离辐射，X射线的波长为可见光波长的十万分之一，而γ射线又为X射线的万分之一。两者都是穿透力极强的放射线。γ射线在空气中的射程为数百米，能穿透几十厘米厚的固体物质。γ射线的常见来源为镭、碘31、钴60及高能量X射线机。

X射线是波长介于紫外线和γ射线之间的电磁辐射，由德国物理学家W.K.伦琴于1895年发现，故又称伦琴射线，是由X射线机产生的高能电磁波。其波长比γ射线长，射程略近，穿透力不及γ射线；有危险，应屏蔽（用几毫米铅板）。X射线的常见来源为X射线机。

(2) 电离辐射剂量

电离辐射剂量 D 是指受辐射人体单位质量所吸收的放射能量值，可表示为：

$$D = E/M \qquad (5\text{-}9)$$

式中，E 为被照物吸收的总辐射量，10^{-7}J；M 为被照物的总质量，g。电离辐射剂量单位是 R（伦琴）。在标准状况（0℃，101.325kPa）下，通过 1cm³ 干燥空气形成 2.082×10^9 个离子对的射线的照射剂量称为1R。这相当于1g空气或组织吸收的辐射能量为 83×10^{-7}J。

等能伦是伦琴的物理当量，也称为物理当量伦。X射线和γ射线以外的放射线，若使组织吸收的辐射能为 83×10^{-7}J，则该射线的照射剂量为1等能伦。

等效伦或称生物当量伦，又名人体伦琴单位当量。不管何种射线照射人体，所产生的效果如果和 1R X 射线（或 γ 射线）相当，则称该射线的照射剂量为 1 个人体伦琴单位当量。

5.2.3 非电离辐射的危害与防护

5.2.3.1 紫外线的危害与防护

眼睛暴露于短波紫外线时，能引起结膜炎和角膜溃疡，即电光性眼炎。强紫外线短时间照射眼睛即可致病，多数在受照后 4～24h 发病。首先出现两眼怕光、流泪、刺痛、异物感，并带有头痛、视觉模糊、眼睑充血、水肿。长期暴露于小剂量的紫外线，可发生慢性结膜炎。紫外线照射严重者还可致盲。

不同波长的紫外线，可被皮肤的不同组织层吸收。长波紫外线虽不会引起皮肤急性炎症，但对皮肤的作用缓慢，可长期积累，是导致皮肤老化和严重损害的原因之一。中波紫外线对人体皮肤有一定的生理作用。此类紫外线的极大部分被皮肤表皮所吸收，不能渗入皮肤内部。但由于其阶能较高，对皮肤可产生强烈的光损伤，被照射部位真皮血管扩张，皮肤可出现红肿、水泡等症状。长久照射皮肤会出现红斑、炎症、皮肤老化，严重者可引起皮肤癌。因此中波紫外线又被称为紫外线的晒伤（红）段，是应重点预防的紫外线波段。短波紫外线对人体可产生重要伤害作用，因此，对短波紫外线应引起足够的重视。

此外空气受大剂量中短波长紫外线照射后，产生臭氧，对人体的呼吸道和中枢神经都有一定的刺激，间接造成人体伤害。

在紫外线发生装置或有强紫外线照射的场所，必须佩戴能吸收或反射紫外线的防护面罩及眼镜。此外，在紫外线发生源附近可设立屏障，或在室内和屏障上涂以黑色，可以吸收部分紫外线，减少反射作用。

5.2.3.2 射频辐射的危害与防护

射频电磁场的能量被人体吸收后，一部分转化为热能，即射频的致热效应；另一部分则转化为分子的化学能，即射频的非致热效应。射频致热效应主要是机体组织内的电解质分子，在射频电场作用下，产生振荡而发热。体温明显升高。对于射频的非致热效应，在射频辐射中，微波波长短，能量大，对人体的危害尤为明显。微波除有明显致热作用外，对机体还有较大的穿透性。尤其是微波中波长较长的波，能在不使皮肤热化或只有微弱热化的情况下，导致组织内部发热。深部热化对肌肉组织危害较轻，因为血液作为冷媒可以把产生的一部分热量带走。但是内脏器官在过热时，由于没有足够的血液冷却，有更大的危险性。

微波引起中枢神经系统机能障碍的主要表现是头痛、乏力、失眠、嗜睡、记忆力衰退、视觉及嗅觉机能低下。微波对心血管系统的影响，主要表现为血管痉挛、张力障碍症候群。初期血压下降，随着病情的发展血压升高。长时间受到高强度的微波辐射，会造成眼睛晶体及视网膜的伤害。低强度微波也能产生视网膜病变。

我国原卫生部自 2007 年 11 月 1 日起实施的《工作场所有害因素职业接触限值第 2 部分：物理因素》中规定，工作场所 8h 高频电磁场场强的最高允许标准，中波（0.1MHz<f<3MHz），电场强度不超过 50V/m，磁场强度不超过 5A/m；超短波（3MHz<f<30MHz），电场强度不超过 25V/m；微波波段的允许照射标准见表 5-4。

表 5-4　工业场所微波职业接触限值

项目	类型	日剂量 /($\mu W \cdot h/cm^2$)	8h 平均功率密度 /($\mu W/cm^2$)	非 8h 平均功率密度 /($\mu W/cm^2$)	短时间接触功率密度 /($\mu W/cm^2$)
全身辐射	连续微波	400	50	400/t	5
	脉冲微波	200	25	200t	5
肢体局部辐射	连续或脉冲微波	4000	500	4000/t	5

注：t 为受辐射时间，单位为 h。

5.2.4　电离辐射的危害与防护

5.2.4.1　电离辐射的危害

电离辐射对人体的危害是由一定剂量的放射线作用于人体所产生的结果。电离辐射对人体细胞组织的伤害作用，主要是阻碍和伤害细胞的活动机能及导致细胞死亡。放射性危害分为体外危害和体内危害。体外危害是放射线由体外辐射进入人体造成的危害，X 射线、γ 射线、β 粒子和中子都能造成体外危害。体内危害是由于吞食、吸、接触放射性物质，或通过受伤的皮肤直接侵入体内造成的。

在放射性物质中，能量较低的 β 粒子和穿透力较弱的 α 粒子由于能被皮肤阻止，不致造成严重的体外伤害。但电离能力很强的粒子，当其侵入人体后，将导致严重伤害。

人体长期或反复受到超过允许放射剂量的照射能使人体细胞组织机能改变，出现白细胞过多，眼球晶体浑浊，皮肤干燥、毛发脱落和内分泌失调。较高剂量能造成贫血、出血、白细胞减少、胃肠道溃疡、皮肤溃疡或坏死。在极高剂量放射线作用下，造成的放射性伤害有以下三种类型：

① 中枢神经和大脑伤害，主要表现为虚弱、倦怠、嗜睡、昏迷、震颤、痉挛，可在两周内死亡；

② 胃肠伤害，主要表现为恶心、呕吐、腹泻、虚弱或虚脱，症状消失后可出现急性昏迷，通常可在两周内死亡；

③ 造血系统伤害，主要表现为恶心、呕吐、腹泻，但很快好转，约 2～3 周无病症之后，出现脱发、经常性流鼻血，再度腹泻，造成极度憔悴，2～6 周后死亡。

5.2.4.2　放射线最大允许剂量

(1) 自然本底照射

人体不能完全避免放射性辐射。这是由于自然本底照射的结果。每人每年接受宇宙射线约 35mR；接受大地放射性物质的射线约 100mR。接受人体内的放射性物质的射线约 35mR；以上三个方面是自然本底照射的基本组成，总剂量为每人每年约 170mR。

（2）最大允许剂量

国际上规定的最大允许剂量的定义为：在人的一生中，即使长期受到这种剂量的照射，也不会发生任何可觉察的伤害。中国 1974 年颁发的《辐射防护规定》中，对内、对外照射的年最大允许剂量列于表 5-5。

表 5-5　内、外照射的年最大允许剂量

分类	器官名称	职业放射性工作人员/雷姆①	放射性工作场所临近地区人员/雷姆
第一类	全身、性腺、红骨髓、眼晶体	5	0.5
第二类	皮肤、骨、甲状腺	30	3②
第三类	手、前臂、足、踝骨	75	7.5
第四类	其他器官	15	1.5

① 雷姆：生物伦琴当量。表内所列数值均指内、外照射的总剂量当量，不包括自然本底照射和医疗照射。
② 16 岁以下少年甲状腺的限制剂量当量为 15 雷姆/年。

5.2.4.3　电离辐射的防护

放射防护的三原则为时间防护、距离防护和屏蔽防护。

（1）缩短接触时间

不论何种照射，人体受照累计剂量的大小与受照时间成正比。接触射线时间越长，放射危害越严重。尽量缩短从事放射性工作时间，以达到减少受照剂量的目的。在剂量较大的情况下工作，尤其是在防护较差的条件下工作，为减少受照射时间，可采取分批轮流操作的方法，以免长时间受照射而超过允许剂量。

（2）远距离操作或实行遥控

放射性物质的辐射强度（I）与距离（d）的平方成反比，即：

$$\frac{I_1}{I_2} = \frac{d_2^2}{d_1^2} \qquad (5\text{-}10)$$

式（5-10）表明，工作人员在一定的时间内所接受的剂量与距离的平方成反比。与放射源的距离越大，该处的剂量率越小。所以在工作中要尽量远离放射源，采用远距离操作、实行遥控的办法，可以达到防护的目的。

（3）屏蔽防护

采取屏蔽的方法是减少或消除放射性危害的重要措施。屏蔽的材质和形式通常根据放射线的性质和强度确定。屏蔽射线常用铅、铁、水泥、砖、石、有机玻璃、铝板等。

β射线较弱的放射性物质，如碳 14、氢 3、硫 35，可不必屏蔽；强 β 放射性物质，如磷 35，则要 1cm 厚塑胶或玻璃板遮蔽；当发生源发生相当量的二次 X 射线时便需要用铅遮蔽。γ 射线和 X 射线的放射源要在有铅或混凝土屏蔽的条件下储存，屏蔽的厚度根据放射源的放射强度和需要减弱的程度而定。

水、石蜡或其他含大量氢分子的物质，对遮蔽中子放射线有效，若屏蔽射线量少时，也可使用隔板。

5.2.4.4 个人防护服和用具

在任何有放射性污染或危险的场所，都必须穿工作服、戴胶皮手套、穿鞋套、戴面罩和目镜。在有吸入放射性粒子危险的场所，要携带氧气呼吸器。在发生意外事故导致大量放射污染或被多种途径污染时，可穿供给空气的衣套。

5.2.4.5 操作安全事项

合理的操作程序和良好的卫生习惯，可以减少放射性物质的伤害。其基本要点为：

① 为减少破损或泄漏，应在双层容器内操作。工作台上应覆盖能吸收或黏附放射物质的材料。

② 采用湿法作业，并避免放射物经常转移。手腕以下有伤口时，不应操作。用过的吸管、搅拌、烧杯及其他器皿，应放在放射线吸收物质上，不得放在工作台上，更不能在放射区外使用。

③ 放射性物质应存放在有屏蔽的安全处，易挥发的化学物质应放在通风良好处。为防止因破损而引起污染，所有装放射物的瓶子都应储存在大容器或受容盘内。

④ 在放射物作业场所，严禁饮食和吸烟。人员离开放射物作业场所，必须彻底清洗身体的暴露部分，特别是手，要用肥皂和温水洗净。信号和报警设施对于辐射区或空气中具有放射活性的地区，以及在搬运、储存或使用超过规定量的放射物质时，都应严格规定设置明显警告标志或标签。在所有高辐射区都要有控制设施，使进入者可能接受的剂量减少至每小时100mR以下，并设置明显的警戒信号装置。在发生紧急事故时，需要所有人员立即安全撤离。应设置自动报警系统，使所有受到紧急事故影响的人都能听到撤离警报。

5.3 放射性污染及防治

5.3.1 概述

世界上一切物质都是由原子的微小结构构成的，原子的中心是"原子核"。有的原子核稳定，有的不稳定。不稳定的原子核会放射出各种"射线"，这种现象就是人们常说的"放射性"。

放射性自古以来就存在于人们生活的周围环境中。放射性可以说无处不在，人们吃穿用住所牵涉的物品，所处的周围环境像天空大地、山川草木乃至人体自身都有放射性。地壳是天然放射性核素的重要来源，尤其是原生放射性核素。此外，天然放射性物质还包括宇宙射线。宇宙射线是从宇宙空间透过大气层射到地球上的高能粒子流（由质子、粒子等组成）。一定剂量的天然放射性已为人类所适应，并未造成什么危害。

自然界常见的天然放射性核素主要为 ^{40}K、^{229}Ra。另外，^{210}Po、^{131}I、^{90}Sr、^{137}Cs 等，也是污染食品的重要的放射性核素。

放射性污染是指因人类的生产、生活所排放的放射性物质所产生的辐射超过环境标准时，产生放射性污染而危害人体健康的一种现象。放射性物质的污染主要是通过水及土壤、农作物、水产品、饲料等，经过生物圈进入食品，并且可通过食物链转移。还可以通过外照射的方式危害人类的健康。因此它对环境的污染愈来愈受到人们的重视。

5.3.2 放射性物质的来源和危害

5.3.2.1 放射性物质的来源

人工放射源主要有以下几类。

（1）核试验的沉降物

在进行核试验时，排入大气中的放射性烟云与大气中的飘尘、蒸气相结合，由于重力作用或降雨降雪而沉降于地球表面，这些物质称为放射性沉降物或放射性粉尘。放射性沉降物随大气环流而播散的范围很大，往往可以沉降到整个地球表面，而且沉降很慢，一般需要几个月甚至几年才能落到大气对流层或地面。

（2）核工业的"三废"排放

原子能工业的中心问题是核燃料的产生、使用与回收，核燃料循环的各个阶段均会产生废料、废水、废气的排放。这些放射性"三废"均有可能造成污染，尤其当原子能工厂发生意外事故时，其污染是相当严重的。国外就有因原子能工厂发生故障而被迫全厂封闭的实例。

（3）医疗照射引起的放射性污染

目前，由于辐射在医学上的广泛应用，已使医用射线源成为主要的环境人工污染源。同位素治疗和诊断会产生放射性污水。放射性同位素在衰变过程中产生 α、β 和 γ 放射线，在人体内积累而危害人体健康。使用医用射线源对癌症进行诊断和医治过程中，患者所受的局部剂量差别较大，大约比通过天然源所受的年平均剂量高上几十倍，甚至上千倍。例如，进行一次肺部 X 射线透视，约接受 $(4\sim20)\times0.0001Sv$ 的剂量（$1Sv$ 相当于每克物质吸收 0.001J 的能量），进行一次胃部透视，约接受 $0.015\sim0.03Sv$ 的剂量。

（4）其他各方面的放射性污染

① 一般居民消费用品，包括含有天然或人工放射性核素的产品，如放射性发光表盘、夜光表以及彩色电视机产生的照射，虽对环境造成的污染很低，但也有研究的必要。

② 工业、医疗、核潜艇或研究用的放射源，因运输事故、遗失、误用以及废物处理等失去控制而对居民造成大剂量照射或污染环境。在工业方面，利用放射源可以进行资源勘探、矿石成分分析、配料控制和工业成像等。金属冶炼、自动控制、生物工程、计量等研究部门，几乎都有涉及放射性方面的课题和试验。在这些研究工作

中，都有可能造成放射性污染。

5.3.2.2 放射性对人的危害

放射性物质可通过空气、饮用水和复杂的食物链等多种途径进入人体，它们发出的射线会破坏机体内的大分子结构，甚至直接破坏细胞和组织结构，给人体造成损伤。高强度射线会灼伤皮肤，引发白血病和各种恶性肿瘤，破坏人的生殖机能，严重的能在短期内致死。少量累积照射会引起慢性放射病，使造血器官、心血管系统、内分泌系统和神经系统等受到损害，发病过程往往延续几十年。

在大剂量的照射下，放射性对人体和动物存在着某种损害作用。如在 400rad 的照射下，受照射的人有 5% 死亡；若照射 650rad，则人 100% 死亡。照射剂量在 150rad 以下，死亡率为零，但并非无损害作用，往往需经 20 年以后，一些症状才会表现出来。放射性也能损伤遗传物质，主要在于引起基因突变和染色体畸变，使一代甚至几代受害。

对人体的危害主要包括三方面：

① 直接损伤　放射性物质直接使机体物质的原子或分子电离，破坏机体内某些大分子如脱氧核糖核酸、核糖核酸、蛋白质分子及一些重要的酶。

② 间接损伤　各种放射线首先将体内广泛存在的水分子电离，生成活性很强的 H^+、OH^- 和分子产物等，继而通过它们与机体的有机成分作用，产生与直接损伤作用相同的结果。

③ 远期效应　主要包括辐射致癌、白血病、白内障、寿命缩短等方面的损害以及遗传效应等。根据有关资料介绍，青年妇女在怀孕前受到诊断性照射后其小孩发生 Downs 综合征的概率增加 9 倍。又如，受广岛、长崎原子弹辐射的孕妇，有的就生下了弱智的孩子。根据医学界权威人士的研究发现，受放射线诊断的孕妇生的孩子小时候患癌和白血病的比例增加。

进入人体的放射性物质，在人体内继续发射多种射线引起内照射。当所受有效剂量较小时，生理损害表现不明显，主要表现为患癌症风险增大。应当指出，完全没有必要担心食品中自然存在的非常低的放射性。近年来有专家认为小剂量辐照对人体不仅无害而且有某些好处，即所谓兴奋效应。

不同放射性物质的对人体危害如下：

① 铀矿粉尘　铀矿粉尘主要含二氧化硅和放射线杂质。一般的铀矿粉尘中含游离二氧化硅 30%～70%，甚至高达 90% 以上。在生产岗位周围的粉尘浓度过高，或者粉尘粒度很小，同时人体鼻、咽、气管防御机能已损害时，经长时间接触粉尘作业就有可能发生硅肺病。

② 氡气　氡气是由镭衰变而成的惰性气体。氡的危害实际上是氡及其子体在衰变过程中放出来的射线对人体产生的危害。氡气对人体的危害是内照射，由于肺部受到放射性作用而增强呼吸活动，致使肺疲劳并积聚乳酸，从而破坏了酶的过程，为发生肺良性肿瘤及肺癌创造了条件。此外，氡气和石英粉尘的复合作用也会使发生的硅肺病更为严重。

③ 氡子体　氡原子的衰变产物被称为氡子体,固态微粒氡子体容易同空气中的各种尘粒结合成结合态。大于 $2\mu m$ 的结合态氡子体,被呼吸器官阻留。通常约有 60% 的氡子体被阻留在上呼吸道内的支气管壁上,所以其遭受射线损伤要比其他部位大。沉积在人体内的氡子体,由于衰变而不断放出 α、β、γ 射线,形成对机体的内照射而损害人体的健康。

④ 镭　镭进入人体后,主要蓄积在骨骼中,约占体内总量的 95%。镭具有亲骨性,破坏造血功能,引起骨癌。人体内的镭主要由大便和尿排出体外,生物半排期 25 年。

⑤ 铀　铀进入人体积累在肾脏约占 20%,骨骼中约占 $10\% \sim 50\%$,肝脏积聚很少,大部分随尿排出体外,生物半衰期为 300 天。天然铀对人体的危害主要是化学毒性,进入体内的量越多,其化学毒性越明显。往往化学毒性掩盖了轻微的放射性毒性。

5.3.3　放射性污染的防治

5.3.3.1　污染源的控制

(1) 放射性废气 (包括粉尘、烟、雾、蒸气等) 处理

① 铀矿开采过程中所产生废气、粉尘,一般可通过改善操作条件和通风系统得到解决。常用旋风分离器、静电除尘器、湿式净气器和高效特种过滤器等。一般低水平的废气可采取稀释高空排放。一些放射性惰性气体 (如氩、氮、氙等) 半衰期较短,也可用活性炭吸附后,放置一段时间任其衰变,高水平废气经过滤收集处理。

② 实验室废气,通常是进行预过滤,然后通过高效过滤后再排出。

③ 燃料后处理过程的废气,大部分是放射性碘和一些惰性气体。

(2) 放射性废水处理

放射性废水按其所含的放射性一般可分为两类:高水平放射性废水和低水平放射性废水。高水平放射性废水主要是核燃料后处理第一循环产生的废水;低水平放射性废水产生于核燃料前处理 (包括铀矿开采、水冶、精炼、核燃料制造等过程中产生的含铀、镭等的废水),核燃料后处理的其他工序,以及原子能发电站,应用放射性同位素的研究机构、医院、工厂等排出的废水。

放射性废水所含的放射性核素用任何水处理方法都不能改变其固有的放射性衰变特性,其处理一般按下述两个基本原则:一是将放射性废水排入水域 (如海洋、湖泊、河流、地下水),通过稀释和扩散达到无害水平,这一原则主要适用于极低水平的放射性废水的处理;二是将放射性废水或其浓缩产物与人类的生活环境长期隔离,任其自然衰变,这一原则对高、中、低水平放射性废水都适用。

(3) 放射性废渣处理

含放射性废渣一般可采用深埋法、燃烧法、再熔化法处理。

5.3.3.2　防护方法

人体受到射线照射的方式有两种:体外的射线照射 (简称外照射) 和射线源进入体内而使人体所受到的照射 (简称内照射)。对外照射防护的基本原则是避免或尽量减少来自体外的各种射线对人体的照射时间和照射剂量。可以采取以下几种办法：

① 距离防护　尽可能远离射线源，距离放射源越远，接触的射线就越少，受到的伤害也越小。使用放射源时，利用简单的各种长柄工具进行操作，就能达到距离防护的目的。

② 时间防护　人受照射时间越长，接受的照射剂量越多。尽可能减少可能受到射线照射的时间，限制在放射源的区域内的停留时间，可减少人们接触射线的机会。

③ 屏蔽防护　在射线源的周围设置能够吸收或阻挡射线的物体（称为屏蔽物），尽可能减弱射线到达人体时的强度。不同的射线对屏蔽物有不同的要求。对 α 射线和 β 射线，不需要很厚的屏蔽物，而 γ 射线的穿透能力强，要用很厚很重的材料作为屏蔽物。最常用的有铝、铁、混凝土等。而对于中子的屏蔽材料则选用对中子吸收能力好的石蜡、硼、水等。取适当的屏蔽材料（如混凝土、铁或铅制等）做成屏蔽体可遮挡放射源发出的射线。

④ 加强剂量监测　保证射线源安全运行，避免各种人为事故的发生。

总之，只要遵循上述各项基本原则和方法，配备必要的防护设备，严格遵守安全操作规程，就能够避免射线对人体可能造成的危害。在实际工作中，通常将上述几种防护办法组合应用。

5.4 热污染及防治

5.4.1 热污染概述

大量的废热（含热淡水、化学物质 CO_2、废气及热辐射）不断进入环境，使局部环境温度升高，对人类和生态系统造成直接或间接、即时或潜在的影响，称为热污染。热污染的主要来源是发电、冶金、化工及其他工业企业的燃烧和化学反应所产生热量（一部分转化为产品，一部分以废热的形式直接排入环境），含热废气及热辐射。热污染的另一重要来源是城市居民的炉灶、空调、机动车辆及密集的人群。城市中由混凝土、砖瓦石料堆砌而成的建筑群以及由水泥、柏油铺设的路面能大量储存太阳能。

热污染是一种能量污染，是指人类活动危害热环境的现象。

(1) 空气热污染

由于向大气排放含热的废气和蒸气，导致大气温度升高而影响当地气象条件时，即为大气热污染，大气热污染给人类带来多种不良影响。因城市地区人口集中，建筑群、街道等代替了地面的天然覆盖层。工业生产排放热量，大量机动车行驶，大量空调排放热量而形成城市气温高于郊区农村的热岛效应，热岛效应造成局部大气增温也将影响大气循环，造成干旱。

（2）水体热污染

发电、冶金、化工及其他工业企业冷却水外排所造成的水体温度升高，使水中溶解氧减少，水中毒物毒性增高，某些细菌繁殖，鱼类不能繁殖或死亡，破坏水域生态环境而引起水质恶化，造成附近水域水体热污染。

5.4.2 热污染的危害

由于向水体中排放含热废水、冷却水，导致水体在局部范围内水温升高，使水质恶化，影响生物圈和人类的生产、生活活动时，称为水体热污染。主要表现如下：

① 水质变差　水温上升，黏度下降，水中溶解氧减少。当水体温度从10℃升至30℃时，水中溶解氧浓度从11mg/L降至8mg/L左右；同时，水体系统的生物化学反应加快，水中原有的氰化物、重金属离子等污染物毒性将随之增加。

② 影响水生生物的生长　水温升高，鱼及其他微生物的生长过程受阻碍，严重时将导致死亡，在水温较高的条件下。鱼及水中动物代谢增高，需要更多的水中溶解氧，此时溶解氧减少，而重金属污染物毒性增加，势必对鱼类和微生物生存形成更大的威胁。由于水温升高使水体处于缺氧状态，同时又使水生生物代谢率增高而需要更多的氧，造成一些水生生物发育受阻或死亡，从而影响环境和生态平衡。

③ 引起藻类及湖草的大量繁殖　藻类与湖草的大量繁殖，消耗了水中溶解氧，影响鱼类生存。另外在水温较高时产生的一些藻类，如蓝藻，可引起水的味道异常，并可使人畜中毒。

④ 热污染引起气候变化　热污染的产生随着人类消耗能量的增长，城市排入大气的热量日益增多，使得地面反射太阳热能的反射率增高，吸收太阳辐射热减少，上升气流减弱，阻碍云雨形成，造成局部地区干旱，影响农作物生长。近一个世纪以来，地球大气中的二氧化碳不断增加，气候变暖，冰川积雪融化，使海水水位上升，一些原本十分炎热的城市，变得更热。专家们预测，如按现在的能源消耗速度计算，一个世纪后两极温度将上升3～7℃，对全球气候会有重大影响。

城市热岛效应是城市气候中典型的特征之一，它是城市气温比郊区气温高的现象。城市热岛以市中心为热岛中心，有一股较强的暖气流在此上升，而郊外上空为相对冷的空气下沉，这样便形成了城郊环流，空气中的各种污染物在这种局地环流的作用下，聚集在城市上空。如果没有很强的冷空气，城市空气污染将加重，人类生存的环境被破坏，导致人类发生各种疾病，甚至造成死亡。城市热岛的形成，一方面是在现代化大城市中人们的日常生活所发出的热量；另一方面，城市内建筑群密集，沥青和水泥路面比郊区的土壤、植被可吸收更多的热量，而反射率小，使得城市白天吸收储存太阳能比郊区多，夜晚城市降温缓慢仍比郊区气温高。

⑤ 热污染对人类健康的危害　热污染还对人体健康产生了许多危害。它全面降低了人体机理的正常免疫功能，包括致病病毒或细菌对抗生素越来越强的耐热性以及

生态系统的变化降低了机体对疾病的抵抗力，从而加剧各种新、老传染病并发流行。河水水温升高给一些致病微生物创造了人工温床，使它们得以滋生、泛滥，引起疾病流行，危害人类健康。1965 年澳大利亚曾流行过一种脑膜炎，后经科学家证实，其祸根是一种变形原虫，由于发电厂排出的热水使河水温度增高，这种变形原虫在温水中大量滋生，造成水源污染而引起了这次脑膜炎的流行。

造成热污染最根本的原因是能源未能被最有效、最合理的利用。随着现代工业的发展和人口的不断增长，环境热污染将日趋严重。然而，人们尚未有一个量值来规定其污染程度，这表明人们并未对热污染有足够重视。为此，科学家呼吁应尽快制定环境热污染的控制标准，采取行之有效的措施防治热污染。

5.4.3 热污染的防治

(1) 废热的综合利用

改进热能利用技术，是减少热污染的最主要措施。工业生产过程中产生的余热种类繁多，有高温烟气余热、高温产品余热、冷却介质余热和废气废水余热等。在某一处的余热，在另外一处可以作为能源。我国每年可利用的工业余热相当于 5000 万吨标煤的发热量。在冶金、发电、化工、建材等行业，可通过热交换器利用余热来预热空气、原燃料、干燥产品、生产蒸汽、供应热水等。此外还可以调节水田水温，调节港口水温以防止冻结。

对于冷却介质余热的利用方面主要是电厂和水泥厂等冷却水的循环使用，改进冷却方式、减少冷却水排放。对于压力高、温度高的废气，要通过汽轮机等动力机械直接将热能转为机械能。

(2) 加强隔热保温、防止热损失

在工业生产中，要加强保温、隔热措施，以降低热损失，如水泥窑筒体用硅酸铝毡、珍珠岩等高效保温材料，既减少热散失，又降低水泥熟料热耗。

(3) 寻找新能源

利用水能、风能、地能、潮汐能和太阳能等新能源，既解决了污染物，又是防止和减少热污染的重要途径。特别是太阳能的利用上，各国都投入大量人力和财力进行研究，取得了一定的效果。

本章你应掌握的重点：

1. 噪声污染的危害及防治；
2. 电磁辐射的来源、种类、危害及防治；
3. 放射性污染的来源、种类、危害及防治；
4. 热污染的危害及防治等知识。

● 参考文献

[1]　许文. 化工安全工程概论 [M]. 北京：化学工业出版社，2002.
[2]　杨铭枢，卢宝文. 环境保护概论 [M]. 北京：石油工业出版社，2009.
[3]　胡昌秋，曲向荣. 环境保护概论 [M]. 沈阳：辽宁大学出版社，2007.
[4]　徐炎华. 环境保护概论 [M]. 北京：中国水利水电出版社，2009.

第6章

化工清洁生产

本章你将学到:

1. 清洁生产的内容、目标、特点、层次及实施清洁生产的基本途径;
2. 清洁生产促进法的立法目的、指导思想、基本原则及主要内容;
3. 化工清洁生产技术;
4. 可持续发展及循环经济。

6.1 清洁生产概念

6.1.1 清洁生产定义

清洁生产在不同发展阶段或不同国家曾有许多不同叫法,如污染预防、废物最少化、清洁工艺等。联合国环境规划署(UNEP)在总结分析各国开展的污染预防活动后,提出了清洁生产的定义,并得到了国际社会的普遍认可和接受。其定义为:"清洁生产是一种新的、创造性的思想,该思想将整体预防的环境战略持续应用于生产过程、产品和服务中,以增加生态效率和减少人类及环境的风险。对生产过程,要求节约原材料和能源,淘汰有毒原材料,减降所有废弃物的数量和毒性;对产品,要求减少从原材料提炼到产品最终处置的全生命周期的不利影响;对服务,要求将环境因素纳入设计和所提供的服务中"。《中华人民共和国清洁生产促进法》(以下简称"清洁生产促进法")对清洁生产的定义为:"本法所称清洁生产,是指不断采取改进设计、使用清洁的能源和原料、采用先进的工艺技术与设备、改善管理、综合利用等措施,从源头削减污染,提高资源利用效率,减少或者避免生产、服务和产品使用过程中污染物的产生和排放,以减轻或者消除对人类健康和环境的危害。"清洁生产思想的形成，是人们思想和观念的转变，也是目前全球环境形势下人们不得不面临的一个问题。

人们传统的污染物治理模式，就是控制污染物的达标排放，也就是所谓的"末端治理"，投入高、治理难度大、运行成本高，且只能够在一定时期内或局部地区起到一定作用，而不能从根本上解决工业污染问题。针对传统"末端治理"模式的局限性，人们提出了清洁生产的思路，也就是对企业的生产从原材料选取、生产过程到产品服务全过程进行控制，从而达到从根本上治理污染的目的。

6.1.2 清洁生产的内容

从定义看出，清洁生产的内容主要包括以下三个方面：

(1) 清洁的能源

是指新能源开发、可再生能源利用、现有能源的清洁利用以及对常规能源（如煤）采取清洁利用的方法，如城市煤气化、乡村沼气利用、各种节能技术等。

(2) 清洁的生产过程

应当尽量少用或不用有毒有害及稀缺原料；生产过程产出无毒、无害的中间产品，减少副产品；选用少废、无废的工艺和高效的设备；减少生产过程中的各种危险因素，采用简单和可靠的生产操作和控制方法；促进物料的再循环，开展生产过程内部原料的循环使用和回收利用，提高资源和能源的利用水平；完善管理，培养高素质人才，树立良好的企业形象。

(3) 清洁的产品

要求产品具有合理的寿命期和使用功能；产品本身及在使用过程中、使用后不危害人体健康和生态环境；产品合理包装，应易于回收、复用、再生、处置和降解。

6.1.3 清洁生产的层次

清洁生产强调全过程控制，可分为以下三个层次：

① 低层次，是企业生产过程的全过程控制，即从产品、原材料、能源选择、原材料采购、储运、生产组织形式、生产工艺设备选择及产品生产、包装、储运的全过程控制污染。

② 中层次，是工业再生产过程的全过程污染控制，即在基本建设、技术改造、工业生产及供销活动过程中进行污染控制。

③ 高层次，是经济再生产全过程污染控制，即生产、流通、分配、消费各领域的过程控制，也就是按产品的生命周期全过程进行控制，甚至包括产品报废后的回收利用。

6.1.4 清洁生产的目标

清洁生产谋求达到以下两个目标：

① 通过使用最低限度的原材料、资源的综合利用、短缺资源的代用、二次能源的利用，以及节能、节水等措施，实现合理利用资源，最大限度地提高资源和能源利用效率，以减缓资源的枯竭。

② 在生产过程中，尽可能减少废物和污染的产生和排放，促进工业产品的生产、消费过程与环境相容，降低整个工业活动对人类和环境的风险。

6.1.5 清洁生产的特点

清洁生产具有以下四个特点：

① 是一项系统工程。清洁生产是对生产全过程以及产品的整个生命周期采取污染预防的综合措施，涉及产品设计、能源替代、工艺过程、污染物处置及物料循环等。

② 重在预防。清洁生产以预防为主，通过污染物产生源的削减和回收利用，使废物减至最少。

③ 经济与环境效益的统一。实施清洁生产，将使生产体系运行最优化，提升产品竞争力，与过去常规环境治理比较，它兼顾了经济效益与环境效益，使二者达到统一。

④ 与企业发展相适应。清洁生产结合企业产品特点和工艺生产要求，促进企业调整，以适合企业生产经营的需要。

6.1.6 实施清洁生产的基本途径

实施清洁生产的基本途径包括以下几个方面：

(1) 改进产品设计，优化原材料选择

应使产品的设计能够充分利用资源，有较高的原料利用率，产品无害于人体健康和生态环境。原材料选择上尽量减少有毒有害物料使用，减少生产过程中的危险因素。对于那些生产过程中消耗大、污染重，或消费过程中、报废后产生严重环境影响的产品，应加以淘汰、调整和改进。

(2) 改革生产工艺，更新生产设备

生产过程中产生废料，造成污染的重要原因是工艺不够合理、完善。应采用先进的技术，改进生产工艺和流程，淘汰落后生产设备和工艺路线，合理循环利用能源、原材料，提高生产自动化管理水平，提高原材料和能源的利用水平，减少废弃物的产生。

(3) 物料闭路循环，废物综合利用

工业生产中排放的"三废"，实质上是生产过程中流失的原料、中间体和副产品。实施清洁生产要求流失物料必须加以回收，使之重新返回到流程中，建立从原料投入到废物循环回收利用的生产闭路循环，达到既减少污染又创造财富的目的。综合利用不应局限于某个企业内部，还应该推进企业间的合作。"零排放"就是其所倡导的一种典型思路，以原料为核心，建立互补式的生态工业园区生产模式，使资源得到最充分的利用。

（4）加强科学管理

经验表明，强化管理能削减 40％污染物的产生。实施清洁生产要转变传统的生产观念，建立一套健全的环境管理体系，使人为的资源浪费和污染排放减至最小。

6.1.7　清洁生产与末端治理

末端治理是目前国内外控制污染、保护环境的主要手段，清洁生产是一种新的、创造性的思维，是两种截然不同的环保思维，主要体现在以下几个方面：

① 侧重点不同，清洁生产侧重"防"，末端治理侧重"治"。清洁生产侧重于系统性和综合性的减少污染物的产生，重视源头削减；而末端治理侧重于将产生后的污染物加以无害化，实现达标排放，减少对环境的直接污染影响。

② 清洁生产可实现环境与经济效益的统一，末端治理会导致环境效益与经济效益的对立。清洁生产通过源头削减，充分地利用原材料获取产品，减少原料的浪费和污染物的产生，同时获得环境效益和经济效益；而末端治理只是通过利用环境技术减少污染物的排放，在高的经济投入前提下获得有限的环境效益。

③ 清洁生产因能为企业取得长远的经济效益和环境效益，提高企业的社会形象，减少企业的环境风险，并从优化机制、技术革新、提高素质等方面持续获得发展动力；而末端治理因带来经济负担，企业只是消极应付环境执法，较为被动。

④ 清洁生产有利于企业采用综合、系统的方法，减少资源、能源浪费，提高企业的整体效益和发展前景，有利于企业的持续发展，而末端治理因没有经济效益而举步维艰，且局部"治标"难以满足日益严格的环保要求和资源需求，难以持续。

末端治理与清洁生产两者并非互不相容，在推行清洁生产的同时仍然需要末端治理的措施加以补充和配合，现实的工业生产过程难以完全避免污染物的产生，只能有限度地实现污染预防；此外，失去使用功能的产品需要最终处理、处置等末端治理或资源化方法。因此，清洁生产和末端治理将长期并存、相互补充。

6.2　《清洁生产促进法》

《中华人民共和国清洁生产促进法》于 2002 年 6 月 29 日经第九届全国人民代表大会常务委员会通过，2012 年 2 月 29 日第十一届全国人民代表大会常务委员会第二十五次会议通过《全国人民代表大会常务委员会关于修改〈中华人民共和国清洁生产促进法〉的决定》，自 2012 年 7 月 1 日起施行。该法以对清洁生产进行引导、鼓励和支持保障的法律规范为主要内容，不侧重直接行政控制和制裁，故称之为"促进法"。

6.2.1 《清洁生产促进法》立法目的

《清洁生产促进法》第一条阐明了制定本法的目的是为了促进清洁生产，提高资源利用效率，减少和避免污染物的产生，保护和改善环境，保障人体健康，促进经济与社会可持续发展。根据本条规定，清洁生产促进法的立法目的包括以下几方面内容：

(1) 促进清洁生产

清洁生产是实施可持续发展战略的关键措施，是一种能够兼顾经济发展和环境保护的双赢策略，并且也是一个对政府、企业和大众均有经济和社会效益的生产模式。然而，将清洁生产的理念付诸实施的过程中，无论是政府管理层次，还是企业经营层次以及大众消费层次均存在诸多障碍，这些障碍严重影响清洁生产的推行深度和广度，运用法律手段，消除推行清洁生产的障碍，规范、引导、保障清洁生产活动的有效开展。制定一部适合我国国情的鼓励性、促进性的清洁生产法律，有助于使各级政府、企业界和全社会了解实施清洁生产的重要意义，提高企业自觉实施清洁生产的积极性，有助于明确各级政府及有关部门在推行清洁生产方面的义务，为企业实施清洁生产提供支持和服务；有助于帮助企业克服技术、资金、市场等方面的障碍，增强企业实施清洁生产的能力，有助于明确企业实施清洁生产的途径和方向。

(2) 提高资源利用效率

清洁生产强调从产品的原材料采用到最终处置的整个生产过程进行全方位控制，采用先进的工艺技术与设备、改善管理、综合利用等措施。清洁生产要求对自然资源的合理利用，要求投入最少的原材料和能源，生产出尽可能多的产品，提供尽可能多的服务，包括最大限度节约能源和原材料，利用可再生能源或者清洁能源、减少使用稀有原材料、循环利用物料等措施。清洁生产还要求经济效益的最大化，通过节约资源、降低损耗、提高生产效益和产品质量，达到降低生产成本、提升企业竞争力的目的。

(3) 减少和避免污染物的产生

目前我国制定的多部环境保护方面的法律已经对生产过程中产生的污染物治理作了明确规定，并且制定了一些强制性标准，这对减少因在生产过程中产生污染物对环境的破坏起着重要作用。与这些法律不同，《清洁生产促进法》的立法目的要求减少和避免污染物的产生，而不是通常环境保护方面的法律所规定的对产生的污染物进行治理。这是因为，清洁生产的实质，是贯彻污染预防原则，从生产设计、能源与原材料选用、工艺技术与设备维护管理等生产和服务的各个环节实行全过程控制，从生产和服务源头减少资源浪费，促进资源的循环利用，从而控制污染物的产生或完全避免污染物的产生。

(4) 保护和改善环境

保护和改善环境是我国的一项基本国策，实施清洁生产的重要目的是实现经济效益与社会效益的统一，制定《清洁生产促进法》，引导和鼓励企业在生产过程中实行清洁生产，目的也是为了更好地保护和改善我们的生活环境和生态环境。

（5）保障人体健康

清洁生产可以减轻和避免污染物的产生，从而避免或者减少对人体的危害。同时，清洁生产要求生产出的产品也要尽量减轻对环境的危害，符合环保标准，使产品在使用过程中不对环境和人们的身体健康造成危害，保障人体健康。

（6）促进经济与社会可持续发展

制定《清洁生产促进法》，促使企业在生产和服务中不断采取改进设计、使用清洁能源和原料、采用先进的工艺技术与设备、改善管理、综合利用等措施，从源头削减污染，提高资源利用效率，减少或者避免污染物的产生和排放，减轻或者消除对人类健康和环境的危害，也是为了保障和促进可持续发展战略的实施。

6.2.2　制定《清洁生产促进法》的指导思想和基本原则

我国《清洁生产促进法》的核心思想是引导企业、地方和行业领导转变观念，从传统的末端治理转向污染预防和全过程控制，制定《清洁生产促进法》遵循如下的指导思想和基本原则：

（1）推行清洁生产以鼓励和支持性政策为主

《清洁生产促进法》是一部以政策为主要内容的文件，包括了鼓励性支持性政策、经济政策和强制性政策几个方面，鼓励性、支持性条文占绝大部分。支持性政策的涉及面很宽，包括国家宏观政策及国家和地方规划、行动计划以及宣传与教育、培训等能力建设。在国家宏观调控方面，今后制定的产业政策应把清洁生产作为工业生产的指导方针之一，按照污染预防的原则，鼓励发展物耗少、污染轻的工业企业，限制高物耗、重污染的工业企业。财政、金融部门要把实施清洁生产作为制定信贷和税收政策的准则之一，对实施清洁生产的企业应在信贷、税收方面加以扶持。

（2）提出多途径解决推动清洁生产资金问题，大力支持中小企业实施清洁生产

该法规定，对从事清洁生产研究、示范和培训，实施国家清洁生产重点技术改造项目和自愿削减污染物排放协议中载明的技术改造项目，列入国务院和县级以上地方人民政府同级财政安排的有关技术进步专项资金的扶持范围；在依照国家规定设立的中小企业发展基金中，要根据需要安排适当数额用于支持中小企业实施清洁生产。

（3）清洁生产实施主体是生产企业，但离不开政府的引导和约束

一般来说，企业产品已经定型、生产线已经形成，不愿意主动采取清洁生产措施解决污染问题。因此，中央和地方的各个政府部门在促进清洁生产发展及将其运用于经济建设过程中起着至关重要的作用，鼓励、支持、约束、强制等机制将直接影响企业对清洁生产的态度。

（4）加强清洁生产培训和教育

目前我国一些政府部门、企业和公众对清洁生产的认识还不是很清楚，尤其是企业对于清洁生产还存在很多糊涂认识，往往认为清洁生产只是从环保角度出发而提出的一种措施，对于清洁生产可能带来的经济效益和资源节约效益往往认识不到位，因此广泛开展和加强清洁生产培训和教育是十分必要的。

（5）清洁生产工作在工业、农业、服务业等领域均可发挥重要作用

清洁生产工作以工业部门为重点，但不限于工业部门，在农业、服务业等领域也存在不合理配置资源、不合理消耗资源和污染环境的问题，同样也应当实施清洁生产，发挥其节约资源、保护生态环境的重要作用。

（6）《清洁生产促进法》与过去有关立法和政策的衔接

清洁生产是近年来提出的一个新概念，但其实质内容的许多部分在我国以往经济、环保、技术、管理等方面的法规和政策中均有所体现，只是较为分散。强调《清洁生产促进法》与过去的有关立法和政策的衔接和协调，可使之发挥更大作用。

6.2.3 《清洁生产促进法》的主要内容

《清洁生产促进法》包括总则、清洁生产的推行、清洁生产的实施、鼓励措施、法律责任及附则共六章。概括来看，它为促进清洁生产构建了以企业为主体，包括政府指导和社会参与，由强制、激励、支持等多种作用机制组成的清洁生产实施推进体系。主要内容包括：

① 强制性措施　强令淘汰污染严重的工艺、设备；限制有毒有害原材料的使用；规定生产、销售被列入强制回收目录的产品和包装物的企业对产品（包装物）的强制回收义务；对未达标限期治理的企业实施清洁生产的审核等。

② 鼓励性措施　对利用废物生产产品和从废物中回收原料的企业减免增值税；利用有关技术进步资金扶持清洁生产研究、示范和培训以及符合规定要求的清洁生产技术改造项目等。

③ 支持性措施　建立清洁生产表彰奖励制度；指导与支持清洁生产技术和有利于环境与资源保护产品的研究、开发以及清洁生产技术的示范推广等。

④ 法律责任　对未标注或者不如实标注产品材料的成分，对生产、销售有毒有害物质超标的建筑和装修材料，对不履行被列入强制回收目录的产品或者包装物回收义务，对违反清洁生产审核规定，对不公布或者未按规定公布污染物排放情况的企业，均应承担法律责任。

《清洁生产促进法》明确了政府推行清洁生产的责任，规定了清洁生产促进工作实行统一监督管理和分级分部门分工合作的监督管理体制；国务院经济贸易行政主管部门负责组织、协调全国清洁生产工作，国务院环境保护、计划、科学技术、农业、建设、水利和质量技术监督等部门各自负责有关的清洁生产促进工作；县级以上地方人民政府负责领导，政府经济贸易行政主管部门负责织、协调，环境保护、计划、科学技术、农业、建设、水利和质量技术监督行政主管部门各负其责，促进清洁生产。

6.3 化工清洁生产技术

6.3.1 生物工程技术

生物工程技术主要应用生物学、化学和化学工程学的基本原理与方法，生产一些用传统工艺无法生产的物质；或替代有严重污染、条件苛刻、浪费资源和能源的传统工艺。在发展清洁化工生产时，生物技术前景广阔。如酶的催化效率要比一般化学催化剂高出数百倍，且大多数酶具有高度专一性，能迅速专一地催化某一基团或某一特定位置的反应，合成出用化学方法很难得到的复杂结构化合物，尤其具有光学活性的不对称化合物，如人工胰岛素、多肽化合物、抗生素、干扰素、甾体激素类化合物。另外，酶反应可在常温下进行，条件温和，控制容易，副反应少，环境污染小，尤其固定化生物催化剂（固定化酶和固定化细胞）在化学品制备中有极其重要的应用。

6.3.2 微波技术和超声技术

微波技术和超声技术是最清洁的强化反应过程的有效手段，因为不存在从产物中分离微波和超声波的问题，所以就从根本上排除了这方面的污染。

微波是指频率在 300MHz～300GHz（即波长 1m～1mm）的电磁波，位于电磁波谱红外辐射和无线电波之间。具有穿透力强、选择性好、加热效率高等特点。微波加热是利用微波场中介质的偶极子转向极化与界面极化的时间与微波频率吻合的特点，促使介质转动能力跃迁，加剧热运动，将电能转化为热能。微波辅助过程可以在反应物内外部同时均匀、迅速加热，热效率高，可有效缩短反应和分离时间，无污染，属于绿色过程。大量实验结果表明，微波对许多有机反应速率的影响较常规方法能增加几倍、几十倍甚至上千倍。

超声波是一种频率高于 20kHz 的声波，它的方向性好，穿透能力强，超声波的声化学效应能改变反应进程，提高反应选择性，增加反应速率和产率，降低能耗，减少废物的排放，在许多反应中均有成功应用，见表 6-1。

表 6-1 超声和常规条件下有机合成反应比较

反应	常规条件	超声条件
高锰酸盐氧化 2-辛醇 $$\underset{OH}{\overset{H}{H_3CCC_6H_{13}}} \xrightarrow[己烷]{KMnO_4} CH_3\overset{O}{\underset{}{C}}C_6H_{13}$$	搅拌 温度:50℃ 时间:5h 产率:3%	超声水浴 温度:50℃ 时间:5h 产率:93%

反应	常规条件	超声条件
5-羟基色酮羟烃基化 （RX=C₆H₆CH₂Br）	搅拌 温度：65℃ 时间：105h 产率：48%	超声探针 温度：65℃ 时间：1h 产率：79%
长链不饱和脂肪酯的环氧化	搅拌 时间：2h 产率：48%	超声探针 温度：20℃ 时间：15min 产率：92%
甲氧基硅烷的还原	搅拌 不发生反应	超声水浴 温度：35℃ 时间：3h 产率：100%
5,5-二取代乙内酰脲的合成	搅拌 温度：58～70℃ 时间：4～26h 产率：0～92%	超声水浴 温度：45～50℃ 时间：3～4.5h 产率：96%
克莱森-施密特缩合法合成查尔酮	搅拌 温度：25℃ 时间：1h 产率：5% 催化剂：1.0%	超声水浴 温度：25℃ 时间：10min 产率：76% 催化剂：0.1%

6.3.3　膜技术

膜技术是当代最有发展前景的高新技术之一，可用于混合物分离、强化化学反应过程，组成将化学反应和产物分离在同一设备或单元操作中完成的"反应分离"系统，主要有膜分离、电渗析、膜催化等技术。

膜分离技术是利用膜对混合物各组分选择渗透性能的差异，来实现分离提纯、浓缩的新型分离技术，具有高效率、无污染、不存在化学反应、避免物质破坏、产出品质高等特点，被广泛应用于化学、制药、食品、纺织、印染、海水淡化、资源再生利用、环境保护等几乎所有相关领域，由于在膜分离过程中不加入任何其他物质，是名副其实的环保生产技术，是进行清洁生产的主要高新技术之一。

膜分离技术根据其推动力本质的不同，可分为压力差、浓度差、温度差、电位差四大类膜分离过程。以压力差为推动力的膜分离过程主要有微滤、超滤、纳滤和反渗透等。当膜两侧存在一定压力差时，便可使一部分溶剂及小于膜孔径的组分透过膜，而将微粒、大分子、盐等被膜截留下来，从而达到混合物分离的目的。用膜压差 $0.01 \sim 0.1 \text{MPa}$ 范围把直径为 $0.05 \sim 10 \mu m$ 的粒子和其溶液或低分子量组分分开的过程称为微滤，主要用于悬浮物分离、制药行业的无菌过滤等。用膜压差约为 $0.1 \sim 0.5 \text{MPa}$ 范围把大分子或直径不大于 $0.1 \mu m$ 的微粒分开的过程称为超滤，主要用于浓缩、分级、大分子溶液的净化等。用膜压差约为 $0.5 \sim 2.0 \text{MPa}$ 范围把直径为 $0.001 \sim 0.01 \mu m$ 的粒子和分子量为几百至几千的混合物溶液分开的过程称为纳滤。在膜上游施加一个高于溶液渗透压的压差，使溶剂透过膜而达到水溶剂脱盐的过程称为反渗透。纳滤和反渗透是目前比较先进的工业膜分离技术，主要应用于食品、医药、生化行业的各种分离、精制和浓缩过程。

电渗析是在电场作用下使溶液中阴、阳离子选择性地分别透过阴、阳离子交换膜，进行定向迁移的分离过程。膜电解过程中，在两电极上存在电化学反应，并有气体产生，主要在氯碱工业中用于大规模生产氢氧化钠。电渗析的膜分离技术主要用于咸水脱盐、饮用水制备、工业用水处理等，清洁生产上用于有机酸脱盐与纯化、废酸碱回收等。

膜催化技术是多相催化领域中出现的一种新技术。其将催化材料制成膜反应器或将催化剂置于膜反应器中操作，反应物可选择性地穿透膜并发生反应，产物可选择性地穿透膜而离开反应区，从而有效地调节反应物或产物在反应区的浓度，打破化学反应在热力学上的平衡状态，实现反应的高选择性，提高原料的一次利用率。

6.3.4 超临界流体技术

超临界流体因其温度、压力均在临界点之上，表现出一些独特性质，通常超临界流体的应用范围在 $0.9 < T_r < 1.2$；$1.0 < p_r < 3.0$（$T_r = T / T_c$，$p_r = p / p_c$），在此范围内超临界流体同时表现出液体与气体的优点，其通常有与液体相接近的密度，同时有与气体接近的黏度及高的扩散系数，故具有很高的溶解能力和好的流动、传递性能。而物质的溶解能力与溶剂的密度又有密切关系。在临界点附近，超临界流体的密度仅是温度和压力的函数，故在合适的温度与压力下，它能提供足够的密度来保证有足够强的溶解能力，可代替传统有毒、易挥发、易燃的有机溶剂，是解决化工生产过程中因有机溶剂对环境造成污染的有效途径。

在超临界流体中研究应用最多的体系是 CO_2，它在环境化学中能出色地代替许多有害、有毒、易挥发、易燃的有机溶剂而被广泛重视，另外 CO_2 可被看作与水最相似的、最便宜的有机溶剂，它可从环境中来，用于化学过程后可再回到环境，无任何副产物，完全具有"绿色"的特性。

超临界流体技术目前应用最多的是超临界流体萃取，与传统分离方法相比具有许多独特的优点：①超临界流体的萃取能力取决于流体密度，因而很容易通过调节温度和压力来加以控制；②溶剂回收简单方便，节省能源，通过等温降压或等压升温被萃取物就可与萃取剂分离；③由于超临界萃取工艺可在较低温度下操作，故特别适合于热敏组分；④可较快地达到平衡。

超临界流体技术在化学合成中的应用主要是作为反应溶剂，如超临界 CO_2 高分子合成，因超临界 CO_2 表现出良好的溶解能力，在高分子材料合成中作为传统有机溶剂的替代品，尤其在高分子的绿色合成中得到广泛重视。另一类利用超临界流体作为介质的反应是把相转移催化剂溶在其中，用来促使不同极性物质的反应，该类反应通常要求的溶剂较昂贵，对环境危害大，不易从产物中分离；但当该体系以超临界 CO_2 为溶剂时，上述问题可得到很好的解决。如氯代苯的溴化，通常采用 KBr，但盐不溶于有机相，故溴化反应很慢且转化率很低，但用丙酮为共溶剂在超临界 CO_2 中可溶足够的 $(C_7H_{15})_4NBr$ 来催化该反应。

6.3.5 新型催化技术

催化剂是化学工艺的基础，是使许多化学反应实现工业应用的关键。催化技术不仅能改变热力学上可能进行的反应速率，还能有选择地改变多种热力学上可能进行的反应中的某一种反应，选择性地生成所需目标产物，可以极大地提高化学反应的选择性和目标产物的产率，而且从根本上抑制副反应的发生，减少或消除副产物的生成，最大限度地利用各种资源，保护生态环境，这正是清洁生产所追求的目标。

高效无害催化剂的设计和使用成为新型催化技术研究的重要内容，有关绿色化学的研究中有相当的数量是应用新型催化剂对原有的化学反应过程进行绿色化改进，如相转移催化技术、不对称催化技术、生物催化技术、电催化技术等。这类研究几乎无一例外地描述了对反应绿色化改进的程度，或减少了试剂的使用，或反应条件更加温和，或反应更加高效和高选择性，或催化剂多次重复使用和回收等。

相转移催化是指由于相转移催化剂的作用使分别处于互不相溶的两相体系中的反应物发生化学反应或加快其反应速率的一种有机合成方法，具有一系列显著特点：①反应条件温和，能耗较低，能实现一般条件下不能进行的化学合成反应；②反应速率较大，反应选择性好，副反应较少，能提高目标产物的产率；③所用溶剂价格较便宜，易于回收。这些正是清洁生产追求的目标，提高反应的选择性，抑制副反应，减少有毒溶剂的使用，减少废弃物的排放。因此，相转移催化作为一种绿色催化技术大量用于精细化学品的合成。

生物催化所用催化剂为生物酶，因其具有催化活性高，反应条件温和，能耗少，无污染等优点，已成为绿色化学化工的关键技术之一。

不对称催化合成是获得单一手性分子的最有效方法，因为不对称催化合成很容易实现手性增值，一个高效率的催化剂分子可产生上百万个光学活性产物分子，达到甚至超过了酶催化水平。通过不对称催化合成不仅能为医药、农用化学品、香料、光电材料等精细化工提供所需要的关键中间体，而且可以提供环境友好的绿色合成方法。

电催化技术是在电化学反应器内进行以电子转移为主的清洁生产技术。由于化学反应是通过反应物在电极上得失电子实现的，原则上不添加其他试剂，减少了物质消耗，从而减少了环境污染，另外反应在常温常压或低压下进行，这对节约能源、降低设备投资十分有利。

6.4 化工清洁生产实例

6.4.1 氯乙烯清洁生产工艺

（1）传统工艺

氯乙烯在工业上实现生产是在 20 世纪 30 年代，采用电石水解成乙炔再和氯化氢进行加成反应得到，该工艺在生产氯乙烯的同时产生大量 CO 气体和 $Ca(OH)_2$ 残渣，反应过程为：

$$3C + CaO = CaC_2 + CO$$
$$CaC_2 + 2H_2O = Ca(OH)_2 + HC \equiv CH$$
$$HC \equiv CH + HCl \longrightarrow H_2C = CHCl$$

随着氯乙烯需求量的增加，人们致力于寻找生产氯乙烯更廉价的原料来源，在 20 世纪 50 年代初期，乙烯成为生产氯乙烯更经济、更合理的原料，实现了由乙烯和氯气生产氯乙烯的工业生产路线，该工艺包括乙烯直接氯化生产二氯乙烷及二氯乙烷裂解生产氯乙烯，反应过程为：

$$CH_2 = CH_2 + Cl_2 \longrightarrow ClCH_2CH_2Cl$$
$$ClCH_2CH_2Cl \longrightarrow CH_2 = CHCl + HCl$$

该工艺解决了电石乙炔法的污染，但除生成氯乙烯外还生成氯化氢，由此工业界想到由氯化氢和乙烯生产氯乙烯的乙烯氧氯化法，反应原理为：

$$CH_2 = CH_2 + 2HCl + 1/2O_2 \longrightarrow ClCH_2CH_2Cl + H_2O$$
$$ClCH_2CH_2Cl \longrightarrow CH_2 = CHCl + HCl$$

（2）清洁工艺

随着生产技术发展，结合乙烯氯化法和乙烯氧氯化法特点，进一步开发了具有先进水平的平衡法，其反应原理为：

$$CH_2 = CH_2 + Cl_2 \longrightarrow ClCH_2CH_2Cl$$
$$ClCH_2CH_2Cl \longrightarrow CH_2 = CHCl + HCl$$
$$CH_2 = CH_2 + 2HCl + 1/2O_2 \longrightarrow ClCH_2CH_2Cl + H_2O$$

总反应：$2CH_2 = CH_2 + Cl_2 + 1/2O_2 \longrightarrow 2CH_2 = CHCl + H_2O$

该法生产氯乙烯的原料只需乙烯、氯和空气（或氧），氯可以全部被利用，副产物氯化氢（HCl）循环作为原料，实现氯的平衡，把氯气完全转化到产品中，形成一条先进无三废污染的清洁生产工艺，见图 6-1。

从氯乙烯生产工艺的发展和变革可以看出，选择适宜的原料路线，发展先进的生产工艺，完全可以实现清洁生产。

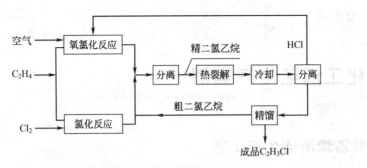

图 6-1 联合法生产氯乙烯工艺流程示意

6.4.2 甲酸清洁生产工艺

(1) 传统工艺

甲酸最早采用氢氧化钠与一氧化碳直接制得甲酸钠，也是国内小型企业普遍采用的工艺，其反应原理为：

$$CO + NaOH \longrightarrow HCOONa$$
$$2HCOONa + H_2SO_4 \longrightarrow 2HCOOH + Na_2SO_4$$

此法反应条件苛刻，消耗定额高，一吨甲酸要消耗将近两吨硫酸和烧碱，有大量的副产品硫酸钠产生。20 世纪 70 年代开发了甲酰胺法，采用一氧化碳和氨在甲醇溶液中反应生成甲酰胺，再在硫酸存在下水解得甲酸，同时副产硫酸铵，反应原理为：

$$CH_3OH + CO \longrightarrow HCOOCH_3$$
$$HCOOCH_3 + NH_3 \longrightarrow HCONH_2 + CH_3OH$$
$$2HCONH_2 + H_2SO_4 + 2H_2O \longrightarrow 2HCOOH + (NH_4)_2SO_4$$

该法实现了甲醇的内循环，比甲酸钠法成本有明显下降，硫酸的消耗量也大幅度减少，但工艺路线较长，有大量副产品和污水产生。

(2) 清洁工艺

1980 年美国科学设计公司、伯利恒钢铁公司和利奥纳德公司开发成功甲醇羰基化生产甲酸的方法，反应过程为：

$$CH_3OH + CO \longrightarrow HCOOCH_3$$
$$HCOOCH_3 + H_2O \longrightarrow HCOOH + CH_3OH$$

总反应：
$$H_2O + CO \longrightarrow HCOOH$$

甲醇和一氧化碳在催化剂甲醇钠存在下反应生成甲酸甲酯，然后再经水解生成甲酸和甲醇，甲醇可循环使用，实现了反应过程的原子经济性和三废的零排放，是一条国际先进的清洁生产工艺。

6.4.3 无钙焙烧红矾钠清洁生产技术

红矾钠（$Na_2Cr_2O_7 \cdot 2H_2O$）是国民经济不可缺少的一种基本化工原料，广泛用于化工、冶金、印染、日用五金等行业。红矾钠生产工艺分成无钙焙烧与有钙焙烧两类，传统的工艺为有钙焙烧，即在铬铁矿氧化焙烧时加入白云石、石灰石等钙质填料进行焙烧，填料的加入在于防止回转窑焙烧过程中炉料烧结形成炉瘤或结圈，使回转窑能正常生产，钙质填料并不参与反应，只是作为炉料的稀释剂，钙质填料在后续工艺中以浸出渣的形式排出。工艺过程为：铬矿与纯碱、白云石混合在高温下焙烧，Cr_2O_3 在氧化条件下转化为铬酸钠，再以硫酸将铬酸钠转化成为重铬酸钠。

有钙焙烧最大的缺点是排渣量大，每生产 1t 红矾钠产生 2~2.5t 的废渣，由于废渣中包裹了 2% 以上的 $Cr(VI)$ 及致癌物质铬酸钙等有害物，处理十分困难，而且费用巨大，加重了企业的经济负担。其次有钙焙烧工艺产生的铬渣对环境的污染大。目前国内外绝大多数铬盐厂对铬渣几乎均采用封存堆放的形式处理，而铬渣堆放对堆场的防渗要求很高，投资很大，十分容易造成地下水的 $Cr(VI)$ 污染。国内很多铬盐厂由于采用有钙焙烧工艺，铬渣的污染问题得不到有效解决而不得不停产。铬渣对环境的污染已经制约了我国铬盐工业的进一步发展。

为了减少铬渣排量，发达国家和前苏联从 20 世纪 50 年代起研究无钙焙烧工艺，70~80 年代实现了工业化生产，这些工业发达国家的无钙焙烧研究和工业化开发技术，对外严加保密，不交流、不转让。我国于 20 世纪 80 年代初开始无钙焙烧生产红矾钠新工艺研究，通过技术攻关，掌握了无钙焙烧生产红矾钠新工艺的关键技术。2000 年 12 月天津化工研究设计院承担国家计委"九五"攻关项目"无钙焙烧生产红矾钠新工艺 3000 吨/年中试"通过部级鉴定和验收，各项指标超过或接近国外先进水平，将我国的红矾钠生产技术提高到一个新的水平。

(1) 生产工艺

将铬矿、纯碱与返渣（煅烧浸取后的铬渣）粉碎至一定粒度后按配比进入回转窑在高温（1150~1200℃）下焙烧，使 $Fe \cdot Cr_2O_3$ 氧化成铬酸钠。将焙烧后的熟料进行湿磨，再经旋流器分级后过滤，中和，再次过滤除去铝酸盐，将滤液蒸发（中性条件下）到一定程度后加入硫酸酸化，使铬酸钠转化成重铬酸钠，并排出芒硝渣，经进一步蒸发（酸性条件）结晶，得到红矾钠产品。反应机理如下：

$$4(Fe \cdot Cr_2O_3) + 8Na_2CO_3 + 9O_2 \xrightarrow[\triangle]{1200℃} 8Na_2CrO_4 + 2Fe_2O_3 + 8CO_2 \uparrow$$

$$2Na_2CrO_4 + H_2SO_4 = Na_2Cr_2O_7 + Na_2SO_4 + H_2O$$

(2) 工艺的先进性分析

铬渣是铬盐生产中产生量最大、最难处理的固体废弃物。由于铬渣解毒处理难度大、费用高，全国几乎所有红矾钠生产企业均直接堆放，对周边环境造成严重影响，本项目针对老工艺铬渣产量大的问题，采用无钙焙烧新工艺，项目实施后，产品性能不变，与有钙焙烧老工艺各项指标对比如表 6-2 所示。

由表 6-2 各项指标对比可看出，无钙焙烧比有钙焙烧排渣量减少，能耗指标降低，具有较大的优势：

表 6-2 无钙焙烧与有钙焙烧各项指标对比

项　　目	单位	有钙焙烧	无钙焙烧
铬矿消耗	t/t 产品	1.25～1.40	1.10～1.14
纯碱消耗	t/t 产品	0.98	0.90～0.97
白云石消耗	t/t 产品	1.8	0
石灰石消耗	t/t 产品	0.265	0
煤耗	t/t 产品	1.55	—
蒸汽消耗	t/t 产品	3.8	1.27
铬渣产生量	t/t 产品	2.2～2.5	0.7～0.8
渣中 Cr(Ⅵ)含量	%	4～6	＜0.2
天然气消耗	m³/t 产品	—	700
电耗	kW·h/t 产品	480	500
渣的处理方法		用作水泥原料	用作水泥矿化剂

① 无钙焙烧排渣量少，对环境的污染小。无钙焙烧工艺每生产 1t 红矾钠排 0.8t 铬渣，仅为有钙焙烧工艺的 1/3。而且无钙焙烧生成的铬渣含水溶性六价铬量为 0.2% 左右，有钙焙烧铬渣含六价铬量为 2%～4%，无钙焙烧渣中不含致癌物铬酸钙。

② 无钙焙烧工艺不消耗白云石和石灰石，由于焙烧物料量降低，吨产品能耗也相应减少，节约资源，降低成本。

③ 由于无钙焙烧铬渣中带走的铬含量低，因此回收率高于有钙焙烧，无钙焙烧单位产品的矿耗低于有钙焙烧。我国属铬资源贫乏的国家，大多数企业靠进口铬铁矿维持生产，而铬被北约国家列为战略物资加以控制，因此提高铬资源的利用率对我国尤其重要。

④ 节约能耗。有钙焙烧生料中混入大量白云石和石灰石，白云石和石灰石在炉内分解需吸收大量的热，因此有钙焙烧的能耗高于无钙焙烧，每吨红矾钠产品煤耗，无钙比有钙焙烧工艺约少耗 1t 多煤。

⑤ 无钙焙烧由于排渣量小，且渣中六价铬的含量低，对渣场的需求及配套设施也相应降低。既节约投资又节省了土地资源。

(3) 项目清洁生产评述

本项目从工艺技术，能耗、物耗指标，污染防治和原材料综合利用上均力求体现清洁生产的原则，渣排放量为有钙法的 1/3，且铬渣中不含致癌物铬酸钙，并能综合利用，其能耗、物耗、排污及水耗指标均处于国内同行业领先水平，符合清洁生产要求。

6.4.4 《国家重点行业清洁生产技术导向目录》

为贯彻落实《中华人民共和国清洁生产促进法》，引导企业采用先进的清洁生产工艺和技术，国家发展改革委及国家环境保护总局，自 2000 年以来共组织编制了三批《国家重点行业清洁生产技术导向目录》，其中涉及化工行业的项目见表 6-3。

表 6-3　化工行业清洁生产技术导向目录

序号	技术名称	适用范围	主要内容	主要效果
1	合成氨原料气净化精制技术——双甲新工艺	大、中、小型合成氨厂	此工艺是合成氨生产中一项新的净化技术，在合成氨生产工艺中，利用原料气中 CO、CO_2 与 H_2 合成生成甲醇或甲基混合物。流程中将甲醇化和甲烷化串接起来，把甲醇化、甲烷化作为原料气的净化精制手段，既减少了有效氢消耗，又副产甲醇，达到变废为宝	年产 5 万吨氨、副产 1 万吨甲醇，总投资 400 万元左右，投资回收期 2～3 年。因没有铜洗，可节约物耗及蒸汽等，每万吨合成氨可节约 74 万元；按氨醇比 5∶1 计算，1 万吨氨副产 2000t 甲醇，利润 40 万～100 万元，年产 5 万吨的合成氨装置可获得经济效益 600 万元左右
2	合成氨气体净化新工艺——NHD 技术	各种工艺气体净化，特别是以煤为原料的硫化氢、二氧化碳含量高的氨合成气、甲醇合成气净化	NHD 溶剂有效成分为多聚乙二醇二甲醚混合物，对天然气、合成气中的酸性气具有较强的选择吸收能力。该溶剂脱除酸性气采用物理吸收、物理再生工艺，能使净化气中的酸性气达到合成氨、甲醇、制氢等工艺要求	以年产 4 万吨合成氨计，改造总投资（由碳丙工艺改造，含基建投资、设备投资等）约 80 万元，投资回收期 0.31 年。新建总投资约 400 万元，投资回收期 0.89 年。应用该技术的企业年经济效益均在 200 万元以上
3	天然气换热式转化造气新工艺及换热式转化炉	以天然气、炼厂气、甲烷富气等为原料，生产合成气及甲醇的生产装置。也适用于小氮肥装置的技术改造和技术革新	该工艺是将加压蒸汽转化的方箱式一段炉改为换热式转化炉，一段转化所需的反应热由二段转化出口高温气提供，不再由烧原料气提供。由于二段高温转化气的可用热量是有限的，不能满足一段炉的需要，又受氢氮比所限，因此在二段炉必须加入富氧空气（或纯氧）	按照装置设计能力为年产 15000t 合成氨规模的粗合成气计算，项目总投资 1300 万元，投资利润率约 9%，投资利税率约 10%，投资收益率约 20%。本技术节能方面的较大突破，将大大增强小厂产品竞争能力
4	水煤浆加压气化制合成气	以煤化工为原料的行业	德士古煤气化炉是高浓度水煤浆（煤浓度达 70%）进料、液态排渣的加压纯氧气流床气化炉，可直接获得烃含量很低的原料气，适合于合成氨、合成甲醇等使用	年产 30 万吨合成氨、52 万吨尿素装置以及辅助装置约 30.5 亿元，投资回收期 12 年，主要设备使用寿命 15～20 年
5	磷酸生产废水封闭循环技术	料浆法 3 万吨/年磷铵装置；二水法 1.5 万吨/年磷酸装置	二水法磷酸生产中的含氟含磷污水，经多次串联利用后，进入盘式过滤机冲洗滤盘，产生冲盘磷石膏污水。冲盘污水经二级沉降，分离出大颗粒和细颗粒。二级沉降的底流进入稠浆槽作为二洗液返回盘式过滤机，清液作为盘式过滤机冲洗水利用，实现冲盘污水的封闭循环	1.5 万吨/年磷酸装置（以 P_2O_5 计）装置总投资为 54 万元，投资回收期 1 年。回收污水中可溶性 P_2O_5，污水回用后节水效益和节省排污费每年达 63 万元
6	磷石膏制硫酸联产水泥	磷肥行业	磷石膏是磷铵生产过程中的废渣，用磷石膏、焦炭及辅助材料按照配比制成生料，在回转窑内发生分解反应。生成的氧化钙与物料中的二氧化硅、三氧化二铝、三氧化二铁等发生矿化反应形成水泥熟料。含二氧化硫的窑气经除尘、净化、干燥、转化等过程制得硫酸	年产 15 万吨磷铵、20 万吨硫酸、30 万吨水泥装置总投资 10 亿元，每年可实现销售收入 8.4 亿元，利税 2.2 亿元。每年能吃掉 60 万吨废渣，13 万吨含 8% 硫酸的废水，并可节约堆存占地费，水泥生产所用石灰石开采费和硫酸生产所需的硫铁矿开采费。从根本上解决石膏污染问题

序号	技术名称	适用范围	主要内容	主要效果
7	利用硫酸生产中产生的高、中温余热发电	适用于硫酸生产行业	利用硫铁矿沸腾炉炉气高温(约900℃)余热及 SO_2 转化成 SO_3 后放出的中温(约200℃)余热生产中压蒸汽,配套汽轮发电机发电,采用凝结式汽轮机,冷凝水可回收利用	新建3000kW机组,总投资680万元。年创利税190万元,投资回收期3.5年。每年可节约6000t标准煤;减排192t SO_2,8t CO,54t NO_x,经济效益、环境效益显著
8	气相催化法联产三氯乙烯、四氯乙烯	该技术应用于有机化工生产,适用于改造5000t/a以上三氯乙烯装置	将乙炔、三氯乙烯分别经氯化生成四氯乙烷或五氯乙烷,二者混合后经气化进入脱HCl反应器,生成三、四氯乙烯。产物在解吸塔除去HCl后,经多塔分离,分出精三、四氯乙烯,未反应的物料返回脱HCl反应器,循环使用	以1万吨/年(三氯乙烯5000t,四氯乙烯5000t)计,总投资3000万元,投资回收期2~3年。新工艺比皂化法工艺成本降低约10%,新增利税每年约800万元。彻底消除了皂化工艺造成的污染,改善了环境
9	利用蒸氨废液生产氯化钙和氯化钠	纯碱生产	氨碱法生产纯碱后的蒸氨废液中含有大量的 $CaCl_2$ 和NaCl,其溶解度随温度而变化,经多次蒸发将二者分离	按照NaCl、$CaCl_2$ 年产量分别为1.3万吨和2.8万吨计算,年经济效益为1500万元和3400万元
10	蒽醌法固定床钯催化剂制过氧化氢	化肥、氯碱化工、石化等具有副产氢气的行业	该技术以2-乙基蒽醌为载体,与重芳烃等混合溶剂一起配制成工作液。将工作液与氢气一起通入装有钯催化剂的氢化塔内进行氢化反应,得到相应的2-乙基氢蒽醌。2-乙基氢蒽醌再被空气中的氧氧化恢复成原来的2-乙基蒽醌,同时生成过氧化氢。利用过氧化氢在水和工作液中溶解度的不同以及工作液和水的密度差,用水萃取含有过氧化氢的工作液得到过氧化氢的水溶液。后者再经溶剂净化处理、浓缩等,得到不同浓度的过氧化氢产品	年产1万吨27.5% H_2O_2,总投资约3000万元;每年可获得税后利润500万元左右,投资回收期3年左右。该技术采用以污治污技术,环境效益和经济效益明显
11	无钙焙烧红矾钠技术	红矾钠生产企业	将铬矿、纯碱与铬渣粉碎后,按配比在回转窑中高温焙烧,使 $FeO \cdot Cr_2O_3$ 氧化成铬酸钠。将焙烧后的熟料进行湿磨、过滤、中和、酸化,使铬酸钠转化成红矾钠,并排出芒硝渣,蒸发后得到红矾钠	与传统有钙焙烧红矾钠工艺相比,无钙焙烧工艺不产生致癌物铬酸钙,每吨产品的排渣量由2t降到0.8t,渣中 $Cr(VI)$ 含量由2%降低到0.1%
12	香兰素提取技术	香兰素生产	从化学纤维浆废液中提取香兰素。利用纳滤膜不同分子量的截止点,在压力作用下使低分子量的香兰素几乎全部通过,而大分子量的磺酸钠和树脂绝大部分留存,将香兰素和木质素分开,使香兰素产品纯度提高	香兰素提取率从80%提高到95%以上,半成品纯度由65%提高到87%,工艺由原传统的18道简化为9道

6.4.5 《大气污染防治重点工业行业清洁生产技术推行方案》

为贯彻落实《国务院关于印发大气污染防治行动计划的通知》，推进重点工业行业企业实施清洁生产技术改造，降低大气污染物排放强度，促进大气环境质量持续改善，2014年工业和信息化部组织编制了《大气污染防治重点工业行业清洁生产技术推行方案》，其中涉及化工行业的项目见表6-4。

表6-4　大气污染防治重点工业行业清洁生产技术推行方案（化工、石化行业）

序号	技术名称	适用范围	技术主要内容	解决的主要问题
1	油气回收技术	石化、化工行业	采用吸附法、分级冷却等技术回收油库、油品装车、储罐、仓储等挥发性有机物	回收含挥发性有机物气体中的有机成分
2	泄漏检测与修复（LDAR）技术	石化、化工行业	采用固定或移动监测设备，监测化工企业易产生挥发性有机物泄漏处，并修复超过一定浓度的泄漏处，从而达到控制原料泄漏对环境造成的污染	解决因微量泄漏造成的挥发性有机物无组织排放的问题
3	低温等离子、光氧催化治理废气技术	石化、化工行业	通过低温等离子或光氧催化等技术，将废气中的挥发性有机物转换为二氧化碳和水	解决低浓度大风量废气中的挥发性有机物含量及臭气浓度超标的问题
4	蓄热式热氧化、蓄热式催化热氧化、臭氧氧化等废气治理技术	石化、化工行业	通过蓄热式氧化焚烧、蓄热式催化热氧化焚烧或臭氧氧化等技术，将废气中的挥发性有机物转换为二氧化碳和水	解决高浓度、大风量废气中的挥发性有机物含量及臭气浓度超标的问题
5	氨法、双碱法等烟气脱硫技术	石化、化工行业燃煤锅炉、煤化工行业	以氨水或NaOH、CaO等为吸收剂，循环吸收燃煤锅炉烟气中的二氧化硫，产生的副产物综合利用	脱硫效率达到90%以上，将烟气中的SO_2回收并资源化利用
6	超克劳斯硫黄回收及余热利用技术	煤化工、橡胶助剂等行业	传统克劳斯转化过程中，其最后一级转化段使用新型选择性氧化催化剂，将剩余的硫化氢选择性氧化为元素硫	解决了普通克劳斯回收硫黄技术回收率低的问题。硫黄转化率97%以上
7	电石炉气净化处理和回收利用技术	电石行业	通过采用干法除尘、水洗除尘等方式除去电石炉气粉尘和焦油，处理后炉气综合利用	有效降低电石炉气粉尘含量，减少炉气排放对周边环境的影响
8	国产高效硫酸钒催化剂生产新技术	硫酸行业	该技术应用新配方，采取新的混合、碾压和干燥工艺等新技术，提高催化剂效率，从源头上减少二氧化硫产生量	提高国产催化剂质量替代进口，同时减少硫酸行业的二氧化硫排放量
9	硫酸尾气脱硫技术	硫酸行业	利用过氧化氢法脱硫技术、超重力脱硫技术和低温催化法脱硫技术等处理硫酸尾气	解决硫酸尾气二氧化硫排放超标，尾气吸收副产物需要另行处理的问题
10	溶剂型涂料全密闭式一体化生产工艺	涂料及相关行业	在拌和、输送、研磨、调漆、包装等工艺环节全密闭生产	解决了目前溶剂型涂料生产过程中的无组织排放问题
11	水性木器涂料清洁生产技术	适用于木器涂料及相关行业	以水替代溶剂型木器涂料中60%~70%的有机溶剂	减少生产、运输、使用过程以及使用后对环境的危害

序号	技术名称	适用范围	技术主要内容	解决的主要问题
12	黄磷尾气治理及综合利用技术	黄磷生产	采用干法除尘、湿法除尘等技术处理炉气。处理炉气采用自动抽气及输送系统,经净化后深加工利用	有效降低粉尘排放,解决煤气综合利用水平低的问题
13	尿素造粒塔粉尘洗涤回收技术	尿素生产	造粒塔顶设置粉尘回收装置,洗涤回收粉尘,产生尿素溶液通过尿素装置蒸发造粒回收	可降低造粒塔尾气中的尿素粉尘含量
14	硫化橡胶粉常压连续脱硫成套设备	再生胶行业	采用常压、变频调速、数显智能温控、连续联动化等技术,在螺旋装置内密封输送状态下,加热脱硫及夹套式螺旋冷却工艺完成脱硫	与传统动态脱硫法相比,节能20%以上,无废水、废气排放
15	化肥生产袋式除尘技术	化肥行业	采用防水防油效果良好的聚丙烯纤维滤料,处理化肥原料筛分、输送,化肥生产中的冷却机、烘干机,化肥成品输送、包装等过程中的粉尘,该技术布袋清灰容易,不黏结布袋,阻力小	减少原料和成品损失及外逸的无组织排放粉尘。实现粉尘排放浓度<30mg/m³

6.5 循环经济

6.5.1 循环经济的定义

循环经济是在物质的循环、再生、利用基础上发展经济,是一种建立在资源回收和循环再利用基础上的经济发展模式,其思想萌芽诞生于20世纪60年代的美国。"循环经济"这一术语在中国出现于20世纪90年代中期,国家发改委对循环经济的定义是:"循环经济是一种以资源的高效利用和循环利用为核心,以'减量化、再利用、资源化'为原则,以低消耗、低排放、高效率为基本特征,符合可持续发展理念的经济增长模式,是对'大量生产、大量消费、大量废弃'的传统增长模式的根本变革"。这一定义不仅指出了循环经济的核心、原则、特征,同时也指出了循环经济是符合可持续发展理念的经济增长模式,抓住了当前中国资源相对短缺而又大量消耗的症结,对解决中国资源对经济发展的瓶颈制约具有迫切的现实意义。

循环经济按照自然生态系统物质循环和能量流动规律重构经济系统,使经济系统和谐地纳入到自然生态系统的物质循环过程中,建立起一种新形态的经济。循环经济是在可持续发展的思想指导下,按照清洁生产的方式,对能源及其废弃物实行综合利用的生产活动过程。

6.5.2 循环经济的基本特征

传统经济是一种由"资源—产品—污染排放"所构成的物质单向流动的经济。在这种经济中，人们以越来越高的强度把地球上的物质和能源开发出来，在生产加工和消费过程中又把污染和废物大量地排放到环境中去，对资源的利用常常是粗放的和一次性的，通过把资源持续不断地变成废物来实现经济的数量型增长，导致了许多自然资源的短缺与枯竭，并酿成了灾难性环境污染后果，创造的财富越多，消耗的资源和产生的废弃物就越多，对环境资源的负面影响也就越大。与此不同，循环经济倡导的是一种建立在物质不断循环利用基础上的经济发展模式，它要求把经济活动按照自然生态系统的模式，组织成一个"资源—产品—再生资源"的物质反复循环流动的过程，使得整个经济系统以及生产和消费的过程基本上不产生或者只产生很少的废弃物，以尽可能小的资源消耗和环境成本，获得尽可能大的经济和社会效益，从而使经济系统与自然生态系统的物质循环过程相互和谐，促进资源永续利用。因此，循环经济是对"大量生产、大量消费、大量废弃"的传统经济模式的根本变革，其特征是低开采，高利用，低排放。

在资源开采环节，要大力提高资源综合开发和回收利用率。

在资源消耗环节，要大力提高资源利用效率。

在废弃物产生环节，要大力开展资源综合利用。

在再生资源产生环节，要大力回收和循环利用各种废旧资源。

在社会消费环节，要大力提倡绿色消费。

6.5.3 循环经济的基本原则

"3R 原则"是循环经济活动的行为准则，所谓"3R 原则"，即减量化（reduce）原则、再使用（reuse）原则和再循环（recycle）原则。

减量化（reduce）原则：要求用尽可能少的原料和能源来完成既定的生产目标和消费，这就能在源头上减少资源和能源的消耗。减量化有几种不同的表现，在生产中，减量化原则常常表现为要求产品小型化和轻型化。此外，减量化原则要求产品的包装应该追求简单朴实而不是豪华浪费，从而达到减少废物排放的目的。

再使用（reuse）原则：要求生产的产品和包装物能够以初始的形式被反复使用。生产者在产品设计和生产中，应摒弃一次性使用而追求利润的思维，尽可能使产品经久耐用和反复使用。

再循环（recycle）原则：要求生产出来的产品在完成其使用功能后能重新变成可以利用的资源，而不是不可恢复的垃圾。按照循环经济的思想，再循环有两种情况，一种是原级再循环，即废品被用来产生同种类型的新产品，如报纸再生报纸、易拉罐再生易拉罐等；另一种是次级再循环，即将废物资源转化成其他产品的原料。原级再循环在减少原材料消耗上面达到的效率要比次级再循环高得多，是循环经济追求的理想境界。

"3R"原则有助于改变企业的环境形象，使他们从被动转化为主动。典型的事例就是杜邦公司的研究人员创造性地把"3R 原则"发展成为与化学工业实际相结合的"3R 制造法"，以达到少排放甚至零排放的环境保护目标。他们通过放弃使用某些环境有害型化学物质、减少某些化学物质的使用量以及发明回收本公司产品的新工艺，有效减少固体废弃物及有毒气体排放量。同时，他们在废塑料如废弃的牛奶盒和一次性塑料容器中回收化学物质，开发出了耐用的乙烯材料——维克等新产品。

从理论上讲，"减量化、再利用、再循环"可包括以下三个层次的内容：

(1) 产品的绿色设计中贯穿"减量化、再利用、再循环"的理念

绿色设计包含了各种设计工作领域，凡是建立在对地球生态与人类生存环境高度关怀的认识基础上，一切有利于社会可持续发展，有利于人类乃至生物生存环境健康发展的设计，均属于绿色设计范畴。绿色设计具体包含了产品从创意、构思、原材料与工艺的无污染、无毒害选择到制造、使用以及废弃后的回收处理、再生利用等各个环节的设计，也就是包括产品的整个生命周期的设计。要求设计师在考虑产品基本功能属性的同时，还要预先考虑防止产品及工艺对环境的负面影响。

(2) 物质资源在其开发、利用的整个生命周期内贯穿"减量化、再利用、再循环"的理念

即在资源开发阶段考虑合理开发和资源的多级重复利用；在产品和生产工艺设计阶段考虑面向产品的再利用和再循环的设计思想；在生产工艺体系设计中考虑资源的多级利用、生产工艺的集成化标准化设计思想；生产过程、产品运输及销售阶段考虑过程集成化和废物的再利用；在流通和消费阶段考虑延长产品使用寿命和实现资源的多次利用；在生命周期末端阶段考虑资源的重复利用和废物的再回收、再循环。

(3) 生态环境资源的再开发利用和循环利用

即环境中可再生资源的再生产和再利用，空间、环境资源的再修复、再利用和循环利用。

6.5.4 发展循环经济的主要途径

从资源流动的组织层面来看，主要是从企业小循环、区域中循环和社会大循环三个层面来展开；从资源利用的技术层面来看，主要是从资源的高效利用、循环利用和废弃物的无害化处理三条技术路径去实现。

从资源流动的组织层面，循环经济可以从企业、生产基地等经济实体内部的小循环，产业集中区域内企业之间、产业之间的中循环，包括生产、生活领域的整个社会的大循环三个层面来展开。

(1) 以企业内部物质循环为基础，构筑企业、生产基地等经济实体内部的小循环

企业、生产基地等经济实体是经济发展的微观主体，是经济活动的最小细胞。依靠科技进步，充分发挥企业的能动性和创造性，以提高资源能源的利用效率、减少废物排放为主要目的，构建循环经济微观建设体系。

(2) 以产业聚集区内的物质循环为载体，构筑企业之间、产业之间、生产区域之间的中循环

以生态园区在一定地域范围内的推广和应用为主要形式，通过产业的合理组织，在产业的纵向、横向上建立企业间能流、物流的集成和资源的循环利用，重点在废物交换、资源综合利用，以实现园区内生产的污染物低排放甚至"零排放"，形成循环型产业集群，或是循环经济区，实现资源在不同企业之间和不同产业之间的充分利用，建立以二次资源的再利用和再循环为重要组成部分的循环经济产业体系。

（3）以整个社会物质循环为着眼点，构筑包括生产、生活领域的整个社会的大循环

统筹城乡发展、统筹生产生活，通过建立城镇、城乡之间、人类社会与自然环境之间循环经济圈，在整个社会内部建立生产与消费的物质能量大循环，包括了生产、消费和回收利用，构筑符合循环经济的社会体系，建设资源节约型、环境友好的社会，实现经济效益、社会效益和生态效益的最大化。

从资源利用的技术层面来看，循环经济的发展主要是从资源的高效利用、循环利用和无害化三条技术路径来实现。

（1）资源的高效利用

依靠科技进步和制度创新，提高资源的利用水平和单位要素的产出率。

（2）资源的循环利用

通过构筑资源循环利用产业链，建立起生产和生活中可再生利用资源的循环利用通道，达到资源的有效利用，减少向自然资源的索取，在与自然和谐循环中促进经济社会的发展。

（3）废弃物的无害化

通过对废弃物的无害化处理，减少生产和生活活动对生态环境的影响。

6.5.5 清洁生产与循环经济

清洁生产和循环经济都是对传统环境保护理念的冲击和突破。传统上环境保护工作的重点和主要内容是治理污染、达标排放。清洁生产、循环经济突破了这一界限，大大提升了环境保护的高度、深度和广度，提倡并实施将环境保护与生产技术、产品和服务的全部生命周期紧密结合，将环境保护与经济增长模式统一协调，将环境保护与生活和消费模式同步考虑。

清洁生产、循环经济的共同点是提升环境保护对经济发展的指导作用，将环境保护延伸到经济活动中一切有关的方方面面。清洁生产在企业层次上将环境保护延伸到企业的一切有关领域，循环经济将环境保护延伸到国民经济的一切有关领域。

清洁生产模式是循环经济当前在企业层面的主要表现形式。从创新的角度看，循环经济是对清洁生产理论的拓展。循环经济最重要之处在于综合和简化，使之具有更大的适应范围，使之更便于操作、更便于理解。因此，清洁生产和循环经济是一组具有内在逻辑的理论创新。其中，清洁生产是循环经济的微观基础，而循环经济既是对清洁生产内容的拓展，也是实现清洁生产目标的新的方法和途径。必须指出的是，清洁生产强调的是源削减，即削减的是废物的产生量，而不是废物的排放量，循环经济"减量、再用、循环"的排列顺序充分体现了清洁生产源削减的精神。换言之，循环经济的第一法则是要减少进入生产和消费过程的物质量，或称减物质化。循环经济把减量放在第一位并称之为输入端方法，其意义是很清楚的，即对于生产和消费过程而言，不是进入什么东西就再用什么东西，也不是进入多少就再用多少。相反，循环经济遵循清洁生产源削减精神，要求输入这一过程的物质量越少越好，正是因为循环经济把源削减放在第一位，生态设计、生态包装、绿色消费等清洁生产的常用工具才成为循环经济的实际操作手段。

6.6 可持续发展

6.6.1 可持续发展的定义

可持续发展（sustainable development）概念的提出，最早可以追溯到 1980 年由世界自然保护联盟（IUCN）、联合国环境规划署（UNEP）、野生动物基金会（WWF）共同发表的《世界自然保护大纲》。1987 年以布伦兰特夫人为首的世界环境与发展委员会（WCED）发表了报告《我们共同的未来》，这份报告正式使用了可持续发展概念，得到了国际社会的广泛共识。1992 年 6 月，联合国在里约热内卢召开的"环境与发展大会"，通过了以可持续发展为核心的《里约环境与发展宣言》、《21世纪议程》等文件，中国政府庄严签署了环境与发展宣言。1994 年 3 月 25 日中华人民共和国国务院通过了《中国 21 世纪议程》，为了支持"议程"的实施，同时还制订了《中国 21 世纪议程优先项目计划》。1994 年 7 月 4 日国务院批准了我国的第一个国家级可持续发展战略《中国 21 世纪人口、环境与发展白皮书》，首次把可持续发展战略纳入我国经济和社会发展的长远规划。1997 年中共十五大把可持续发展战略确定为我国"现代化建设中必须实施"的战略。

有关可持续发展的定义有 100 多种，但被广泛接受影响最大的仍是世界环境与发展委员会在《我们共同的未来》中的定义。该报告中可持续发展被定义为"能满足当代人的需要，又不对后代人满足其需要的能力构成危害的发展"。它包括两个重要概念："需要"的概念，尤其是世界各国人们的基本需要，应将此放在特别优先的地位来考虑；"限制"的概念，技术状况和社会组织对环境满足眼前和将来需要的能力施加的限制。

6.6.2 可持续发展的基本要素

可持续发展包含两个基本要素或两个关键组成部分："需要"和对需要的"限制"。满足需要，首先是要满足贫困人口的基本需要。对需要的限制主要是指对未来环境需要的能力构成危害的限制，这种能力一旦被突破，必将危及支持地球生命的自然系统——大气、水体、土壤和生物。

6.6.3 可持续发展的主要内容

可持续发展是涉及自然环境、经济、社会、文化和技术的综合概念，所包含的内容很多，从宏观层面看，主要包括生态、经济和社会三方面的可持续发展及其协调统一。

（1）生态可持续发展

生态可持续发展是发展的物质前提和空间基础，是可持续发展的必要条件。生态系统是人类生存和发展的唯一物质支撑体系，如果人类活动方式不当，就会导致生态系统失衡、倒退甚至崩溃，一旦这个体系遭到的破坏摧毁了它自身的恢复能力，将是不可逆转的，且危及人类。因此，改善生态系统使之良性循环，是可持续发展的内在要求。它要求经济建设和社会发展要与自然承载能力相协调，发展的同时必须保护和改善地球生态环境，保证以可持续的方式使用自然资源和环境成本，使人类的发展控制在地球承载能力之内。强调发展是有限制的，没有限制就没有发展的持续。

（2）经济可持续发展

经济可持续发展是发展的最基本任务和条件，是可持续发展的核心。在传统经济模式中，由于传统发展思想和理论指导，受人与自然对抗认识的支配，以不断增长的经济财富作为经济学追求的目标。于是，那些非市场化的自然资源和生态环境不被作为经济资源和财富看待，并且认为它们的供给是无限的，也不考虑经济活动与其间的相互关系。结果产生了严重的资源、环境、经济与社会的不良后果，造成了资源的浪费和短缺、生态环境的严重恶化以及产品分配中严重的两极分化。为了解决这些问题，必然要对传统的发展思想和发展方式进行反思，以寻求能满足人类作为一个物种持续生存和发展的道路。因此，经济可持续发展就应包括如下含义：①可持续发展鼓励经济增长，而不是以环境保护为名取消经济增长，因为经济发展是国家综合实力和社会财富的基础；②可持续发展不仅重视经济增长的数量，还追求经济发展的质量，只有经济持续增长，才能满足全体人民的基本需要，减少并消除贫困，提高人们生活质量；③可持续发展要求改变传统的以"高投入、高消耗、高污染"为特征的生产模式和消费模式，实施清洁生产和文明消费，以提高经济活动中的效益、节约资源、减少废物。

（3）社会可持续发展

社会可持续发展是可持续发展的最终目的，核心是人的全面发展，强调满足人类的基本需要，这既包括满足人们对各种物质生活和精神生活享受的需要，又包括满足人们对劳动环境、生活环境质量和生态环境质量等的生态需求；既包括不断提高全体人民的物质生活水平，又包括逐步提高生存与生活质量，做到适度消费和生活方式文明，使人、社会与自然保持协调关系和良性循环，从而使社会发展达到人与自然和谐统一，生态与经济共同繁荣。强调严格控制人口数量，不断提高人口质量，合理调整人口结构，实现人口与社会其他因素之间的相互适应与协调发展。强调消除贫困与公平分配财富，不公平性会助长社会发展的非持续性，只有公平性才能保证社会发展的稳定性和持续性。可持续社会发展应是公平性和可持续性的有机统一，以公平分配、消除贫困、共同富裕为宗旨的社会进步过程。

在人类可持续发展系统中，经济可持续是基础，生态可持续是条件，社会可持续才是目的。这三个方面相互依赖，不可分割。要求人类在发展中关注生态和谐、讲究经济效率和追求社会公平，最终达到人的全面发展。

6.6.4 可持续发展的内涵

从全球普遍认可的可持续发展概念和基本内容的分析可知，可持续发展的内涵十分丰富，从不同的出发点和侧重点，对其内涵有不同的理解，但无论从哪个视角，均离不开生态、经济、社会这三大系统，这三大系统之间的相互关系便构成可持续概念的基本内涵。

(1) 共同发展

地球是一个复杂系统，每个国家或地区均为这个系统不可分割的子系统，每个子系统均与其他子系统相互联系并发生作用，只要一个系统发生问题，均会直接或间接影响到其他系统，甚至会诱发系统的整体突变，这在地球生态系统中表现最为突出。因此，可持续发展追求的是整体发展。

(2) 协调发展

协调发展包括经济、社会、环境三大系统的整体协调，也包括世界、国家和地区三个空间层面的协调，还包括一个国家或地区经济与人口、资源、环境、社会以及内部各个阶层的协调，持续发展源于协调发展。可持续发展的核心是提倡人类与自然的和谐相处、协同演进，把环境视为有价值的资源，强调人类对自然的"索取"应与对自然的"给予"保持动态平衡。

(3) 公平发展

世界经济发展的差异性始终是发展过程中存在的问题。若这种发展水平的差异因不公平而加剧，就会影响到整个世界的可持续发展。可持续发展思想的公平发展包含两个维度。一是时间维度上的公平。当代人的发展不能以损害后代人的发展能力为代价，要求各代人分别担当起自己的责任，在自己发展的空间内和有限的时间间隔内，最大限度地精心管理和优化配置资源，避免把任何潜在的和隐含的灾难留给自己的子孙后代。二是空间维度上的公平。从全球范围讲，不能满足某一区域的利益需要而危害和削弱其他区域满足其需要的能力，一个国家或地区的发展不能以损害其他国家或地区的发展能力为代价。

(4) 高效发展

公平和效率是可持续发展的两个轮子。可持续发展的效率不同于经济学的效率，可持续发展的效率既包括经济意义上的效率，也包含着自然资源和环境的损益成分。因此，可持续发展思想的高效发展是指经济、社会、资源、环境、人口等协调下的高效率发展。

（5）多维发展

人类社会的发展表现出全球化的趋势，但是不同国家与地区的发展水平是不同的，而且不同国家与地区又有着不同的文化、体制、地理环境、国际环境等发展背景。此外，因为可持续发展又是一个综合性、全球性的概念，要考虑到不同地域实体的可接受性，因此，可持续发展本身包含了多样性、多模式的多维度选择的内涵。在可持续发展这个全球性目标的约束和指导下，各国与各地区在实施可持续发展战略时，应该从国情或区情出发，走符合本国或本区实际的、多样性、多模式的可持续发展道路。

6.6.5　清洁生产与可持续发展

（1）传统工业方式在可持续发展背景下面临严峻挑战，清洁生产应运而生

工业污染的严峻形势及可持续发展理论使工业发达国家认识到人类应该适应增长发展的需要，改变对资源和环境进行掠夺式的传统发展模式，向不超出资源和环境承载能力的可持续发展模式转变。在该背景下，清洁生产应运而生，它给人们以全新的概念——把工业生产污染预防纳入可持续发展战略的高度，可持续发展理论成为清洁生产的理论基础，清洁生产是可持续发展理论的实践，以保证环境和经济协调发展。

（2）清洁生产是可持续发展的具体体现

可持续发展为人类提出了一项"政府调控行为、科技能力建设和社会公众参与"的三位一体的复杂系统工程。这意味着，一个国家和地区的政府是推动可持续发展的首要社会推动力量，科学技术在可持续发展的能力建设中具有无可替代的作用，公众参与是可持续发展得以实现的基础。在政府的有关政策引导下，以科技为主导，建立新的生产方式，即清洁生产，是实现可持续发展的具体体现。通过采用清洁生产方式，实现资源的节约与综合利用。在较少的投入条件下，将污染消除到最小程度，生产出最多的产品，获取最佳的经济和社会效益。清洁生产体现了工业可持续发展的战略，能够保障环境与经济的协调发展，因此成为可持续发展的优先领域。通过实施清洁生产，不仅可以减少甚至消除污染物的排放，而且能够节约大量能源和原材料、降低废物处理和处置费用，从而在经济上有助于提高生产效率和产品质量，降低生产成本。

从产业部门的角度看，转向清洁生产是走上可持续发展道路的标志。因为清洁生产要求尽可能接近零排放，尽可能减少能源和其他自然资源的消耗，从而建立极少产生废料和污染的工业或技术系统。清洁生产意味着环境工程的范畴已不再局限于污染物的末端治理，而是贯穿在整个生产过程的各个环节，污染防治工作不仅是环境保护工作人员的职责，更是各级工业生产的管理部门和技术人员的职责。产业部门的可持续发展意识及其所制定的可持续发展规划是国家实现可持续发展战略的核心内容和关键所在。而产业部门实现可持续发展战略的重要措施就是积极推行清洁生产，把经济发展与环境保护统一起来，把经济建设置于有利于资源、环境保护的发展方向上。

（3）清洁生产是实现可持续发展的必由之路

从工业发展的历史来看，传统的工业生产将导致全球性的资源枯竭，工业污染的"末端治理"是一种被动的环境管理，其最终的经济代价是昂贵的，而且发展是不可持续的。依靠科技进步适时推进清洁生产，是协调经济效益和环境效益的最佳选择。将从根本上预防工业污染，实现可持续发展的新时代。推行清洁生产是世界各国实现经济、社会可持续发展的必然选择。在人口与经济快速增长的形势下，人类只能在资源持续利用和环境保护的前提下，寻求发展的合理代价与适度的承受能力的动态平衡。基于对全球环境变化的共识，发展中国家不能再走"先发展、后治理"的老路，众多的发展中国家转变生产方式、开展清洁生产是发展的唯一出路。因为发展中国家在今后的相当长一段时间内主要任务就是发展经济，按照原有的发展模式，在人口多、资源有限、技术水平低和经济基础薄弱的条件下不可能达到可持续发展的战略目标。所以清洁生产对于发达国家和发展中国家的可持续发展是同等重要的选择。

目前，我国正处在工业加速发展的阶段，粗放型的发展必然导致污染物排放量的增加，现有工业的总体技术水平还比较落后，对环境污染较为严重，原材料加工深度不够，资源能源的利用率不高，造成环境污染和生态破坏。所有这些均决定了中国工业企业亟待推行清洁生产，由末端治理向源头削减的转变的必要措施就是清洁生产。越来越多的事实表明，只对生产末端进行控制是远不能解决中国现存的环境问题的，只有发展清洁生产技术，推行生产全过程控制，才会建立节能、降耗、节水、节电的资源型经济，实现生产方式的变革，加速工业发展模式的全面转化，实现以尽可能小的环境代价和最少的能源、资源消耗，获取最大的经济发展效益。

本章你应掌握的重点：

1. 清洁生产的特点、目标；
2. 实施清洁生产的基本途径；
3. 清洁生产促进法的立法目的及主要内容；
4. 化工清洁生产技术；
5. 可持续发展及循环经济的概念。

● **参考文献**

[1] 阎立峰，陈文明. 超临界流体（SCF）技术进展 [J]. 化学通报，1998，（4）：10-14.

[2] 贾春雨. 清洁生产、循环经济与可持续发展 [J]. 北方环境，2010，22（4）：9-13.

[3] 曹英耀，曹曙，李志坚. 清洁生产理论与实务 [M]. 广州：中山大学出版社，2009.

[4] 黄岳元，保宇. 化工环境保护与安全技术概论 [M]. 第二版. 北京：高等教育出版社，2014.

[5] 齐恒，熊建新，王云等. 可持续发展概论 [M]. 南京：南京大学出版社，2011.

[6] 中华人民共和国清洁生产促进法 [Z]. 2012-2-29.

第7章

环境保护措施与管理

本章你将学到:

1. 环境管理的基本职能、基本原则和手段;
2. 突发环境事件及应急管理;
3. 环境保护法体系及环境标准体系;
4. 环境监测的目的、意义和作用;
5. 我国环境影响评价制度的特点;
6. 建设项目环境影响评价的分类及程序。

7.1 环境管理

环境管理是指各级人民政府的环境管理部门运用经济、法律、技术、行政、教育等手段,限制人类损害环境质量的行为,通过全面规划使经济发展与环境相协调,达到既要发展经济满足人类的基本需求,又不超出环境的允许极限。环境管理的问题是遵循生态规律、经济规律,正确处理发展与环境的关系,通过对人类行为的管理,达到保护环境的目的和人类的持续发展。

7.1.1 环境管理的意义

首先,环境管理在防治环境污染事故方面具有重要意义。近年来,环境污染事故频繁发生,不仅造成经济和生态环境难以恢复的重大损失,而且对社会生活秩序产生严重影响,严重威胁国民的身心健康,降低国民的幸福指数,也使经济发展的意义大打折扣,因此加强环境管理迫在眉睫。突发环境事件应急管理应该有机地整合到国家常规管理体制之中去，此外，还应该研究将各种环境管理的经济手段和市场机制引入对环境污染事件的管理中来。

其次，环境是人类生存的条件，也是人类生存的目的。环境本身无所谓好坏，所谓环境的好坏，是相对于人的生存而言的，因此，人类所谓管理环境、保护环境，其实就是对自身进行管理、保护。可以说，环境管理是人类为了自身的生存和发展而进行的自我保护行为，是人类实现其所有理想的前提。

7.1.2　环境管理的内容

环境管理的内容涉及土壤、水、大气、生物等各种环境因素，涉及经济、社会、政治、自然、科学技术等方面，所以环境管理具有高度的综合性，从环境管理的范围可分为资源管理、区域管理和部门管理。

① 资源管理　包括可更新资源恢复和扩大再生产及不可更新资源的合理利用。

② 区域管理　主要协调区域的经济发展目标与环境目标，进行环境影响预测，制定区域环境规划，进行环境质量管理与技术管理，按阶段实现环境目标。

③ 部门管理　包括能源环境管理、工业环境管理、农业环境管理、交通运输环境管理、商业和医疗等部门环境管理以及企业环境管理。

从环境管理的性质可分为环境计划管理、环境质量管理、环境技术管理。

① 环境计划管理　环境计划包括工业交通污染防治、城市污染控制计划、流域污染控制计划、自然环境保护计划以及环境科学技术发展计划、宣传教育计划等；还包括调查、评价特定区域的环境状况的基础区域环境规划。

② 环境质量管理　主要包括组织制定各种质量标准、各类污染物排放标准和监督检查工作，组织调查、监测和评价环境质量状况以及预测环境质量变化趋势。

③ 环境技术管理　主要包括确定环境污染和破坏的防治技术路线和技术政策；确定环境科学技术发展方向；组织环境保护的技术咨询和情报服务；组织国内和国际的环境科学技术合作交流等。

7.1.3　环境管理的基本职能

环境管理的对象是"人类-环境"系统，工作领域非常广阔，涉及到各行各业和各个部门。通过预测和决策，组织和指挥，规划和协调，监督和控制，教育和鼓励，保证在推进经济建设的同时，控制污染，促进生态良性循环，不断改善环境质量。

① 宏观指导　政府的主要职能就是加强宏观指导调控功能。环境管理部门宏观指导职能主要体现在政策指导、目标指导、计划指导等方面。

② 统筹规划　这是环境管理中一项战略性的工作，通过统筹规划，实现人口、经济、资源和环境之间的关系相互协调平衡。环境规划既对国家的发展模式和方式、发展速度和发展重点、产业结构等产生积极的影响，又是环保部门开展环境管理工作的纲领和依据。主要包括环境保护战略的制定、环境预测、环境保护综合规划和专项

规划等内容。

③ 组织协调　环保部门的一条重要职能就是参与或组织各地区、各行业、各部门共同行动，协调相互关系。其目的在于减少相互脱节和相互矛盾，避免重复，建立一种上下左右的正常关系，以便沟通联系，分工合作，统一步调，积极做好各自的环保工作，带动整个环保事业的发展。其内容包括环境保护法规的组织协调、政策方面的协调、规划方面的协调和环境科研方面的协调。

④ 监督检查　环保部门实施有效的监督，把一切环境保护的方针、政策、规划等变为人们的实际行动，是一种健全的、强有力的环境管理。在方式上有联合监督检查、专项监督检查、日常现场监督检查、环境监测等。通过这些方式才能对环保法律法规的执行、环保规划的落实、环境标准的实施、环境管理制度的执行等情况检查、落实。

⑤ 提供服务　环境管理服务职能是为经济建设、为实现环境目标创造条件，提供服务，在服务中强化监督，在监督中搞好服务。

7.1.4　环境管理的基本原则

① 共生互动、协调适应原则　人和环境是系统共生、密不可分的整体，人一定要适应当前的生态环境，与环境协调适应。

② 环境价值化原则　人类破坏环境的最终结果是破坏了自己的资源和根本利益，动摇了自己的生存基础，市场经济条件下保护环境应遵循环境资源化、价值化原则，环境只有被资源化、价值化了，才有可能受到有效保护。

③ 环境管理的慎重性原则　环境是异常复杂的系统，远远超出人类的认识能力，人类难以对其进行测算，更没有能力再造一个适宜生存的环境，所以在进行环境管理时一定要慎之又慎，敬畏自然，不能轻易做出违背自然规律的事情。

④ 环境管理的重要性原则　地球是人类生存唯一的依托，环境是人类一切社会行为的基础，具有不可替代的重要地位，任何破坏环境的行为都是愚不可及的，而管理环境应是一切人类行为的基础，没有环境管理，所有的管理都将破灭，人类所有的需求都将无法满足，所有的理想也都将无法实现。

⑤ 环境管理的客观性原则　环境是自然界长期发展的产物，是客观存在的，不以人的意志为转移。自然环境的演化有其客观规律，所以保护环境一定要按自然的客观规律来进行。

⑥ 环境管理的系统性原则　环境是各种因素相互制衡、普遍联系的，任何改变局部环境的行为一定会导致连锁反应，因此环境管理一定要遵循系统性原则。

⑦ 环境管理的动态性原则　自然环境处于不断变迁和演化中，环境生态系统是不断变化的动态系统，所以对环境的管理应遵循动态性原则。

⑧ 环境管理的人本化原则　人本化即以人为本，人是万物的本源，是事物运动的主体，最终目标是人的全面发展，环境管理的目的正是在于保护人类赖以生存和发展的空间，因此，对环境的管理要遵循人本化原则，本着对人类生存、发展有利的原

则来管理环境。

⑨ 环境管理的全民化原则　每个人都生存于环境之中，环境属于最大的公共利益，环境管理是全民的事，每个人都应该具有环境意识并积极参与环境管理的行动，环境管理应走上全民化之路。

7.1.5　环境管理的手段

由于环境管理主体与客体的多元化，环境管理的手段亦具有多样性的特点。

7.1.5.1　法律手段

① 宪法　我国宪法对环境保护的规定是制定其他环境保护法律法规的基础。《中华人民共和国宪法》规定："国家保护和改善生活环境和生态环境，防治污染和其他公害"，"国家保障自然资源的合理利用，保护珍贵的动物和植物，禁止任何组织或者个人用任何手段侵占或者破坏自然资源"。

② 环境保护基本法　该法确立了经济建设、社会发展与环境保护协调发展的基本方针，规定了各级政府、一切单位和个人保护环境的权利和义务。

③ 环境保护单行法　中国针对特定的环境保护对象或特定环境要素制定颁布了多项环境保护专门法以及与环境保护相关的资源法，包括：《水污染防治法》、《大气污染防治法》、《固体废物污染环境防治法》、《海洋环境保护法》等。

④ 环境保护条例和部门规章　这类条例和规章是为了贯彻落实环境保护基本法、环境保护单行法而由国务院及国务院各部门制定的，包括《噪声污染防治条例》、《自然保护区条例》、《化学危险品安全管理条例》等。

⑤ 国际公约　是指国际间有关政治、经济、文化、技术等方面的多边条约，如《保护臭氧层维也纳公约》（1985 年）、《核事故或辐射紧急情况援助公约》（1986 年）、《控制危险废料越境转移及其处置的巴塞尔公约》（1989 年）、《持久性有机污染物的斯德哥尔摩公约》（2001 年）、《防止倾倒废物及其他物质污染海洋公约》（2003 年）、《国际干预公海油污事故公约》（2003 年）等。

7.1.5.2　行政手段

① 环境标准　环境标准是为了防治环境污染、维持环境资源、保护人类健康、维持生态平衡，而由有关国家机关或者组织依照法律规定的程序和职权，在综合分析自然环境现状和当前科学技术水平的基础上所做出的，能够在全国范围内或者一定地域范围内实施的，具有强制力或指导意义的，有关污染因素的容许程度和污染源释放污染因素的允许程度等有关技术规范的总称。

② 行政审批或许可证　行政许可是现代国家管理的重要手段，已被世界各国广泛地运用于经济、文化、环境等各个领域，环境许可的书面形式是环境行政许可证。环境行政许可证制度规定了环境行政许可证的申请、审查、颁发和监督管理的规则。环境行政许可证适用于不同环境要素的保护和一个环境要素的不同开发利用阶段的

保护。

③ 环境监测与处罚　环境监测是指运用物理、化学、生物等科技方法，间断地或连续地对环境化学污染物及物理和生物污染等因素进行现场的监测和测定，做出正确的环境质量评价。环境监测的目的是准确、及时、全面地反映环境质量现状及发展趋势，为环境管理、污染源控制、环境规划等提供科学依据。

④ 环境影响评价　是指对规划和建设项目实施后可能造成的环境影响进行分析、预测和评估，提出预防或者减轻不良环境影响的对策和措施，进行跟踪监测的方法与制度。

7.1.5.3　经济手段

① 排污权交易　排污权交易是城市环境管理的经济手段，其主要思想是：在满足环境要求的条件下，建立合法的污染物排放权利即通常以排污许可证的形式表现的排污权，并允许排污权像商品那样被买入和卖出，以此来进行污染物的排放控制。排污权交易的一般做法是：首先由政府部门确定出一定区域的环境质量目标，并据此评估该地区的环境容量。然后推算出污染物的最大允许排放量，并将最大允许排放量分割成若干规定的排放量，即若干排污权。政府可以选择不同的方式分配这些权利，如公开竞价拍卖、定价出售或无偿分配等，并通过建立排污权交易市场使这种权利能合法的买卖，排污权交易其实是通过模拟市场来建立排污权交易市场。

② 税收与收费　城市环境管理收费手段主要包括排污收费和投入收费。排污收费旨在削减污染，是对单位污染物征收的费用。经济效率要求排污企业支付的单位排放污染量税费等于单位排放污染量造成的损失，理想状态下的收费应反映污染造成的边际损失，并以区域的损失变量为依据。由于排污收费面临的一个重要的现实问题就是很难对众多的污染者进行监测，为解决这个问题，环境监管部门设计了诸如投入收费等其他收费手段。投入收费是比较容易监测的收费手段，很多国家都征收的诸如燃油税、润滑油税等都属于投入收费。而一些国家对含铅和不含铅的汽油实行差别税率，取得了很好的保护城市环境的效果。

③ 财政手段　财政补贴是另一个重要的环境保护的经济手段。如果向生产者支付削减污染的费用，只要治理污染的成本小于得到的补贴，生产者就会投资进行污染削减。这个效果与排污收费的效果一致。在有些情况下，补贴可能会使污染削减行为发生得比排污收费更加迅速。当然，不管什么情况下，这种补贴都会通过产品的较高价格转嫁给消费者。

④ 宣传教育手段　环境宣传教育手段指开展各种形式的环境保护宣传教育，以增强人们的自我环境保护意识和环境保护专业知识，宣传教育是环境管理不可缺少的手段，是奠定环境保护思想基础的重要工具，没有全民环境意识的提高，其他环保手段的运用都会事倍功半，甚至无法进行。

⑤ 科学技术手段　环境管理的科技手段是指环境监管部门为实现环境保护目标所采取的各种技术措施，主要包括环境预测、环境评价、环境监测等。科技手段是奠定环境保护物质基础的重要工具，环境科技的进步可以增强环境保护的生产力，加快

环保进程，降低环保成本。

7.2 突发环境事件及应急管理

7.2.1 突发环境事件

突发环境事件简称环境事件，也有人称之为环境安全事件。国家环境保护部《突发环境事件应急预案管理暂行办法》将突发环境事件定义为：因事故或意外性事件等因素，致使环境受到污染或破坏，公众的生命健康和财产受到危害或威胁的紧急情况，这种事件在短时间内直接威胁公众的安全健康或造成局部环境质量急剧恶化，甚至生态灾难。例如：1984 年，印度博帕尔市农药厂甲基异氰酸泄漏，造成 2000 多人丧生，数千人终生残疾；2003 年 12 月，中国石油天然气总公司位于重庆开县的气矿发生天然气井喷事件，大量含 H_2S 的有毒气体随空气扩散，短时间内周围空气质量急剧恶化，造成约 200 人死亡、数万人被紧急疏散；2005 年 11 月 13 日，吉林石油化工厂双苯厂爆炸，80t 硝基苯流入松花江，形成跨国特大环境污染事件。2014 年，全国共发生突发环境事件 471 起，其中重大事件 3 起，分别为：广东省茂名市茂南区公馆镇部分师生吸入受污染空气致身体不适事件，湖北省汉江武汉段氨氮超标事件，湖北省恩施自治州建始县磺厂坪矿业有限公司致重庆市巫山县千丈岩水库污染事件。

2014 年 1 月 9 日，广东省茂名市茂南区公馆镇一中及茂名市第五中学共 97 名师生因吸入不明气体，导致身体不适入院检查。经排查，肇事企业为位于茂名市茂南区信诺汽车维修厂，该厂内停放有四辆罐车，设有暗管直通白沙河，排污点石油类浓度超标 3900 倍、挥发酚超标 15000 倍。2014 年 4 月 23 日，湖北省汉江武汉段入境断面出现氨氮浓度超标情况。武汉市白鹤嘴水厂、余氏墩水厂、国棉水厂先后停止供水。经调查，武汉市上游汉川市因强降雨开闸排水是导致此次事件发生的主要原因。2014 年 8 月 13 日，重庆市千丈岩水库水色出现异常，巫山县停止对相关乡镇供水。巫山县环保局立即向毗邻的湖北省建始县环保局发出协查请求。经联合排查认定，肇事企业为建始县磺厂坪矿业有限责任公司，该企业 60 万吨/年硫铁矿选矿项目擅自试生产，产生的废浆水未经处理、直接排放至厂房下方的自然洼地。由于当地属喀斯特地貌，废浆水沿洼地底部裂隙渗漏至地下，经地下水水系进入巫山县千丈岩水库，造成巫山县和奉节县 4 个乡镇约 5 万人饮用水受到影响。

7.2.1.1 突发环境事件的主要特征

① 突发性　环境事件通常是在没有任何征兆的情况下突然发生的，具有很强的偶然性，如运输危险化学品的车辆翻入饮用水源地、氯气罐突然爆裂引起大面积泄漏等。

② 危害性　环境事件往往会在瞬间排放大量的有毒有害物质进入环境，造成局部环境质量迅速恶化，还可能造成人员伤亡、财产损失和生态环境的严重破坏。

③ 次生性　环境事件的次生性主要指以下三种情况：其一是火灾、爆炸、泄漏等生产安全事故引发的环境事件；其二是交通事故引发的环境事件；其三是自然灾害引发的环境事件。其中大部分的突发性环境污染事件由生产安全事故和交通事故引起。

④ 不确定性　引起环境事件的原因复杂，偶然性较大，污染物多样，且事件发生后，污染源的迁移受风向、地形、水流等因素的影响很大。

7.2.1.2　突发环境事件分级

国务院 2006 年 1 月 24 日发布并实施的《国家突发环境事件应急预案》，按突发事件的严重性、紧急程度及影响程度分为四个等级：

Ⅰ级（特别重大环境事件）凡符合下列情形之一者为特别重大环境事件：

① 发生 30 人以上死亡，或中毒（重伤）100 人以上；

② 因环境事件需疏散、转移群众 5 万人以上，或直接经济损失 1000 万元以上；

③ 区域生态功能严重丧失或濒危物种生存环境遭到严重污染；

④ 因环境污染使当地正常的经济、社会活动受到严重影响；

⑤ 利用放射性物质进行人为破坏事件，或 1、2 类放射源失控造成大范围严重辐射污染后果；

⑥ 因环境污染造成重要城市主要水源地取水中断的污染事故；

⑦ 因危险化学品（含剧毒品）生产和储运中发生泄漏，严重影响人民群众生产、生活的污染事故。

Ⅱ级（重大环境事件）凡符合下列情形之一者为重大环境事件：

① 发生 10 人以上、30 人以下死亡，或中毒（重伤）50 人以上、100 人以下；

② 区域生态功能部分丧失或濒危物种生存环境受到污染；

③ 因环境污染使当地经济、社会活动受到较大影响，疏散转移群众 1 万人以上、5 万人以下；

④ 1、2 类放射源丢失、被盗或失控；

⑤ 因环境污染造成重要河流、湖泊、水库及沿海水域大面积污染，或县级以上城镇水源地取水中断的污染事件。

Ⅲ级（较大环境事件）凡符合下列情形之一者为较大环境事件：

① 发生 3 人以上、10 人以下死亡，或中毒（重伤）50 人以下；

② 因环境污染造成跨地级行政区域纠纷，使当地经济、社会活动受到影响；

③ 3 类放射源丢失、被盗或失控。

Ⅳ级（一般环境事件）凡符合下列情形之一者为一般环境事件：

① 发生 3 人以下死亡；

② 因环境污染造成跨县级行政区域纠纷，引起一般群体性影响；

③ 4、5 类放射源丢失、被盗或失控。

7.2.2　环境应急管理

环境应急是指为避免突发环境事件的发生或减轻突发环境事件的后果，所进行的预防与应急准备、监测与预警、应急处置与救援、事后恢复与重建等应对行动；环境应急管理是为预防和减少突发环境事件的发生，控制、减轻和消除突发环境事件引起的危害，保护人民群众生命财产及环境安全，组织开展的预防与应急准备、监测与预警、应急处置与救援、事后恢复与重建等管理行为。

7.2.2.1　环境应急管理的基本原则

① 以人为本原则　环境应急管理活动中坚持以人为本，要求将人民群众的生命健康、财产安全以及环境权益作为一切工作的出发点和落脚点，并充分肯定人在环境应急管理活动中的主体地位和作用。

② 预防为主原则　通过风险管理、预测预警等措施防止突发环境事件发生；另外使无法防止的突发环境事件带来的损失降低到最低限度。

③ 科学统筹原则　环境应急管理工作是一项系统工作，需要在突发环境事件发生的每个阶段制定出相应的对策，采取一系列必要措施，提高环境对各方面环境的适应能力。

④ 依法行政原则　依法行政是从根本上解决政府环境应急管理行为的正当性与合法性，防止行政权力的滥用及公民权利的损害。

⑤ 权责一致原则　权责一致要求划清环境应急管理职责的界限，各个部门各司其职，并试行责任追究制。

7.2.2.2　环境应急管理的主要内容

根据突发环境事件的特点和实际，环境应急管理强调对潜在突发环境事件实施事前、事中、事后的管理，也可分为预防、准备、响应及恢复四个阶段。

① 预防　预防是指为减少和降低环境风险，避免突发环境事件发生而实施的各项措施。

② 准备　应急准备是指为提高对突发环境事件的快速、高效反应能力，防止突发环境事件升级或扩大，最大限度减小事件造成的损失和影响，针对可能发生的突发环境事件而预先进行的组织准备和应急保障。

③ 响应　应急响应是指突发环境事件发生后，为遏制或消除正在发生的突发环境事件，控制或减缓其造成的危害及影响，最大限度地保护人民群众的生命财产和环境安全，根据事先制定的应急预案，采取的一系列有效措施和应急行动。

④ 恢复　恢复指突发环境事件的影响得到初步控制后，为使生产、工作、生活和生态环境尽快恢复到正常状态所进行的各种善后工作。

7.2.2.3　环境应急管理法定职责

我国现行的法律、法规、规章，对事故责任方、政府、环保等职能部门都赋予了一定的法定职责，其中，政府是环境应急管理的责任主体；职能部门是组织实施主体；企业是防范和处置主体。

（1）政府应对突发环境事件的法定责任

① 制定应急预案、建立应急培训制度、开展应急演习、对风险源进行监控以及健全应急物质储备保障制度等预防与准备；

② 监测与预警；

③ 突发环境事件发生后，采取有效的应急处置措施；

④ 向上级人民政府报告、发布信息、及时向毗邻区域通报有关情况；

⑤ 事后评估与重建。

（2）环境保护主管部门应对突发环境事件的法定责任

① 向本级人民政府、上级环境保护部门报告及向相关部门、毗邻地区环境保护部门及时通报；

② 开展环境应急监测工作；

③ 适时向社会发布突发环境事件信息。

（3）企业应对突发环境事件的法定责任

① 制定突发环境事件应急预案；

② 采取防范措施；

③ 开展应急知识的宣传和应急演习；

④ 发生突发环境事件后，应积极处置；

⑤ 向当地环境保护部门和有关部门报告并向可能受到影响的单位和居民通报。

⑥ 赔偿损失。

7.2.2.4　突发环境事件应急预案内容

×××化工有限公司突发环境事件应急预案

1　总则

1.1　编制目的

为积极应对公司突发环境事件，规范公司环境应急管理工作、提高应对和防范突发环境事件能力。在突发环境事件发生时，按照预定方案有条不紊地组织实施救援，最大限度减少人员伤亡和财产损失、降低环境损害和社会影响。

1.2　编制依据

根据《中华人民共和国环境保护法》、《中华人民共和国突发事件应对法》、《国家突发环境事件应急预案》、《石油化工企业环境应急预案编制指南》及相关法律法规和规范性法律文件，特编制"×××化工有限公司突发环境事件应急预案"。

1.3　适用范围

本预案适用于×××化工有限公司在产品生产过程中发生的突发环境事件的处置和突发事件的应急救援。

1.4　工作原则

应急救援工作实行"统一指挥、分工负责、企业自救与社会救援相结合"的基本原则，以人为本，确保人身安全和健康，加强应急救援人员的安全防护，最大限度地减少事故灾难造成的人员伤亡和危害。

1.5 应急预案体系

本应急预案由总则、公司基本情况、环境风险源与环境风险评价、应急救援机构及职责、预防与预警、信息报告与通报、应急响应与措施、后期处置、应急培训与演练、奖惩、保障措施、预案的评审备案发布和更新、应急预案实施、附录组成。

2 基本情况

2.1 公司概况

×××化工有限公司成立于2014年1月7日，注册资金×××万元。公司主要从事×××、×××等产品的生产、销售和服务。目前在职员工×××人，其中管理技术人员××人。

2.2 周边自然概况

2.2.1 地理位置

公司位于×××市，地理坐标位于东经×××，北纬×××，属工业区规划的工业项目建设用地。厂区距××县城约×××公里、距××市区约××公里、距××高速公路入口处约××公里。厂区南侧紧邻工业区大道，与×××厂隔路相望；西侧为×××公司；北侧与×××厂相邻；东侧与×××公司相邻；厂区与×××居民居住区的距离大于500m。厂区占地面积×××m²，总建筑面积为×××m²。厂区基础设施由南往北依次布置门卫、办公楼、生产车间、酸碱罐区、消防水池、机修（泵）房、应急水池、锅炉房、污水池等。

2.2.2 气象状况

年平均温度17.6℃，年平均降雨量1279mm，年主导风向北、东北，频率20%，平均风速2.1m/s，年均雷暴天数40.1天（属雷暴灾害区），地震烈度6度。

2.3 主要产品和原辅材料

主要产品见表1，原辅材料使用、储存量的具体情况见表2。

表1 主要产品及储存量表

序号	产品名称	产量/(t/a)	最大储存量/t	储存方式	执行标准	备注

表2 原辅材料使用、储存量

序号	原料名称	年消耗量/t	最大储存量/t	储存方式	备注

2.4 主要生产工艺流程

公司生产的主要产品有×××、×××、×××，生产工艺见附图。

2.5 企业"三废"排放及处理情况

（1）水污染物排放情况及防治措施

本公司水污染物有×××、×××、×××，排放量分别为×××吨/日、×××吨/日、×××吨/日，进污水处理站集中处理。处理工艺采用×××技术，处理后各项指标达到×××标准，处理达标后排入×××。

（2）废气污染物产生和排放情况

公司排放的大气污染物主要为锅炉废气，产生SO_2、烟尘废气，经高空除尘器除尘后排放（排气高度为13m）。

（3）固体废弃物产生和排放情况

公司产生的固体废物主要为生活垃圾，由环卫部门清运。

（4）噪声

公司噪声主要来自真空泵和空压机，进行隔声处理后，相应厂界噪声声级均达标。

2.6 环境保护目标

注：可参考环评、安评等文件和当前企业周边环境敏感目标的实际情况，提出环境保护目标。

2.7 环境风险源基本情况

根据《建设项目环境风险评价技术导则》（HJ/T 169—2004）和《重大危险源辨识》（GB 18218—2009），×××公司使用的危险化学品列入重大危险源名单的有：液氯和液氨，见表3。

表3 重大危险（风险）物质的临界量

序号	原料名称	临界量/t	最大储存量/t	备注
1	液氯			危规号:23002
2	液氨			危规号:23003

依据环境因素识别评价准则主要对公司进行了风险基本情况调查分析，主要环境风险有三项：一是储存和生产过程中，氯、氨储罐由于腐蚀或管道泄漏等原因形成各种有毒有害物质泄漏造成人员中毒和大气、水等环境污染；二是在生产等作业过程中发生火灾、爆炸等安全事故，引发物料泄漏或消防灭火水等流出造成水、大气环境污染；三是治污设施运转不正常造成事故排放，造成环境污染。

3 应急组织机构及职责

3.1 应急组织体系

公司设立公司级和车间级二级突发环境事件应急指挥机构，公司成立"应急指挥领导小组"为一级指挥机构；各生产、辅助车间成立二级应急救援指挥机构。同时设立技术保障、工程抢险、应急救援、应急监测、通信联络、安全保卫、医疗救护、后勤保障、善后处理等小组。

3.2 指挥机构组成及职责

"应急指挥领导小组"，由经理×××、副经理×××担任指挥部总指挥和副总指挥，环保、安全、设备以及各生产车间、辅助部门的部门领导组成，下设应急指挥办公室，由生产副经理任办公室主任，安全员、环境工程师等作为日常工作人员。发生突发重大事件时，以指挥领导小组为基础，负责全公司应急救援工作的组织和指挥，指挥部设在公司会议室。

3.2.1 指挥机构分工及主要职责

总指挥：全面指挥事故现场的应急救援工作。

副总指挥：协助总指挥工作，当总指挥不在现场时，副总指挥行使总指挥职责。

技术保障组

组长：×××。

成员：由生产工艺、设备、安全环保等技术人员及相关专家组成。

职责：对突发环境事件的预警和应急控制及处置措施提供救灾方案、处置办法；指导现场附近居民和抢险人员自身防护，确定人员疏散范围的建议；对环境污染的灾害损失和恢复方案等进行研究评估，并提出相关建议。

工程抢险组

组长：×××。

成员：由电气、设备技术、管理人员、维修人员组成。

职责：负责现场抢险救援、负责事故处置时生产系统开、停车调度工作。

应急救援抢险组

组长：×××。

成员：×××，×××。

职责：担负本公司各类事故的救援及处置，负责现场灭火和泄漏防污染抢险及洗消。

应急监测组

组长：×××。

成员：由环保、质检科室有关人员组成。

职责：负责环境污染物的监测、分析工作。负责事故现场及有害物质扩散区域内的洗消、监测工作及事故原因的分析，处置工作中技术问题的解决。

通讯联络组

组长：×××。

成员：由公司办公室文秘、安全、财务等人员组成。

职责：负责各组之间的联络和对外通报、报告。

安全保卫组

组长：×××。

成员：由安全管理保安人员、生产、行政部门有关人员组成。

职责：负责现场治安、交通秩序维护，设置警戒，组织指导疏散、撤离与增援，指引向导。

医疗救护组

组长：×××。

成员：由综合管理、质量环保、业务、计划财务等行政有关人员组成。

职责：负责现场医疗急救，联系医疗机构救援，陪送伤者，联络伤者家属。

后勤保障组

组长：×××。

成员：由综合管理、质量环保、计划财务有关人员组成。

职责：负责事故抢险、抢修所需物资的供应。

善后处理组

组长：×××。

成员：由综合管理、计划财务、人事等相关行政人员组成。

职责：负责伤亡人员的抚恤、安置及医疗救治，亲属接待、安抚，遇难者遗体、遗物的处理。

4　预防与预警

4.1　风险源监控

在储存使用剧毒化学品的车间以及储存区均设有监控摄像头和有毒气体浓度报警器。在各主要生产工段以及重点风险源均设有监控系统。危险品仓库等重点风险源有泄漏报警设备与远程影像监控；对生化处理总排出水有在线自动监控设施；对于各工段车间、关键岗位设有应急处置措施标识牌。厂区预警及监控设施一览表见表4。

表4　厂区预警及监控设施一览表

序号	设备名称	规格型号	数量	安装地点	购置时间

4.2　预防措施

（1）针对高危风险源（氨、液氯等）储罐区

液氨泄漏报警探测器1台；液氯仓库气体泄漏报警探测器2台；液氨储罐区域设有水喷淋装置；液

氯储罐区设有捕消器；液氨储罐、污水罐设有围堰，确保发生泄漏及事故处置后的洗消液进入污水事故池，污染物不会泄漏至厂外环境。

（2）公司设有2个污水应急池，体积为500m³，污水处理能力为500m³/d。在废水排口安装COD自动监测仪，一旦出现紧急情况，可立即关闭出水阀门，停止生产，废水回流至调节池，查明原因，待处理设施正常后，废水处理达标后排放。

（3）因公司主要生产车间靠近河道，为防止因暴雨或火灾消防等原因导致的厂内污水或消防水外溢，故将公司沿河道筑有高出公司地坪0.5m左右的混凝土坝。

4.3　预警

4.3.1　预警的条件

若收集到有关信息证明突发环境事件即将发生或发生的可能性增大，应急小组同专家讨论后确定突发环境事件的预警级别后，及时向公司领导、车间负责人通报相关情况，启动应急预案，采取相应的预警措施。

4.3.2　预警的分级

（1）一级预警

设备、设施严重故障，发生火灾爆炸和大面积泄漏事故，造成的泄漏公司已无能力进行控制，以及恐怖袭击已发生的事故或事件。

（2）二级预警

已发生火灾和泄漏，在极短时间内可处置控制，未对周边企业、社区产生影响的事故以及获悉恐怖袭击事件即将发生时。

（3）三级预警

现场发现泄漏或火灾迹象将会导致泄漏、火灾爆炸等重大安全生产事故。

4.3.3　预警的方法

在确认进入预警状态之后，根据预警相应级别启动相应事件的应急预案，向全公司以及附近居民发布预警等级，报告上级政府及主管部门；准备转移、撤离或者疏散可能受到危害的人员，指令各应急专业队伍进入应急状态，环境监测人员立即开展应急监测，随时掌握并报告事态进展情况。针对突发事件可能造成的危害，封闭、隔离或者限制有关场所，中止可能导致危害扩大的行为和活动。调集应急处置所需物资和设备，做好其他应急保障工作。

5　应急响应与措施

5.1　分级响应机制

针对突发环境事件严重性、紧急程度将突发环境事件分为3级。

对于一般环境污染事件（Ⅲ级），事故的有害影响局限在各车间之内，并且可被现场的操作者遏制和控制在公司局部区域内，启动三级响应：由该车间的车间主任负责应急指挥；组织相关人员进行应急处置。

对于较大环境污染事件（Ⅱ级），事故的有害影响超出车间范围，但局限在公司的界区之内并且可被遏制和控制在公司区域内，启动二级响应：由公司应急领导小组负责指挥，组织相关应急小组开展应急工作；同时向市环保局报告。

对于重大环境污染事件（Ⅰ级），事故影响超出公司控制范围的，启动一级应急响应：由公司应急指挥领导小组总指挥执行；遇政府成立现场应急指挥部时，移交政府指挥部人员指挥并介绍事故情况和已采取的应急措施，配合协助应急指挥与处置。

5.2　应急措施

5.2.1　化学品泄漏的应急处置

（1）现场处置程序

事故现场发现事故的第一人立即撤至离开现场100m上风处，拨打报警电话，应急指挥成员迅速赶赴事故现场，画出警戒区，要求与现场救援无关人员迅速撤离现场。工作人员按要求，切断泄漏气体波及电源，控制一切火源，生产现场人员按要求完成相关停产操作。关闭正常污水排放口和雨水排放口阀门，防止污染物通过污水排放口流到厂外。

（2）泄漏物处置方法

泄漏物处置方法见表5，泄漏被控制后，要及时将现场泄漏物进行覆盖、收容、稀释，使泄漏物得到安全可靠的处置，防止二次事故的发生。

表5　厂内危险化学污染物质泄漏处理方法

污染物质	泄漏处理方法

5.2.2　大气污染事件的应急措施

（1）应急处置

当事故影响已超出厂区，应立即提请上级相关主管单位启动相关预案。现场应划定警戒区域，派员警戒阻止无关车辆、人员进入现场；切断泄漏气体波及场所内电源，控制一切火源，现场禁止使用非防爆通信器材；现场浓度较大时，视情用喷雾水稀释；有影响邻近企业时，及时通知，要求采取相应措施。

（2）基本防护措施

呼吸防护：在确认发生毒气泄漏或袭击后，应马上用手帕、餐巾纸、衣物等随手可及的物品捂住口鼻。手头如有水或饮料，最好把手帕、衣物等浸湿。最好能及时戴上防毒面具、防毒口罩。处理漏氯故障时，处理人和监护人必须佩戴好氧气呼吸器。

皮肤防护：尽可能戴上手套，穿上雨衣、雨鞋等，或用床单、衣物遮住裸露的皮肤。如已备有防化服等防护装备，要及时穿戴。

眼睛防护：尽可能戴上各种防毒眼镜、防护镜或游泳用的护目镜等。

5.2.3　水污染事件的应急措施

（1）强酸大量泄漏时，可借助现场环境，通过挖坑、挖沟、围堵或引流等方式将泄漏物收集起来。建议使用泥土、沙子作为收容材料。也可根据现场实际情况，用水冲洗泄漏物和泄漏地点，冲洗后的废水必须收集起来，集中处理。喷雾状水冷却和稀释蒸气，保护现场人员。用耐腐蚀泵将泄漏物转移至槽车或有盖的专用收集器内，回收或运至废物处理场所处置。

（2）液体毒害物泄漏时，为防止液体向厂外扩散。可采取筑堤堵截泄漏液或者引流到安全地点，对于大量泄漏，可选择用隔膜泵将泄漏物料抽入容器内或槽车内；当泄漏量小时，可用沙子吸附材料、中和材料等吸收中和，并将收集的泄漏物运至废物处理场所处置。

（3）当污水外溢污染水域时，及时与水利部门联系暂停有关水闸放水，防止污染水域扩大蔓延；当高浓度污染物已泄漏至外环境时，则应立即关闭雨水和污水应急阀门，并向县、市政府及相关部门报告启动相关预案。

5.2.4　人员的紧急疏散和撤离

当环境事故发生后严重影响到了厂内以及受保护地区人民群众的生命安全时，应当组织人员疏散，遵循以下原则：

（1）事故现场人员或得知事故信息者第一时间内通知事故救援指挥部，由事故救援指挥通过电话、广播、移动喇叭等通信方式发布疏散令。疏散命令内容包括：疏散原因、有害物质性质、应急方法、紧急救治方法、疏散区域、正确的疏散方向、影响时间及其他注意事项。当事故后果可能威胁到公司外周边地区人员安全时，指挥部应立即报告当地政府有关部门，请求组织人员疏散。

（2）保证疏散指示标志明显，应急疏散通道出口通畅，应急照明灯能正常使用。

（3）公司内部非事故现场人员撤离时，不得破坏事故现场，服从应急救援指挥部的安排，按事故应急疏散路线图到达集合点。

（4）负责疏散引导人员清点集合处疏散人数，将清点结果及时上报指挥部，并对其进行安全转移。

5.2.5　受伤人员现场救护与救治

（1）中毒时的急救处置

吸入化学品气体中毒时，迅速脱离现场，移至空气新鲜、通风良好场所，松开患者衣领和裤带；沾染皮肤时应立即脱去污染的衣服、鞋袜等，用大量清水冲洗；溅入眼睛时，用清水冲洗；急性中毒时为防止虚脱，应使患者头部无枕躺下，注意不应妨碍血液循环和呼吸；神智不清时，应使其侧卧，注意呼吸畅通，防止气道梗阻；呼吸微弱或休克时，可施行心肺复苏术，恢复呼吸后，送医院治疗或请求医院派员至现场急救。

（2）外伤急救处置

一般外伤清除污物，止血包扎；骨折时用夹板固定包扎，移动护送时应平躺，防止弯折，遇静脉大出血时及时绑扎或压迫止血，立即送医院救治。

（3）触电急救处置

迅速使触电者脱离电源；解救时禁止赤手或用导电体与触电者接触；当触电者处于休克时，应立即施行心肺复苏术。

5.3　应急监测

突发环境事件时，环境应急监测小组应迅速组织监测人员赶赴现场，根据事件的实际情况，迅速确定监测方案，及时开展应急监测工作，在尽可能短的时间内做出判断，以便对事件及时正确进行处理。

5.4　应急终止

5.4.1　应急终止的条件

符合下列条件之一的，即满足应急终止条件：

（1）事件现场得到控制，事件条件已经消除；

（2）污染源的泄漏或释放已降至规定限值以内；

（3）事件造成的危害已经被消除，无继发可能。

5.4.2　应急终止的程序

（1）现场指挥部确认终止时机或由事件责任单位提出，经现场指挥部批准；

（2）现场指挥部向所属各专业应急救援队伍下达应急终止命令；

（3）应急状态终止后，相关类别环境事件专业应急指挥部应根据政府有关指示和实际情况，继续进行环境监测和评价工作，直至其他补救措施无须继续进行为止。

5.4.3　应急终止后的行动

（1）由应急指挥办公室负责通知公司各办公室、各科室及车间以及附近周边企业、村庄和社区危险事故已经得到解除；

（2）对现场中暴露的工作人员、应急行动人员和受污染设备进行清洁净化；

（3）由应急指挥办公室负责对于发生环境事故的起因、过程和结果向公司负责人以及相关部门做详细报告；

（4）全力配合事件调查小组，提供事故详细情况，相关情况的说明以及各监测数据等，并查明事故原因，调查事故造成的损失，明确责任；

（5）对整个环境应急过程评价；并对环境应急救援工作进行总结，并向公司领导汇报；

（6）针对此次突发环境事件，总结经验教训，并对突发环境事件应急预案进行修订；

（7）由各相关负责人对应急仪器、设备及装备进行维护、保养。

6 应急培训和演练

6.1 培训

本公司突发环境事故处理人员培训分两个层次开展。车间班组级每季开展一次，公司级每年进行两次，培训内容包括紧急情况下停车、避险、报警的方法；现场救护方法，救援设备的使用等。

6.2 演练

应急演练分为部门、公司级演练和配合政府部门演练三级；部门级的演练由部门负责人组织进行，公司安全、环保、技术及相关部门派员观摩指导；公司级演练由公司应急指挥小组组织进行，各相关部门参加；与政府有关部门的联合演练，由政府有关部门组织进行，公司应急领导小组成员参加，相关部门人员参加配合。

部门演练为报警、报告程序、现场应急处置、紧急疏散等熟悉应急响应和某项应急功能的单项演练，演练频次每年4次以上；公司级演练为多个应急小组之间协调或预案部分功能的综合演练，演练频次每年2次以上。

7 奖惩

奖惩按公司《安全生产、治安奖惩规定》执行，将员工薪酬的20％与环保安全工作挂钩，采用百分考核，按比例计发；若全年无事故、无重大隐患，如数发放，并作为评优奖励的重要依据。出现事故，从重处罚，视情节分别作警告、罚款、辞退处理；情节严重的，向司法机关提起诉讼。

8 保障措施

公司定期进行应急救援装备、物资、药品等检查、维护（包括危化品运输车辆的安全、消防设备、器材及人员防护装备）以保障企业环境安全。

9 预案的实施和生效时间

本预案2015年1月1日发布生效，并下发至所有有关人员。

10 附件

附件F1 地理位置图

附件F2 周边环境示意图

附件F3 厂区平面布置图

附件F4 应急救援联络电话

附件F5 消防设施器材布置图

附件F6 应急疏散图

附件F7 车间设备平面布置图

附件F8 危险物质数据表

附件F9 生产工艺流程图

7.3 环境法规

7.3.1 环境保护法

环境保护法，在广义上又称为环境法，是调整因开发、利用、保护和改善人类环境而产生的社会关系的法律规范的总称。其目的是为了协调人类与环境的关系，保护人体健康，保障社会经济的持续发展。其内容主要包括两个方面：一是关于合理开发利用自然环境要素，防止环境破坏的法律规范；二是关于防治环境污染和其他公害，改善环境的法律规范。另外还包括防止自然灾害和减轻自然灾害对环境造成不良影响的法律规范。环境保护法除具有法律的一般特征外，还具有综合性、科学技术性、公益性、世界共同性、地区特殊性等特征。

（1）环境保护法的任务

根据我国宪法和环境保护法的规定，我国环境保护法有两项任务：一是保证合理地利用自然环境，自然资源也是自然环境的重要组成部分；二是保证防治环境污染与生态破坏，防治环境污染是指防治废气、废渣、粉尘、垃圾、滥伐森林、破坏草原、破坏植物，乱采乱挖矿产资源、滥捕滥猎鱼类和动物等。

（2）环境保护法的基本制度

环境保护法的基本制度，指国家为了实现环境保护法的任务和目的，根据环境保护法的基本原则制定的调整某一类环境保护社会关系的法律规范的总称。我国环境保护法的基本制度主要有：环境影响评价制度、排污收费制度、许可证制度、限期治理制度、环境污染与破坏事故的报告及处理制度。

7.3.2　环境保护法体系

环境保护法是国家整个法律体系的重要组成部分，具有自身一套比较完整的体系。《中华人民共和国宪法》是我国的基本大法，它为制定环境保护基本法和专项法奠定了基础；新的《中华人民共和国刑法》增加了"破坏环境资源罪"的条款，使得违反国家环境保护规定的个人或集体都不单负有行政责任，而且还要负刑事责任。环境保护专项法为防治大气、水体、海洋、固体废物及噪声污染制定了法规依据。环境保护工作涉及到方方面面，特别是资源、能源的利用，因此资源法和其他有关的法也是环境保护法规体系的重要组成部分。此外，还有地方环境保护法、环境保护行政法规、规章以及环境保护标准等。分述如下：

（1）宪法

宪法第 26 条规定："国家保护和改善生活环境和生态环境，防治污染和其他公害。国家鼓励植树造林，保护林木。"第 9 条第 2 款规定："国家保障自然资源的合理利用，保护珍贵的动物和植物。禁止任何组织或者个人用任何手段侵占或者破坏自然资源。"第 22 条规定："国家保护名胜古迹、珍贵文物和其他重要历史文化遗产。"第 5 条规定："一切国家机关和武装力量、各政党和各社会团体、各企业事业组织都必须遵守宪法和法律。一切违反宪法和法律的行为，必须予以追究。"宪法中所有这些规定，是我国环境保护法的法律依据和指导原则。

（2）刑法

刑法第六章"妨害社会管理秩序罪"中第六节"破坏环境资源罪"中第 9 条规定，凡违反国家有关环境保护规定的，应负有相应的刑事责任。

（3）环境保护基本法

环境保护基本法指《中华人民共和国环境保护法》，它是环境保护领域的基本法律，是环境保护专项法的基本依据，由全国人大常务委员会批准颁布。

（4）环境保护专项法

是针对特定的污染防治领域和特定的资源保护对象而制定的单项法律。目前已颁布了《大气污染防治法》、《水污染防治法》、《固体废弃物污染环境防治法》、《海洋环境保护法》、《环境噪声污染防治法》、《环境影响评价法》等，由全国人大常委会批准颁布。

（5）环境保护资源法和相关法

自然资源是人类赖以生存发展的条件，为了合理的开发、利用和保护自然资源，特制定了《森林法》、《草原法》、《煤炭法》、《矿产资源法》、《渔业法》、《土地管理法》、《水法》、《水土保护法》和《野生动物保护法》等多部环境保护资源法；相关法指《城市规划法》、《文物保护法》及《卫生防疫法》等与环境保护工作密切相关的法律。

（6）环境保护行政法规

由国务院组织制定并批准公布的，为实施环境保护法律或规范环境监督管理制度及程度而颁布的"条例"、"实施细则"，如《水污染防治法实施细则》、《建设项目环境保护管理条例》等。

（7）环境保护部门规章

是由国务院有关部门为加强环境保护工作而颁布的环境保护规范性文件，如国家环保局颁布的《城市环境综合整治定量考核实施办法》、《排放污染物申报登记规定》等。

（8）环境保护地方性法规和地方政府规章

是指有立法权的地方权力机关——人民代表大会及其常委会和地方政府制定的环境保护规范性文件，是对国家环境保护法律、法规的补充和完善，它以解决本地区某一特定的环境问题为目标，具有较强的针对性和可操作性。

（9）环境标准

我国环境法规体系中的一个重要组成部分，也是环境法制管理的基础和重要依据。环境标准包括主要环境质量标准、污染物排放标准、基础标准、方法标准等，其中环境质量标准和污染物排放标准为强制性标准。

（10）国际环境保护公约

是中国政府为保护全球环境而签订的国际条约和议定书，是中国承担全球环保义务的承诺，根据《环境保护法》规定，国内环保法律与国际条约有不同规定时，应优先采用国际条约的规定（除我国保留条件的条款外）。

（11）其他要求

其他要求指的是产业实施规范、与政府机构的协定、非法规性指南、污染物控制、城市综合整治定量考核要求，以及旅游度假区、风景区、古迹、文物保护区要求等。

7.4 环境标准

7.4.1 环境标准概念

环境标准是国家为了保护人民的健康、促进生态良性循环，根据环境政策法规，在综合分析自然环境特点、生物和人体的耐受力、控制污染的经济能力和技术可行的基础上，对环境中污染物的允许含量及污染源排放污染物的数量、浓度、时间和速率所作的规定。它是环境保护工作技术规则和进行环境监督、环境监测、评价环境质量、设施和环境管理的重要依据。我国的环境标准，既是标准体系的一个分支，又属于环境保护法体系的重要组成部分。

7.4.2 环境标准的地位和作用

环境标准是为了保护人群健康，防治环境污染和维护生态平衡，对有关技术要求所作的统一规定，它在我国环保工作中有着极其重要的地位和不可替代的作用。

(1) 环境标准是国家环境保护法规的重要组成部分

我国环境标准具有法规约束性，是我国环境保护法规所赋予的。在《中华人民共和国环境保护法》、《大气污染防治法》、《水污染防治法》、《噪声污染防治法》、《固体废物污染环境防治法》等法规中，都规定了实施环境标准的条款，使环境标准成为执法必不可少的依据和环境保护法规重要组成部分。

(2) 环境标准是环境保护规划的体现

环境规划主要就是指标准，规划的目标主要是用标准来表示的。我国环境质量标准就是将环境规划总目标依据环境组成要素和控制项目在规划时间和空间内予以分解并定量化的产物。因而环境质量标准是具有鲜明的阶段性和区域性特征的规划指标，是环境规划的定量描述。

(3) 环境标准是环境保护行政主管部门依法行政的依据

环境标准是强化环境管理的核心，环境质量标准提供了衡量环境质量状况的尺度，污染物排放标准为判别污染源是否违法提供了依据。同时，方法标准、标准样品标准和基础标准统一了环境质量标准和污染物排放标准实施的技术要求，为环境质量标准和污染物排放标准正确实施提供了技术保障。

(4) 环境标准是推动环境保护科技进步的一个动力

环境标准与其他任何标准一样，是以科学技术与实践的综合成果为依据制定的，具有科学性和先进性，代表了今后一段时期内科学技术的发展方向。使标准在某种程度上成为判断污染防治技术、生产工艺与设备是否先进可行的依据，成为筛选、评价环保科技成果的一个重要尺度；对技术进步起到导向作用。同时，环境方法、样品、基础标准统一了采样、分析、测试、统计计算等技术方法，规范了环保有关技术名词、术语等，保证了环境信息的可比性，使环境科学各学科之间、环境监督管理各部门之间以及环境科研和环境管理部门之间有效的信息交往和相互促进成为可能。标准的实施还可以起到强制推广先进科技成果的作用，加速科技成果转化及污染治理新技术、新工艺、新设备尽快得到推广应用。

(5) 环境标准是进行环境评价的准绳

无论进行环境质量现状评价，编制环境质量报告书，还是进行环境影响评价，编制环境影响报告书，都需要环境标准。只有依靠环境标准，方能作出定量化的比较和评价，正确判断环境质量的好坏，从而为控制环境质量，进行环境污染综合整治，以及设计切实可行的治理方案提供科学依据。

(6) 环境标准具有投资导向作用

环境标准中指标值的高低是确定污染源治理、污染资金投入的技术依据；在基本建设和技术改造项目中也是根据标准值，确定治理程度，提前安排污染防治资金。环境标准对环境投资的这种导向作用是明显的。

7.4.3 环境标准的制定程序

(1) 国家环境标准

国家环境标准由我国环境保护局提出标准项目编制计划；国家技术监督局纳入全国各类标准编制计划；国家环境保护局下达制定标准计划任务书，由编制单位按照制定标准计划任务书的内容和要求，组织制定环境标准；标准草案（报批稿）报国家环境保护局审查批准；国家环境保护局将批准后的标准送国家技术监督局统一编号、发布。

(2) 地方标准

地方环境标准由省级环境保护部门组织草拟，由同级人民政府批准、发布，并报国务院环境保护行政主管部门备案。

7.4.4 我国的环境标准体系

根据环境标准的适用范围、性质、内容和作用，我国实行三级五类标准体系。三级是国家标准、地方标准和行业标准；五类是环境质量标准、污染物排放标准、方法标准、样品标准和基础标准，如图 7-1 所示。

(1) 环境标准的分级

① 国家环境标准 根据《中华人民共和国环境保护法》规定，我国的国家环境标准主要由国务院环境保护行政主管部门与质量技术监督部门单独或者联合组织制定，针对涉及全国范围的具有普遍影响的一般环境问题，其按照全国的平均水平和要求确定控制指标和具体数值。国家环境标准使用 GB 表示。

另外，根据环境标准是否具有强制执行力，将其划分为强制性和非强制性（推荐

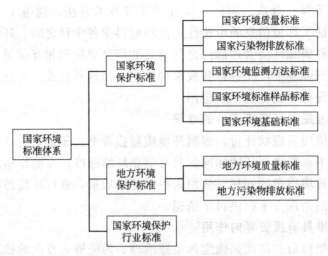

图 7-1 我国的环境标准体系

性)。强制性环境标准是全国或者一定行政区域内所有个人或者组织必须执行和遵守的标准，一般包括环境质量标准、污染物排放标准和法律、法规规定必须执行的环境标准，这样的环境标准一般标明"GB"。非强制性的环境标准仅具有指导意义，一般为国家推荐排污者适用的，并标明为"GB/T"的字样。

② 环境保护行业标准 环境保护行业标准亦称为国家环境保护总局标准，这一概念源于国家环境保护部的前身——国家环保总局。现在的环境保护行业标准指的是由环境保护部制定的，在全国环境保护行业范围内适用的环境标准。一般情况下，只有在国家环境标准没有相应规定而具有实际工作又有需要的情况下才制定。由此可见环境保护行业标准仅仅是作为国家环境标准的备用或者补充作用而存在的，一旦国家层面就此技术规范制定了国家环境标准，相应的行业标准自动废止。行业标准主要包括："执行各项环境管理制度、法律法规、监测技术、环境区划、规划的技术要求、规范、导则等"。行业标准使用 HJ 表示。

③ 地方环境标准 根据《中华人民共和国环境保护法》规定，国家为了保证地方的环境质量，在国家环境标准没有作出规定的项目上，允许地方省级人民政府制定相关的地方环境标准。对于国家环境标准已经作出规定的项目，省级人民政府还可以作出更加严格的规定。"按通常做法，标准的高低、严宽是同制定标准主体级别高低相一致的。"但是环境标准特别是污染物排放标准的制定却相反，即地方制定的环境标准大多要严于国家的标准，国务院及其主管部门制定的标准反而是最基本的标准。地方环境标准的建立，在一定程度上完善和补充了国家环境标准因为地方环境差异所产生的实施效果难以统一的不足，而且还在一定程度上为制定更加严格的国家环境标准提供了现实的模型和实践标准。由于地方环境标准制定和实施机关的有限性，其一般仅在一定的行政区域内被执行。为了便于表示和书写，地方环境标准一般以省级行政区划的名称前两字的首字母表示。

(2) 环境标准的分类

① 环境质量标准 它是各类环境标准的核心，是制定各类环境标准的依据，为

环境管理部门提供工作指南和监督依据。它既规定了环境中各污染因子的容许含量，又规定了自然因素应该具有的不能再下降的指标，具有强制性。国家环境质量标准是一定时期内衡量环境优劣程度的标准，是环境质量的目标标准。

② 污染物排放标准　是依据环境质量标准及污染治理技术、经济条件而对排入环境的有害物质和产生危害的各种因素所作的限制性规定，是对污染源排放进行控制的标准。

③ 方法标准　是指为统一环境保护工作中的各项试验、检验、分析、采样、统计、计算和测定方法所作的统一技术规定。

④ 环境标准样品　是指用以标定仪器、验证测量方法、进行量值传递和质量控制的材料或物质。它可用来评价分析方法，也可评价分析仪器、鉴别灵敏度和应用范围，还可评价分析者的水平，使操作技术规范化。

⑤ 环境基础标准　是对环境质量标准和污染物排放标准所涉及的技术术语、符号、代号、制图方法及其他通用技术要求所作的技术规定。

7.4.5　环境标准的实施

由于我国的环境标准总体分为国家层面和地方层面，在实施过程中，这两种环境标准的地位和效力并不一样，可能会出现冲突，所以环境标准受制于一定的原则或规律。根据《环境保护法》第十条，在实施过程中地方标准的严格程度必须大于或等同于国家标准，而地方环境标准在实施时优先于国家标准的执行。因此，在环境标准的实施过程中首先要考虑地方环境标准是否"严于国家标准或国家标准未作规定"，如果符合这一要件并且该地方环境标准已经生效，就应当首先使用该地方环境标准。

如果在环境标准的实施过程中被修改或废除，特别是当国家环境标准被修改和完善，可能会造成地方标准的规定弱于国家标准，新修订的国家标准与未修订的地方环境标准产生冲突，应优先适用更加严格的地方环境标准，在地方标准没有规定或者规定宽于国家标准时，适用国家标准。

7.5　环境监测

环境监测是为了特定目的，按照预先设计的时间和空间，用可以比较的环境信息和资料收集的方法，对一种或多种环境要素或指数进行间断或连续的观察、测定，分析其变化及对环境影响的过程，是开展环境管理和环境科学研究的基础，是制定环境保护法规的重要依据，是搞好环保工作的中心环节。

7.5.1　环境监测的意义和作用

环境是一个极其复杂的综合体系，人们只有获得大量的信息，了解污染物的产生过程和原因，掌握污染物的数量和变化规律，才能制定切实可行的污染防治规划和环境保护目标，完善以污染物控制为主要内容的各类控制标准、规章制度，使环境管理逐步实现从定性管理向定量管理、从单项治理向综合整治、从浓度控制向总量控制转变。而这些定量化的环境信息，只有通过环境监测才能得到，离开环境监测，环境保护将是盲目的，加强环境管理也将是一句空话。

对于企业来说，为了防止和减小污染物对环境的危害，掌握环境质量的转化动态，强化内部环境管理，必须依靠环境监测，这是企业环境管理和污染防治工作的重要手段和基础。

其主要作用体现在以下几个方面：

① 断定企业周围环境质量是否符合各类、各级环境质量标准，为企业环境管理提供科学依据，同时为考核、评审环保设施的效率提供可靠数据；

② 为新建、改建、扩建工程项目执行环保设施"三同时"和污染治理工艺提供设计参数，参加治理设施的验收，评价治理设施的效率；

③ 为预测企业环境质量，判断企业所在地区污染物迁移、转化、扩散的规律，以及在时空上的分布情况提供数据；

④ 收集环境本底及其转化趋势的数据，积累长期监测资料，为合理利用自然资源及"三废"综合利用提出建议；

⑤ 对处理事故性污染和污染纠纷提供科学、有效的数据。

7.5.2　环境监测的目的

环境监测的目的主要包括以下六项：

① 确定污染物的浓度、分布现状、发展趋势和速度，及污染物的污染途径和污染源，并判断污染物在时间和空间上的分布、迁移、转化和发展规律。

② 确定污染源造成的污染影响，掌握污染物作用于大气、水体、土壤和生态系统的规律性，判断浓度最高和问题潜在最严重的区域，以确定控制和防治的对策，评价防治措施的效果。

③ 为研究污染扩散模式，作出新污染源对环境污染影响的预期评价及环境污染的预测预报，提供数据资料。

④ 判断环境质量是否合乎国家制定的环境质量标准，定期提出环境质量报告。

⑤ 收集环境本底数据，积累长期监测资料，为研究环境容量、实施总量控制和完善环境管理体系提供基础数据。

⑥ 为保护人类健康、保护环境、合理使用资源、制定和修订各种环境法规与标准等提供依据。

7.5.3　环境监测的内容及分类

按环境监测的目的和性质可分为监视性监测（常规监测和例行监测）、事故性监测（特例监测或应急监测）、研究性监测。

① 监视性监测　是指监测环境中已知污染因素的现状和变化趋势，确定环境质量，评价控制措施的效果，断定环境标准实施的情况和改善环境取得的进展。企业污染源控制排放监测和污染趋势监测即属于此类。

② 事故性监测　是指发生污染事故时进行的突击性监测，以确定引起事故的污染物种类、浓度、污染程度和危及范围，协助判断与仲裁造成事故的原因及采取有效措施来降低和消除事故危害及影响。这类监测期限短，随着事故完结而结束，常采用流动监测、空中监测或遥感监测等手段。

③ 研究性监测　是对某一特定环境为研究确定污染因素从污染源到环境受体的迁移变化的趋势和规律，以及污染因素对人体、生物体和各种物质的危害程度，或为研究污染控制措施和技术等而进行的监测。这类监测周期长，监测范围广。

按监测的介质（或环境要素）可分为空气污染监测、水体污染监测、土壤污染监测、生物监测、生态监测、物理污染监测等。

① 空气污染监测　主要任务是监测和检测空气中的污染物及其含量，这些污染物以分子和粒子两种形式存在于空气中，分子状污染物监测项目主要有 SO_2、NO_2、CO、O_3 以及碳氢化合物等。粒子状污染物的监测项目主要有 TSP、可吸入颗粒物（IP）、自然降尘量等。

② 水体污染监测　包括水质监测与底质（泥）监测，主要监测项目可分为两类：一类是反映水质污染的综合指标，如温度、色度、浊度、pH、电导率、悬浮物、溶解氧（DO）、化学需氧量（COD）和生化需氧量（BOD）等；另一类是一些有毒物质，如酚、氰、砷、铅、铬、镉、汞、镍和有机农药等。

③ 土壤污染监测　主要监测任务是对土壤、作物、有害的重金属如铬、铅、镉、汞及残留的有机农药等进行监测。

④ 生物监测　是对生物体（动植物）内有害物及生物群落种群变化的监测。

⑤ 生态监测　是观测与评价生态系统对自然变化及人为变化所作出的反应，是对各类生态系统结构和功能的时空格局的度量。

⑥ 物理污染监测　其包括噪声、振动、电磁辐射、放射性等物理能量的环境污染监测。

按污染因素的性质不同可分为化学毒物监测、卫生（病原体、病毒、寄生虫等污染）监测、热污染监测、噪声和振动污染监测、光污染监测、电磁辐射污染监测、放射性污染监测和富营养化监测等。

7.5.4　环境监测的步骤

在环境监测中无论是污染源监测还是环境质量监测，一般经过下述程序：

① 现场调查与资料收集，主要调查收集区域内各种自然与社会环境特征，包括地理位置、地形地貌、气象气候、土壤利用情况及社会经济发展情况；

② 确定监测项目；

③ 监测点位置选择及布设；

④ 采集样品；

⑤ 环境样品的保存与分析测试；

⑥ 数据处理与结果上报。

7.5.5 环境监测分析技术概述

污染物分析监测技术按使用的方法分为化学法、物理法、物理化学法和生物法。

化学法（主要是滴定分析法）是以化学反应为其工作原理的一类方法，适用于样品中常量组分的分析，选择性较差，在测定前常需要对样品进行预处理；方法简便，操作快捷，所需器具简单，分析费用较低。

物理法和物理化学分析法都是使用仪器进行监测的方法，前者如温度、电导率、噪声、放射性、气溶胶粒度等项目的测定，需要具备专用的仪器和装置。后者又称仪器分析法，适用于定性和定量分析绝大多数化学物质。

物理化学分析法种类繁多，大体上可分为光学分析法、电化学分析法和色谱分析法等。光学分析法是利用光源照射试样，在试样中发生光的吸收、反射、透过、折射、散射、衍射等效应，或在外来能量激发下使试样中被测物发光，最终以仪器检测器接收到的光的强度与试样中待测组分含量间存在对应的定量关系而进行分析，常用的有分光光度法、原子吸收分光光度法、化学发光法、非分散红外法等。电化学分析法是通过测定试样溶液电化学性质而对其中被测定组分进行定量分析的方法，这些电化学性质包括电导、电位、电流、电量等，常用的电化学分析法有电导分析法、离子选择性电极法、阳极溶出伏安法等，大多可实施自动化分析，被很多国家标准所采纳而成为标准法。色谱分析法是利用混合物中各组分在两相中溶解、挥发、吸附、脱附或其他亲和作用性能的差异，当作为固定相和流动相的两相作相对运动时，使试样中各待测组分在两相中反复受上述作用而得以分离后进行分析，常用的有气相色谱法、高效液相色谱法（包括离子色谱法）、色谱-质谱联用法等。

为了更好地解决环境监测中繁难的分析技术问题，近年来已越来越多地采用仪器联用的方法。例如气相色谱仪是目前最强有力的成分分析仪器，质谱仪是目前最强力的结构分析仪器，将两者合在一起再配上电子计算机组成气-质-计算机联用仪，可解决环境监测中有关污染物特别是有机污染物分析的大量疑难问题。表 7-1 列举了环境分析中常用的联用技术。

表 7-1 环境分析中的联用技术

联用技术	应用示例
GC-MS	普遍应用（挥发性化合物）
GC-FAAS	石油中的乙基铅化合物，鱼体中汞化合物
GC-FAES	有机锡化合物，甲硅烷化醇类
GC-FAFS	四乙基铅

联用技术	应用示例
GC-ETA-AAS	生物中的有机铅、有机砷、有机汞
GC-DCP-AES	石油中的锰化合物
GC-MIP-AES	烷基汞化合物,血液中的铬
GC-ICP-AES	烷基铅,有机硅化合物
HPLC-FAAS	有机铬化合物,铜螯合物,氨基酸络合物
HPLC-FAFC	生物样品中锰的形态、金属的氨基酸络合物
HPLC-ETA-AAS	四烷基铅化合物,有机锡化合物,铜的氨基酸络合物
HPLC-DCP-AES	各种金属螯合物
HPLC-ICP-AES	蛋白质中的金属,四烷基铅,铁钼的羰基化合物

注：GC 为气相色谱；MS 为质谱；HPLC 为高效液相色谱；FAAS 为火焰原子吸收；FAES 为火焰原子发射光谱；FAFS 为火焰原子荧光光谱；ETA 为电热原子化；AAS 为原子吸收光谱；AES 为原子发射光谱；DCP 为直流等离子体；MIP 为微波诱导等离子体；ICP 为电感耦合等离子体。

7.5.6 地表水监测项目与分析方法（GB 3838—2002）

序号	项目	分析方法	最低检出限/mg/L	方法来源
1	水温	温度计法		GB 13195—91
2	pH 值	玻璃电极法		GB 6920—86
3	溶解氧	碘量法	0.2	GB 7489—87
		电化学探头法		GB 11913—89
4	高锰酸盐指数		0.5	GB 11892—89
5	化学需氧量	重铬酸盐法	10	GB 11914—89
6	五日生化需氧量	稀释与接种法	2	GB 7488—87
7	氨氮	纳氏试剂比色法	0.05	GB 7479—87
		水杨酸分光光度法	0.01	GB 7481—87
8	总磷	钼酸铵分光光度法	0.01	GB 11893—89
9	总氮	碱性过硫酸钾消解紫外分光光度法	0.05	GB 11894—89
10	铜	2,9-二甲基-1,10-菲啰啉分光光度法	0.06	GB 7473—87
		二乙基二硫代氨基甲酸钠分光光度法	0.01	GB 7474—87
		原子吸收分光光度法	0.001	GB 7475—87
11	锌	原子吸收分光光度法	0.05	GB 7475—87
12	氟化物	氟试剂分光光度法	0.05	GB 7483—87
		离子选择电极法	0.05	GB 7484—87
		离子色谱法	0.02	HJ/T 84—2001
13	硒	2,3-二氨基萘荧光法	0.00025	GB 11902—89
		石墨炉原子吸收分光光度法	0.03	GB/T 15505—1995

序号	项目	分析方法	最低检出限/mg/L	方法来源
14	砷	二乙基二硫代氨基甲酸银分光光度法	0.007	GB 7485—87
		冷原子荧光法	0.00006	①
15	汞	冷原子吸收分光光度法	0.00005	GB 7468—87
		冷原子荧光法	0.00005	①
16	镉	原子吸收分光光度法	0.001	GB 7475—87
17	铬(六价)	二苯碳酰二肼分光光度法	0.004	GB 7467—87
18	铅	原子吸收分光光度法	0.01	GB 7475—87
19	氰化物	异烟酸-吡唑啉酮比色法	0.04	GB 7487—87
		吡啶-巴比妥酸比色法	0.02	
20	挥发酚	蒸馏后，4-氨基安替比林分光光度法	0.02	GB 7490—87
21	石油类	红外分光光度法	0.01	GB/T 16488—1996
22	阴离子表面活性剂	亚甲基蓝分光光度法	0.05	GB 7494—87
23	硫化物	亚甲基蓝分光光度法	0.005	GB/T 16489—1996
		直接显色分光光度法	0.004	GB/T 17133—1997
24	粪大肠菌群	多管发酵法，滤膜法		①

① 水和废水监测分析方法（第三版），中国环境科学出版社，1989年。

7.5.7 环境空气监测项目与分析方法（GB 3095—2012）

序号	项目	自动分析方法	手工分析法	
			分析方法	方法来源
1	二氧化硫(SO_2)	紫外荧光法，差分吸收光谱法	甲醛吸收-副玫瑰苯胺分光光度法	HJ 482—2009
			四氯汞盐吸收-副玫瑰苯胺分光光度法	HJ 483—2009
2	二氧化氮(NO_2)	化学发光法，差分吸收光谱法	盐酸萘乙二胺分光光度法	HJ 479—2009
3	一氧化碳(CO)	气体滤波相关红外吸收法，非分散红外吸收法	非分散红外法	GB 9801—1988
4	臭氧(O_3)	紫外荧光法，差分吸收光谱法	靛蓝二磺酸钠分光光度法	HJ 504—2009
			紫外光度法	HJ 590—2010
5	颗粒物(PM_{10})	微量振荡天平法，β射线法	重量法	HJ 618—2011
6	颗粒物(PM_{2.5})	微量振荡天平法，β射线法	重量法	HJ 618—2011
7	总悬浮颗粒物(TSP)	—	重量法	GB /15432—1995
8	氮氧化合物(NO_x)	化学发光法，差分吸收光谱法	盐酸萘乙二胺分光光度法	HJ 479—2009

序号	项目	自动分析方法	手工分析法	
			分析方法	方法来源
9	铅(Pb)	—	石墨炉原子吸收分光光度法	HJ 539—2009
			火焰原子吸收分光光度法	GB/T 15264—1994
10	苯并［a］芘 (BaP)	—	乙酰化滤纸色谱荧光分光光度法	GB 8971—1988
			高效液相色谱法	GB/T 15439—1995

7.6 环境影响评价

7.6.1 基本概念

(1) 环境

环境是以人类社会为主体的外部世界的总称，是指影响人类生存和发展的各种天然的和经过人工改造的自然因素的总体，包括大气、水、海洋、土地、矿藏、森林、草原、野生动物、自然遗迹、自然保护区、风景名胜区、城市和乡村等。

(2) 环境评价

环境评价是主体（人类）对客体（环境价值）的判断，就是按照一定的标准和方法对环境质量的价值给予定性或定量的说明和描述，环境评价是一统称，从不同的角度可分为许多类型。

时间上来分：回顾评价（过去）、现状评价（现在）、影响评价（将来）。

空间上来分：局地环境评价、区域环境评价、全球环境评价。

要素上来分：大气环境评价、水环境评价、土壤环境评价、生态环境评价等。

层次上来分：建设项目环境评价，规划环境评价，战略环境评价。

内容上来分：卫生学评价、生态学评价、污染物评价、物理学评价、经济学评价、地质学评价等。

根据评价区域的不同，可分为城市环境质量评价、农村环境质量评价、区域环境质量评价、海洋环境质量评价、交通环境质量评价等。

(3) 环境影响

影响就是一件事物对其他事物所发生的作用，环境影响是指人类活动对环境的作用和导致的环境变化以及由此引发的对人类本身的效应。

(4) 环境影响评价

环境影响评价是指对规划和建设项目实施后可能造成的环境影响进行分析、预测和评估，提出预防或者减轻不良环境影响的对策和措施，进行跟踪监测的方法与制度。

按照评价对象，环境影响评价可分为规划环境影响评价和建设项目环境影响评价。按照环境要素，可以分为大气环境影响评价、地表水环境影响评价、声环境影响评价、生态环境影响评价和固体废物环境影响评价等。

7.6.2　环境影响评价制度

(1) 环境影响评价制度的发展

环境影响评价制度是把环境影响评价工作用法律或行政规章定为一个必须遵守的制度，以法律形式约束人们必须遵照执行，是一个强制性的规定。最早将环境影响评价作为一个法律条文去执行的国家是美国，1969 年 10 月在环境法中就明文规定："对于对人类环境质量有显著影响的重大联邦行动，必须提供详细的环境影响报告书"。1973 年第一次全国环境保护会议后，环境影响评价的概念开始引入我国；1979 年颁布的《中华人民共和国环境保护法（试行）》，第一次用法律规定了要对建设项目进行环境影响评价，在我国开始确立了环境影响评价制度。1989 年颁布的《中华人民共和国环境保护法》，进一步用法律确立和规范了我国的环境影响评价制度。2002 年通过的《中华人民共和国环境影响评价法》，用法律形式使环境影响评价制度发展到一个新阶段。

(2) 我国环境影响评价制度的特点

我国环境影响评价制度是由一系列的法律、法规、行政命令、规章等组成的，包括宪法、环境保护基本法、单项法、行政法规、部门规章、地方性法规和规章、环境保护标准、缔结和签署的国际公约等，在防治建设项目污染和推进产业的合理布局与优化选址，加快污染治理设施的建设等方面，发挥了积极的作用，成为预防规划和建设项目在控制环境污染和生态破坏等方面最富有成效的措施，并形成自己的特点，主要表现在以下几个方面：

① 法律强制性。

② 纳入了基本建设程序　对未经环境保护主管部门批准环境影响报告书的建设项目，计划部门不办理设计任务书的审批手续，土地管理部门不办理征地手续，银行不予贷款。

③ 分类管理和评价　对造成不同程度环境影响的建设项目和规划实行分类管理和评价。

④ 资质审查和持证评价制度　持证评价是中国环境影响评价制度的一个重要特点，为确保环境影响评价工作的质量，强调评价机构必须具有法人资格，不得与负责审批建设项目环境影响评价文件的环境保护行政主管部门或者其他有关审批部门存在任何利益关系，具有与评价内容相适应的固定在编的各专业人员和配套测试手段，能够对评价结果负法律责任。评价资格经审核认定后，颁发环境影响评价资格证书。评价资格证书分为甲、乙两个等级。

取得甲级评价资质的环境影响评价机构，可承担各级环境保护行政主管部门负责审批的建设项目环境影响报告书和环境影响报告表的编制工作。取得乙级评价资质的评价机构，可承担省级以下的环境保护行政主管部门负责审批的环境影响报告书或环境影响报告表的编制工作。两者都必须在资质证书规定的评价范围之内开展工作，不允许超出评价范围承担环境影响评价工作。

⑤ 公众参与制度　《环境影响评价法》"鼓励有关单位、专家和公众以适当方式参与环境影响评价"，是决策民主化的体现，也是决策科学化的必要环节。

⑥ 跟踪评价和后评价　环境影响跟踪评价和后评价是指拟定的开发建设规划或者具体的建设项目实施后，对规划或建设项目给环境实际造成和将可能进一步造成的影响进行跟踪评价或后评价，通过检查、分析、评估等对原环境影响评价结论的客观性及规定的环境保护对策和措施的有效性进行验证性评价，并提出须补救、完善或者调整的方案、对策、措施的方法和制度。

(3) 环境影响评价制度的重要性

① 从源头控制污染，参与国家综合决策　环境影响评价制度对预防开发建设活动可能产生的环境污染和生态破坏，提供环境管理科学依据，发挥了不可替代的作用。而且，环境影响评价制度规范政府的行为，把环保参与综合决策以法律法规的形式规范下来。

② 保证建设项目选址和布局的合理性　环境影响评价从项目所在地的环境大局出发，考察项目选址和布局对区域环境整体的影响，并进行比较和优化，选择最佳方案，保证建设项目选址和布局的合理性。

③ 指导环境保护设计，强化环境管理　环境影响评价工作通过对拟采取的环境保护措施进行技术经济可行性论证，为环境保护设计提供最合理的环境保护对策和措施。同时，环境影响评价工作强调对开发建设项目的环境管理，开发建设项目施工和运行的全过程中贯彻环境管理制度，从而将环境保护和环境管理有机融合。

④ 为区域的社会经济发展提供导向　环境影响评价通过对区域环境的各种条件进行全面分析，了解与掌握区域资源、环境的社会平衡状况，从而对区域的发展方向、发展规模、产业结构和布局作出科学的决策与规划，指导区域社会经济发展。

⑤ 促进相关环境科学技术的发展　环境影响评价是一项系统、整体的工作，涉及各个学科，对相关环境科学技术的发展提出了挑战，相关环境科学技术必须要不断地提高才能满足环境影响评价的要求。

7.6.3　规划环境影响评价

规划是指比较全面、长远的发展计划。计划是指人们对未来事业发展所作的预见、部署和安排，具有很大的决策性。我国的一般情况是，凡调控期间为五年或者五年以上的部署和安排，不论名称为计划还是规划，均属于规划。

7.6.3.1　规划环境影响评价的适用范围

按照规划环境影响评价的内容，可以将规划分为两类：一类是需要编制规划环境影响篇章或者说明的规划；另一类是需要编制规划环境影响报告书的规划。

《中华人民共和国环境影响评价法》第七条规定对"国务院有关部门、设区的市级以上地方人民政府及其有关部门，对其组织编制的土地利用的有关规划，区域、流域、海域（简称一地、三域）的建设、开发利用规划"，要求编写该规划的有关环境影响的篇章或者说明。环境影响的篇章或者说明又分篇章和说明两种情况，之所以分为篇章或者说明，主要是考虑到对一些比较重要、实施后对环境影响比较大的规划，环境影响评价的内容相对较多，用"篇章"的形式可以表述得更清楚；而对一些实施后对环境影响相对较小的规划，可以采用"说明"的形式。

《中华人民共和国环境影响评价法》第八条规定：国务院有关部门、设区的市级以上地方人民政府及其有关部门，对其组织编制的工业、农业、畜牧业、林业、能源、水利、交通、城市建设、旅游、自然资源开发的有关专项规划（简称专项规划），应当在该专项规划草案上报审批前，组织进行环境影响评价，并向审批该专项规划的机关提出环境影响报告书。

《中华人民共和国环境影响评价法》中只对国务院有关部门、设区的市级以上地方人民政府及其有关部门，对其组织编制的有关规划，提出了进行规划环境影响评价的要求。对县级（含县级市）人民政府编制的规划是否进行规划环境影响评价，法律没有强求。

7.6.3.2　规划环境影响评价的时段和审批管理

在时间上，规划与环境影响评价可以同步进行，规划的编制机关，"应当在规划编制过程中组织进行环境影响评价"，以及"应当在该专项规划草案上报审批前，组织进行环境影响评价"。

在审批管理上，环境影响的篇章或说明作为规划草案的组成部分一并报送规划审批机关。未编写有关环境影响的篇章或者说明的规划草案，审批机关不予审批。原因是篇章或说明不是一个独立的文件，只是规划草案的一部分。因此表现在规划编制过程中同时进行环境影响评价；该法律第八条规定规划的编制机关，"应当在该专项规划草案上报审批前，组织进行环境影响评价，并向审批该专项规划的机关提出环境影响报告书"；第十二条要求"专项规划的编制机关在报批规划草案时，应当将环境影响报告书一并附送审批机关审查"；未附送环境影响报告书的，审批机关不予审批，即审批时必须有环境影响报告书。这一要求与编写篇章或说明的规划不同，原因是环境影响报告书是一个独立的文件，应该在专项规划基本编制完成的基础上，有针对性地进行环境影响评价。

7.6.3.3　规划环境影响评价的审查程序和审查时限

设区的市级以上人民政府在审批专项规划草案，在作出决策前，应当先由人民政府指定的环境保护行政主管部门或者其他部门召集有关部门代表和专家组成审查小组，对环境影响报告书进行审查，审查小组应当提出书面审查意见。

由省级以上人民政府有关部门负责审批的专项规划，其环境影响报告书的审查办法，由国务院环境保护行政主管部门会同国务院有关部门制定。

环境保护行政主管部门应当自收到专项规划环境影响报告书之日起 30 日内，会同专项规划审批机关召集有关部门代表和专家组成审查小组，对专项规划环境影响报告书进行审查，审查小组应当提出书面审查意见。

7.6.3.4　规划环境影响评价的工作程序

按照环境规划内容的要求，在编制规划的环境影响评价时，可以按照图 7-2 所示的工作程序，进行规划的环境影响评价工作。

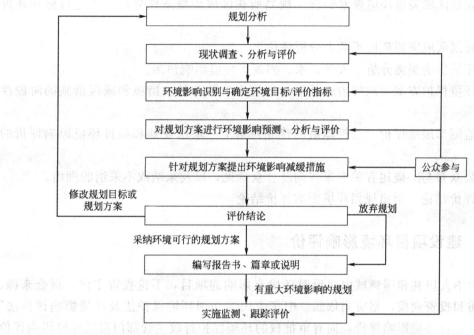

图 7-2　规划环境影响评价的工作程序

7.6.3.5　规划环境影响评价文件的编制

（1）环境影响篇章及说明的编写要求

规划环境影响篇章或说明，应该文字简洁、图文并茂、数据翔实、论点明确、论据充分、结论清晰准确。其主要内容至少包括：前言、环境现状描述、环境影响分析与评价以及环境影响减缓措施。

① 前言　包括与规划有关的环保政策、保护目标和标准以及预测和评价所采用的方法。

② 环境现状描述内容　规划涉及区域存在主要环境问题及其历史演变等。

③ 环境影响分析与评价　预测的主要影响；不同方案可能导致的环境影响进行比较等。

④ 环境影响的减缓措施　描述各方案的主要环境影响，防护对策、措施等。

（2）规划环境影响报告书的主要内容

规划环境影响报告书主要包括：总则、拟议规划的概述、环境现状描述、环境影响分析与评价、推荐方案与减缓措施、专家咨询与公众参与、监测与跟踪评价、困难和不确定性、执行总结。具体如下。

① 总则　规划背景，编制依据，评价范围、环境目标和评价技术路线及方法的确定等。

② 规划的概述与分析　规划内容概述、规划目标的战略决策分析评估及环境影响识别。

③ 规划区域资源环境现状分析　规划地理范围、社会经济概况、环境条件等。

④ 规划区域关键环境要素分析　规划所在区域环境条件分析、环境目标和评价指标。

⑤ 规划区域资源环境承载力分析评估。

⑥ 环境影响预测分析　大气、水、固废等环境影响预测。

⑦ 环境保护方案与减缓措施分析　环境影响的防护、措施和减缓措施的阶段性指标。

⑧ 监测与跟踪评价　监控体系的建立及对下一层次规划和项目环境影响评价的要求。

⑨ 公众参与　概述有关专家咨询及公众意见，以及采纳或不采纳的理由。

⑩ 评价结论　给出规划环境影响评价结论。

7.6.4　建设项目环境影响评价

在中华人民共和国领域内建设对环境有影响的项目，不论投资主体、资金来源、项目性质和投资规模，都应当依照"中华人民共和国环境保护法及环境影响评价法"的规定，进行环境影响评价，向有审批权的环境保护行政主管部门报批环境影响评价文件，办理环境保护审批手续。

建设项目环境影响评价文件是办理建设项目环保审批的重要文件，是建设项目的一项重要前期工作。环境影响评价的目的是对拟议中的建设项目在尚未实施前，通过科学的分析和论证方法，对建设项目可能对环境产生的不利影响作出分析和评估，并提出减小这些影响的对策和措施。环境影响评价是对建设项目环境管理的重要手段，也是环境保护部门审批建设项目和进行环境管理的科学依据。

7.6.4.1　建设项目环境影响评价的分类管理

国家根据建设项目对环境的影响程度，对建设项目的环境影响评价实行分类管理。建设单位应当按照《建设项目环境影响评价分类管理名录》的规定，依据建设项目所处环境的敏感性质和程度，分别组织编制环境影响报告书、环境影响报告表或者填报环境影响登记表。

（1）环境影响报告书

对环境可能造成重大影响的，应当编制环境影响报告书，对建设项目产生的污染和对环境的影响进行全面、详细的评价。此类建设项目主要包括：

① 原料、产品或生产过程中涉及的污染物种类多、数量大或毒性大、难以在环境中降解的建设项目;

② 可能造成生态系统结构重大变化、重要生态功能改变或生物多样性明显减少的建设项目;

③ 可能对脆弱生态系统产生较大影响或可能引发和加剧自然灾害的建设项目;

④ 容易引起跨行政区环境影响纠纷的建设项目;

⑤ 所有流域开发、开发区建设、城市新区建设和旧区改建等区域性开发活动或建设项目。

(2) 环境影响报告表

对环境可能造成轻度影响的,应当编制环境影响报告表,对建设项目产生的污染和对环境的影响进行分析或者专项评价。此类建设项目主要包括:

① 污染因素单一,而且污染物种类少、产生量小或毒性较低的建设项目;

② 对地形、地貌、土壤等有一定影响,但不改变生态系统结构和功能的建设项目;

③ 基本不对环境敏感区造成影响的小型建设项目。

(3) 环境影响登记表

建设项目对环境影响很小,不需要进行环境影响评价的,应当填报环境影响登记表。此类建设项目主要包括:

① 基本不产生废水、废气、废渣、粉尘、恶臭、噪声、振动、热污染、放射性、电磁波等不利环境影响的建设项目;

② 基本不改变地形、地貌、水文、土壤、生物多样性等,不改变生态系统结构和功能的建设项目;

③ 不对环境敏感区造成影响的小型建设项目。

7.6.4.2 建设项目环境影响评价的程序

环境影响评价的程序是指按一定的顺序或步骤指导完成环境影响评价工作的过程,其可分为管理程序和工作程序,前者主要用于指导环境影响评价的监督与管理,后者用于指导环境影响评价的工作内容和进程。

(1) 环境影响评价的管理程序

根据《中华人民共和国环境保护法》、《建设项目环境管理条例》、《建设项目环境影响分类管理名录》等法律、法规的规定,建设项目环境影响评价管理程序如下:

① 项目建议书批准后,由建设单位填写《环境管理手续程序表》,按照同级审批的原则,征得环保部门审批意见,确定建设项目环境影响评价类别。

② 建设单位或主管部门通过鉴定合同委托有资格证书的评价单位进行调查和评价工作。

③ 应编制环境影响报告书的项目,需要编写环境影响评价大纲;应编制环境影响报告表的项目,不需要编写评价大纲。环境影响评价大纲由建设单位上报有审批权的环境保护行政主管部门,同时抄报有关部门。大纲审查通过,建设单位与评价单位签订评价合同开始编制报告书。

④ 在设计任务书下达前提交环境影响报告书或报告表。

⑤ 环境影响报告书或报告表编制完成后，建设项目有行业主管部门的，由行业主管部门组织环境影响报告书、报告表的预审；自治区或地区审批的建设项目的环境影响报告书、报告表报当地环境保护部门提出预审意见后，由具审批权的环境保护行政主管部门组织审批。

⑥ 报告书或报告表预审后一个月内，行业主管部门应抄送预审意见，环境保护行政主管部门按审批权限进行审批。

⑦ 环境保护部门自接到环境影响报告书或报告表之日起，报告书在两个月内、报告表在一个月内予以批复或签署意见，逾期不批复的可视为同意。审批报告书的环境保护部门在一个月内向上一级环境保护部门备案。

(2) 环境影响评价工作程序

环境影响评价工作大体分为三个阶段：

第一阶段为准备阶段：主要工作为研究有关文件，进行初步的工程分析和环境现状调查，筛选重点评价项目，确定各单项环境影响评价的工作等级，编制评价工作大纲。

第二阶段为正式工作阶段：主要工作为进一步做工程分析和环境现状调查，并进行环境影响预测和环境影响评价。

第三阶段为报告书编制阶段：主要工作为汇总、分析第二阶段工作所得到的各种资料、数据，得出结论，完成环境影响报告书的编制。

7.6.4.3　建设项目环境影响评价受理与审批程序

项目建设单位委托有资质的环评单位编制完成环境影响评价文件（环境影响评价报告书、报告表、登记表）→报环保行政部门→环保部门组织专家对环境影响评价文件（环境影响评价报告书、报告表、登记表）进行评估→将评估意见和建议反馈编制环境影响评价单位进行修改→修改后环境影响评价文件报环保部门监督管理室进行审查→审查合格后，出具审查及批复意见（审查不合格的，需要重新收集报批材料）→在政府网上进行公示→项目开工建设→项目竣工后，项目单位向环评审批部门提交试生产（运营）申请→经现场检查后，出具试生产（运营）审查意见［不具备试生产（运营）条件的，提出整改意见］，试生产（运营）三个月内，向环评审批部门提交项目竣工环境保护验收申请。

7.6.4.4　建设项目环境影响评价大纲

环境影响评价大纲是环境影响评价报告书的总体设计和行动指南，应在开展评价工作之前编制，它是具体指导环境影响评价的技术文件，也是检查报告书内容和质量的主要判据。

评价大纲一般包括以下内容：

① 总则（包括评价任务的由来，编制依据，污染控制和环境保护的目标，评价标准等）；

② 建设项目概况，基本情况，工艺流程；

③ 拟建项目地区环境简况；

④ 建设项目工程分析的内容及方法；

⑤ 环境现状调查；

⑥ 环境影响预测与评价建设项目的环境影响（包括预测方法、内容、范围、时段等）；

⑦ 评价工作成果清单，拟提出的结论和建议的内容；

⑧ 评价工作的组织、计划安排；

⑨ 经费概算。

7.6.4.5　建设项目环境影响报告书的编制要点

建设项目的类型不同，对环境的影响差别很大，环境影响报告书的编制内容也就不同。虽然如此，但其基本格式、基本内容相差不大。环境影响报告书的编写提纲，在《建设项目环境保护管理条例》中已有规定，其典型的报告书编排格式如下：

(1) 总论

① 环境影响评价项目的由来　说明建设项目立项始末，批准单位及文件。

② 编制环境影响报告书的目的　结合评价项目的特点，阐述环境影响报告书的编制目的。

③ 编制依据　评价委托合同，项目建议书的批准文件或可行性研究报告的批准文件等。

④ 评价标准　根据当地环境情况确定的环保标准。

⑤ 评价范围　评价范围可按空气、水、生态等环境分别列出，简述范围确定的理由。

⑥ 控制及保护目标　应指出建设项目中需特别加以控制的污染源及评价区内需保护的目标。

(2) 建设项目概况

① 建设规模　应说明建设项目的名称、性质、位置、产品、产量、占地面积等。

② 生产工艺简介　介绍产品的生产过程，并给出生产工艺流程图。

③ 原料、燃料及用水量　包括组成、用量，给出物料平衡图和水量平衡图。

④ 污染物的排放量清单　各污染源排放的数量方式和去向。

⑤ 建设项目采取的环保措施　拟采取的污染物治理方案、工艺流程、设备、处理效果等。

⑥ 工程影响环境因素分析　根据污染物的排放情况及环境背景，分析可能影响环境的方面。

(3) 环境现状（背景）调查

① 自然环境调查　评价区的地形、地貌、水文、气象与气候；土壤、农作物、野生动植物等。

② 社会环境调查 评价区内的行政区划,人口分布,人口密度,人口职业构成与文化构成;现有工矿企业的分布概况及评价区内交通运输情况;文化教育概况;人群健康及地方病情况;自然保护区、风景旅游区、名胜古迹、温泉、疗养区以及重要政治文化设施。

③ 评价区环境质量现状(背景)调查 根据监测数据,对各环境要素质量现状进行描述。

(4) 污染源调查与评价

说明评价区内污染源调查方法、数据来源、评价方法。分别给出评价区各污染源排放量、排放浓度、方式和去向,绘制评价区内污染源分布图。

① 建设项目污染源预估。

② 评价区内污染源调查与评价。

(5) 环境影响预测与评价

① 大气环境影响预测与评价。

② 水环境影响预测与评价,包括地下水和地表水。

③ 噪声环境影响预测及评价。

④ 土壤及农作物环境影响分析。

⑤ 对人群健康影响分析。

⑥ 振动及电磁波的环境影响分析。

⑦ 对周围地区的地质、水文、气象可能产生的影响。

(6) 环保措施的可行性分析及建议

① 大气污染防治措施的可行性分析及建议。

② 废水治理措施的可行性分析与建议。

③ 对废渣处理及处置的可行性分析。

④ 对噪声、振动等其他污染控制措施的可行性分析。

⑤ 对绿化措施的评价及建议。

(7) 环境影响经济损益简要分析

① 建设项目的经济效益。

② 建设项目的环境效益。

③ 建设项目的社会效益。

(8) 实施环境监测的建议

提出项目建成运营后,环境管理计划、管理机构的设备和人员配置、环境监测规划等。

(9) 结论及建议

① 评价区的环境质量现状。

② 污染源评价的主要结论。

③ 建设项目对评价区环境的影响。

④ 环保措施可行性分析的主要结论及建议。

⑤ 从三个效益统一的角度,综合提出建设项目的选址、规模、布局等是否可行。

（10）附件、附图及参考文献

本章你应掌握的重点：

　　1. 环境管理的手段、基本原则、意义及环境应急管理的基本原则；

　　2. 突发环境事件的分级、主要特征及企业应对突发环境事件的法定责任；

　　3. 环境标准的作用、分级及分类；

　　4. 环境监测的目的、分类及步骤；

　　5. 环境影响评价的定义、中国环境影响评价制度的特点和重要性；

　　6. 规划环境影响评价分类和评价时段、建设项目环境影响评价的分类及工作程序。

● 参考文献

［1］ 黄小武. 环境应急管理 ［M］. 北京：中国地质大学出版社，2011.

［2］ 环境保护部环境应急指挥领导小组办公室. 环境应急管理概论 ［M］. 北京：中国环境科学出版社，2011.

［3］ 杨永杰. 化工环境保护概论 ［M］. 北京：化学工业出版社，2009.

［4］ 黄恒学，何小刚. 环境管理学 ［M］. 北京：中国经济出版社，2012.

［5］ 刘绮，潘伟斌. 环境监测 ［M］. 广州：华南理工大学出版社，2005.

［6］ 环境空气质量标准 ［S］. GB 3095—2012.

［7］ 地表水环境质量标准 ［S］. GB 33838—2002.

［8］ 朱京海. 规划及建设项目环境影响评价申报与审批指南 ［M］. 沈阳：东北大学出版社，2007.

［9］ 梁晓星. 环境影响评价 ［M］. 广州：华南理工大学出版社，2009.

［10］ 胡辉，杨家宽. 环境影响评价 ［M］. 武汉：华中科技大学出版社，2010.

［11］ 孙福丽，张雪飞，李喆. 中国环境影响评价管理 ［M］. 北京：中国环境科学出版社，2010.

［12］ 马太玲，张江山. 环境影响评价 ［M］. 武汉：华中科技大学出版社，2009.

［13］ 王罗春. 环境影响评价 ［M］. 北京：冶金工业出版社，2012.

［14］ 中华人民共和国环境影响评价法 ［Z］. 2002-10-28.